煤安 煤矿班组长安全生产实战培训数字化创新教材

煤矿机电班组长安全培训教材

组织编写　全国煤矿安全培训教材建设专家委员会
丛书主编　乔明翰　邵学庆　白国周　任自锐
本册主编　雷娟娟　史冬梅　程应顺

中国矿业大学出版社
·徐州·

内容提要

本教材共分为3部分：第一篇为安全基础篇，主要介绍了班组长的角色与职责，安全生产方针与法律法规，灾害防治，自救、互救与现场急救，职业病防治等内容；第二篇为班组管理篇，主要介绍了班组长应具备的素质与能力、班组管理重点工作和优秀班组建设经验；第三篇为专业实战篇，主要介绍了机电专业技术知识、现场安全管理实战、安全风险分级管控与隐患排查治理和典型事故案例等。

本教材可供煤矿机电班组长、相关技术人员学习使用，也可供区队管理人员学习、参考使用。

图书在版编目(CIP)数据

煤矿机电班组长安全培训教材 / 雷娟娟，史冬梅，程应顺主编. — 徐州 ：中国矿业大学出版社，2025. 3.
ISBN 978-7-5646-6628-6

Ⅰ. TD6

中国国家版本馆 CIP 数据核字第 2025M2U447 号

书　　名　煤矿机电班组长安全培训教材
主　　编　雷娟娟　史冬梅　程应顺
责任编辑　马晓彦　吴学兵
出版发行　中国矿业大学出版社有限责任公司
（江苏省徐州市解放南路　邮编 221008）
营销热线　(0516)83885370　83884103
出版服务　(0516)83885312　83884920
网　　址　http://www.cumtp.com　**E-mail**:cumtpvip@cumtp.com
印　　刷　江苏苏中印刷有限公司
开　　本　880 mm×1240 mm　1/32　**印张** 10.5　**字数** 293 千字
版次印次　2025 年 3 月第 1 版　2025 年 3 月第 1 次印刷
定　　价　39.00 元

《煤矿机电班组长安全培训教材》编写委员会

主　　编：雷娟娟　史冬梅　程应顺

副 主 编：张智广　董春成　赵海涛　李　松
朱路路　贾红彦

参编人员：钱如启　王瑞林　奥　博　陈　欢
王丙成　王平炎　李　磊　王　涛

前 言

煤矿生产充满风险与挑战，而班组是煤矿安全生产的基石，基础不牢，地动山摇。抓好班组建设，首要工作是培养一支特别有战斗力的班组长队伍。

班组长作为冲锋在前、战斗在一线的“兵头将尾”，肩负着多重使命，他们既是生产组织的领导者，也是直接生产的操作者，还是班组员工的技术技能教练、职业生涯发展指导者，更是全班组人员心中的“定海神针”。一名出类拔萃的班组长，必定人品端正、业务精湛，对操作流程了如指掌、对操作规程烂熟于心；他们还要具备非凡的胆识和超强的执行力，在复杂多变的井下现场能眼观六路、耳听八方，能够精准把控局势，临危不乱地做好各种危险情况的处置工作，筑牢安全防线；同时，他们更要有班组建设与管理能力，能够把班组建设成职工的成长摇篮、乐业福田、幸福家园。

班组长大多是来自生产一线的优秀职工，随着由普通职工向管理者的转变，迫切需要了解“如何成为一名优秀班组长”的通关“密码”。为了帮助班组长快速成长，我们组织行业众多班组管理专家和部分优秀的煤矿班组长共同编写了这套“煤矿班组长安全生产实战培训数字化创新教材”。本套教材立足煤矿现场生产管理实际，理论和实践相结合，重点介绍煤矿班组安全管理、专业实战等内容，让班组长知道如何管好班组、如何将各项工作落实到班组生产中去，突出管理和实战技能的掌握，为煤矿基层班组长、从事班组长管理或培训的人员、想成为班组长的技术工人提供有益的参考。

本教材是系列教材之一，主要围绕煤矿机电班组长需要掌握的应知应会知识和主要工作内容展开，共分为3篇：

第一篇是安全基础篇，主要介绍了机电班组长应该掌握的基本安全技能知识，包括角色定位与职责，安全生产方针与法律法规，煤矿五大灾害的防治方法，自救、互救与现场急救方法，现场职业病的防治等知识。

第二篇是班组管理篇，主要介绍了机电班组长应该掌握的班组管理技能知识，包括班组长应具备的基本素质与能力、班组管理重点工作，以及优秀班组建设经验等知识。

第三篇是专业实战篇，主要介绍了机电班组长应该掌握的现场管理、操作流程知识，包括机电专业技术知识、机电班组长现场安全管理实战、机电作业安全风险分级管控与隐患排查治理、机电作业典型事故案例分析等知识。

本教材主要特点如下：

(1) 本教材简化理论叙述与原理描述，着重介绍班组长岗位需求的能力素质、业务流程、操作要点、解决问题的方式方法等，班组长学习完本教材就能充分了解到本岗位需要完成的主要工作及其相关的工作方法等。

(2) 本教材紧密结合煤矿生产实际，突出煤矿班组长能力素质与生产作业特点，做到观点明确、案例鲜活、语言简洁、通俗易懂。

(3) 本教材与数字化技术相结合，利用手机扫码观看教材中配套的实操视频，可以达到快速掌握实操技能、提升班组长学习兴趣的目的。

书中法律均省去“中华人民共和国”，用简称。

本教材配套有考试题库软件，请关注“中国矿业大学出版社煤炭知识服务”微信公众号进行学习。本教材配套有PPT课件和考试试题，便于培训教师讲课和组织考试，请加QQ群（群号 708756397）或加微信 xuebwu 联系（只限培训机构教师）。

由于编者水平有限，书中难免存在疏漏、不妥之处，敬请广大读者及有关专家批评指正。

全国煤矿安全培训教材建设专家委员会

2024年12月

目　录

第一篇　安全基础篇

第二篇　班组管理篇

第一篇　安全基础篇

第一章　班组长的角色与职责

第一节　班组长的职场角色

一、现场的最高统帅

煤矿班组长是煤矿生产现场安全的第一责任人，是生产运营的组织者，是当班出勤员工的“领头羊”，对煤矿现场管控拥有最高调度和指挥权。

煤矿现场管控包括人、机（设备、工具）、物、法（管理法规、生产方法）、信、环（环境、环节）六大要素。班组长需同时管控好这六大要素。

（1）人的要素管理

在现场管控的六大要素中，班组成员是任务的完成者和效益的创造者，是第一管理要素。每一名班组成员都有体力、智力、文化程度、劳动经验和熟练程度的差异，这些差异不仅在一年或者几个月的时间中有变化，甚至在一个班次的工作中都会有变化，因此，按照“以人为本”的理念管理好班组成员是班组长第一位的工作。

“以人为本”不是一句口号，而是一项实实在在的工作。不仅表现为对职工友善，不断为他们改善劳动环境、降低劳动强度并提供劳动保护，更重要的是关注职工，心里真正有职工，满足他们包括生存、安全、社交、尊重、价值实现等多种多样的物质和精神层面的需求。

（2）机的要素管理

煤矿生产现场的所有设备和工具都应该在班组长的管控之中。

班组现场设备管理要做到管好、用好、修好（三好），要会使用、会维护、会检查、会排除故障（四会），要坚持实行定人定机、保持设备整洁、遵守交接班制度、管好工具、发现异常立即停机“五项纪律”。

煤矿企业班组长在设备管理中的主要作用是落实设备的“包机制”，监督设备维护（保养）措施的实施。

（3）物的要素管理

煤矿现场管控的“物”是指为了生产合理进行，班组按生产计划、工作指派向物料管理部门和仓储单位领取的物料。班组长对现场物料的使用要从以下几个方面入手：合格证的管理要明确，物料的动向要清楚，物料摆放要合理，物料不使用时要封存好，剩余物料的处理应符合相关规定。

（4）法的要素管理

“法”就是班组现场管理的方法，生产过程需要的规程、制度等。班组长要熟练掌握当班生产的工艺标准和相关施工措施，并保证严格执行。

工作方法分为措施落实法、工作汇报法、看板管理法、作业标准化、现场管理法。

（5）信的要素管理

“信”就是指班组现场管理中的各种有效信息。在煤矿班组现场管理中，班组长将大量的精力和时间都花在信息管理上。煤矿班组长既是信息的收集者，也是信息的传递者。从党和国家的安全生产方针、政策，到集团、矿（厂）、区队的工作要求；从超限报警、设备停运，到职工的一声叹息、设备的一声异响；从各工位工作进度、工作质量，到员工个人的行为表现、精神状态，在煤炭生产现场几乎发生的一切都需要班组长进行信息整合、处理并变成正确的工作指令及时发布。

（6）环的要素管理

“环”就是指班组成员从事生产劳动的场所，也就是工作环境。煤矿企业工作环境复杂，我们不仅要关注一般工业企业环境的常规要素如温度、湿度、光线、氧浓度等，还要注意工作场所移动或者运行中的设备以及四周围岩的情况，如顶板是否有活动矸石、伞檐煤，巷道是否有渗水，底板是否有鼓起等。

现场管控的“环”，还应该包括生产和工作的环节。煤矿生产场所大多空间狭小，多工种同时施工，施工工序复杂、烦琐。因此，班组长必须确保各生产环节在时间上、空间上的衔接、协调，并保持连续性、比例性、节奏性，以满足和达到均衡生产的要求。比如上一班和下一班的衔接、不同阶段工作重心不同的衔接、同一工作地点各工种之间的衔接，等等。

二、班组建设的核心领袖

所谓班组建设的核心领袖有两个概念：一是班组建设的所有工作都是班组长的重点工作、重要工作；二是班组建设是班组长让自己成长为“领袖”的过程，通过不懈的努力，把全体员工培养成“追随者”。

班组建设是一个比较宏观的主题，大的方面来说，应该包含班组思想建设、组织建设、作风建设、制度建设、能力建设；具体来说还包括班组安全体系建设、班组激励机制建设、班组标准化建设、团队建设，等等。

基于本书的编写宗旨，我们仅仅围绕目前全国煤矿企业都在开展但又重点不清、思路不明、抓手无力、班组长们普遍茫然懵懂的班组文化建设讲几个要点。

文化建设是一种管理理论，对于提升煤矿企业的班组管理水平具有直接而又有效的推动作用。班组文化一般由理念文化、制度文化、行为文化、物质文化四个层次构成。其中，理念文化包括企业精神、企业价值观、经营哲学、企业道德。制度文化包括规章制度、道德规范、员工行为准则。行为文化包括企业家行为、企业模范人物行为、企业员工行为。物质文化包括生产设备及环境、企业产品和企业名称、标语等。

结合上述理论可以发现，班组文化就是通过系列方法，经过长期熏陶、养成的员工自觉行为，也就是班组成员一致认为什么事该怎么干，这样的事一旦发生就按照该怎么干的认识自觉去做，比如遵章守纪、诚实守信、勇于担责、友好和善等，从而形成一种氛围和习惯。

那么，如何达到这样的目的呢？现实工作中可以采取以下几个方法：

(1) 明确班组建设的理念或者核心价值观。一般以目标达成或状态描述作为班组的理念或核心价值观，如“三年建成全国优秀班组”“人人成为行业专家”“不是尽力而为而是全力以赴”等。

(2) 明确制度建设的重点。煤矿企业班组需要执行的制度很多，需要强调两点：一是常规制度流程化，即班前会制度、交接班制度、安全巡检制度、设备包保制度等全员参与、定人定责，流程化运行，班组长负责监督落实；二是特色制度围绕理念，重点突出，比如，班组以“不是尽力而为而是全力以赴”为核心价值观，就可以在班前会设立“我今天哪个地方没有做到全力以赴”反思发言的环节。

(3) 明确行为规范。行为规范的养成，不是一朝一夕之功，但它又是班组长工作的重要落脚点之一，必须要有“咬定青山不放松”的韧劲。一是旗帜鲜明地讲清楚哪些是我们鼓励的行为，哪些是我们坚决反对的行为。二是班组长带头做到。所谓模范带头、率先垂范常常被写在文件上，成为一个口号，其实这是班组长工作的重要法宝：“要求别人做到的自己首先做到”，比如精益求精、专注重复、规章之上，等等。三是毫不犹豫地奖励做得好的，惩处不规范的。四是善于“讲故事”，讲企业家行为的故事，讲身边先进模范人物的故事，讲班组普通员工践行班组理念的故事。

三、一专多能的行家里手

一个班组，班组长应当是技术权威、业务大拿，这样才会有说服力，才能当好带头人，才能有威信，才能适应班组管理的需要。

班组长在自己所管辖的团队里，需要有自己的“一技之长”。要能熟练掌握所需的专业知识、技能，懂得越多越好、越深越好，要使“核心能力”这根“柱子”越粗越好。技术工艺标准、产品结构性能、检验方法和技能、质量改进技能等都需要深度掌握，这是班组长的看家本领，是最重要的，也就是人们常说的“一招鲜，吃遍天”。

别人能做我也能做，是常人；别人不能做我能做，是巧人；别人想不到我能想到并能做，是人才。作为班组的“团队领袖”，不仅要知人所知、想人所想、会人所会、能人所能、精人所精，更要知人所不知、想人所不想、会人所不会、能人所不能，精人所不精，也就是说要有让人折服的东西。用老百姓常常开玩笑说的那句话就是“你太有才了”，这句话放在班组长身上就是工友发自内心的赞叹，是由衷的敬佩，是实实在在的欣赏。所谓才高八斗，这个“才”的涵盖面包括的内容比较宽泛，既包括专业领域的，也包括管理范畴的其他领域，既有和工作相关的，也有本专业以外的、涵盖生活中的其他内容，也就是我们工友们常说的“十八般武艺，样样精通”。

第二节　班组长的工作职责

一、安全管理职责

安全管理职责包括：认真执行党和国家的安全生产方针政策、法律法规和本企业、区队的安全操作规程，对所辖生产范围内职工的安全健康负责；制定安全生产目标、建立安全生产管理制度；教育并保障职工正确使用生产工具、防护用品、安全装置；及时检查、发现并消除生产过程中的安全隐患；对本班组职工进行安全意识教育和安全操作方法指导，并经常检查本班组职工安全操作规程的遵守情况，查处职工“三违”行为。概括地说就是：安全生产作业环境治理、安全隐患闭合管理、职工安全作业行为管理以及“三违”人员管理等。

各煤矿班组可以通过开展“六有班组”创建活动，实现班组现场管控的“六无目标”。

首先开展“六有班组”创建活动：

(1) 安全有目标。结合班组的实际情况和人员特点，制定出班组安全管理的目标和要求，使班组职工做有要求、干有目标。

(2) 管理有规章。编制严格的、切实可行的管理规章，加强班组职工遵章守纪的安全氛围。

(3) 操作有规程。对班组岗位操作规程要做到及时修改、增补，使其更具有实用性和可操作性。

(4) 检查有记录。建立安全检查台账，及时记载和反馈检查出的隐患。认真填写现场安全隐患卡，做到台账与卡片两对照。

(5) 考核有依据。对班组任务完成情况、全员安全意识状态、查处隐患情况、杜绝“三违”行为及安全投入情况等进行考核。

(6) 班组有专职安全员和群众安全监督员。安全员每天参加班前安全教育，亲临作业现场查处隐患，堵塞漏洞，制止“三违”行为。

最终实现班组现场管控的“六无目标”：

(1) 作业无事故。作业过程强化班组人员安全意识，增强自我保护的能力，严格执行安全规程，保证安全生产顺利进行。

(2) 现场无“三违”。加强对班组人员的安全教育，积极采取多种形式加大对“三违”行为的查处力度。

(3) 设备无缺陷。班前班后对使用的设备实行报告制度，以彻底消除设备的不安全状态。

(4) 环境无隐患。实行全方位照明，完善工作现场的定置管理等，真正做到作业环境无隐患。

(5) 检查无死角。做到检查工作全覆盖。

(6) 措施无缺陷。做到施工有措施，严格按措施施工。

二、生产管理职责

生产管理职责包括生产作业计划管理、现场作业管理、工程质量管理、机器设备维护保养等。

(1) 作业计划管理。作业计划管理一般包含计划制订、计划执行和计划检查三部分。三者并重，缺一不可。

制订计划就是班组长根据今天出勤人员、生产环境(条件)、工作需要统筹安排今天要干什么事。不能把计划制订简单地理解为采煤队今天就是出煤、掘进队就是进尺，而是要综合所有因素确定今天干多少、谁干什么、达到什么标准、投入多少资源，最终实现收益最大化。以采煤队为例，一定要具体到出多少吨煤、谁在哪个位置干、需要什么材料、谁重点关注哪些设备等。这是一个非常重要而又务实的过程，既不能虚化，也不能化繁为简，一语带过。计划的执行和检查重在严肃，高度尊重计划的严肃性，明确的计划一定要千方百计保证落实并严格按计划考核兑现。生产条件变化时，随时调整计划并对应落实执行和奖惩兑现。

(2) 现场作业管理。现场作业管理包含在现场管控中，也就是实现人、机、物、法、信、环六大要素的全面掌控。针对煤矿生产的特点，在现场作业管理环节，班组长要密切注意随着生产的推进，环境中围岩、空气、设备等异常变化，发现问题及时解决。

(3) 工程质量管理。工程质量管理要求班组长严格执行煤矿安全生产标准化的相关规定，工作地点的工程质量达到合格或以上，机电设备完好率不低于 80%，事故率不超过 2%。

(4) 机器设备维护保养。机器设备维护保养在班组长的工作职责中最基本的体现是落实机器设备的"包保"责任制,明确责任人、明确工作要求并按规定督促、检查、落实。

三、经营管理职责

经营管理职责包括材料管理、员工绩效管理、成本核算等。

(1) 材料管理。煤矿班组的材料管理不讨论一般材料管理的采购、库存、验收、资金等常规问题,我们仅需要关注一个词——效益。材料管理要注意以下两个细节:一是真正树立节俭意识,杜绝跑冒滴漏,绝不随意丢弃任何材料,能用一根杂木棍的绝不用两根;二是工作地点的材料摆放符合安全生产标准化和文明生产的要求,并能确保取用时最节省时间和体力,做到效率最大化。

(2) 员工绩效管理。员工绩效管理这个概念对煤矿班组长而言既熟悉又陌生。熟悉的是每天都在干,都在做绩效考核。陌生的是相当数量的班组长认为的绩效管理是延续了几十年的"分",基本上就是在安全的前提下工人干多少活,给多少分,依据这个分值月底结算工资的传统分配方式。当然,部分单位在对煤矿班组设置绩效考核方案的时候,给定的元素是完整的,问题出在我们班组长在实操中习惯沿用传统思维和方式,丢失了大量绩效考核的重要元素,不能体现出绩效考核这一管理方法的先进性。理论上讲,绩效考核应当包括积极性指标、创新性指标、责任性指标、计划性指标、有效性指标、合作性指标等六个方面。我们以"员工绩效内容"为例,应该有礼仪规范,含着装、出勤、行为养成、团队合作等;还应该有工作态度,含责任心、积极性、吃苦耐劳程度等;还要有工作能力,含学习能力、专业知识、业务能力、职业判断等;最后是工作业绩,含任务完成、工作质量、效率等。

(3) 成本核算。班组长需要真实准确地统计记录班组的工作量,收集统计新增或核减的业务,并及时与相关部门沟通维护核算项目类别；班组长需要定期向各班组公布核算结果，并对各班组进行考核，确保成本核算的透明度和公平性；班组长需要分析本班组材料消耗节超原因，制定现场管控措施，并根据日常管理经验提出班组核算合理化建议，以降低生产成本。

四、班务管理职责

班务管理职责包括人事调配、排班、劳动纪律等。

班务管理职责注意把握三项原则：能发挥班组人员的专长和积极性、能使每个班组人员都有明确的职责、能保证班组人员都有足够的工作量。

第二章　煤矿安全生产方针与法律法规

第一节　煤矿安全生产方针

“安全第一、预防为主、综合治理”是开展安全生产管理工作总的指导方针，是长期实践的经验总结。这一方针反映了党和国家对安全生产规律的认识，是企业安全生产工作总的指导思想和行动准则。因此，企业必须认真贯彻落实“安全第一、预防为主、综合治理”的安全生产方针。

(1)“安全第一”的含义。“安全第一”说明的是安全与生产、效益及其他活动的关系，强调在生产经营活动中要突出抓好安全，始终不忘把安全工作与其他经济活动同时安排、同时部署，当安全工作与其他活动发生冲突与矛盾时，其他活动要服从安全工作，决不能以牺牲人的生命、健康、财产为代价换取发展和效益。

(2)“预防为主”的含义。“预防为主”是对“安全第一”思想的深化，就是把安全生产工作的关口前移、重心下移、超前防范，建立预教、预测、预想、预报、预警、预防的递进式、立体式事故隐患预防体系，以隐患排查治理和建设本质安全为目标，实现事故的预先防范体制，改善安全状况，预防事故发生。

(3)“综合治理”的含义。将“综合治理”纳入安全生产方针，标志着对安全生产的认识上升到了一个新的高度，是贯彻落实科学发展观的具体体现。秉承“安全发展”的理念，从遵循和适应安全生产的规律出发，综合运用法律、经济、行政等手段，人管、法管、技防等多管齐下，并充分发挥社会、职工、舆论的监督作用，从责任、制度、培训等多方面着力，形成标本兼治、齐抓共管的格局。

(4)“安全第一、预防为主、综合治理”的关系。“安全第一、预防为主、综合治理”是一个完整的体系，是相辅相成、辩证统一的整体。“安全第一”是原则，“预防为主”是手段，“综合治理”是方法。“安全第一”是“预防为主、综合治理”的统帅和灵魂，没有“安全第一”的思想，“预防为主”就失去了思想支撑，“综合治理”就失去了整治依据。“预防为主”是实现“安全第一”的根本途径，只有把安全生产的重点放在建立事故预防体系上，超前采取措施，才能有效防止和减少事故。只有采取“综合治理”，才能实现人、机、物、环的统一，实现本质安全，真正把“安全第一、预防为主”落到实处。

第二节　煤矿安全生产相关法律法规

一、安全生产法律

(一)《安全生产法》

《安全生产法》是为了加强安全生产工作，防止和减少生产安全事故，保障人民群众生命和财产安全，促进经济社会持续健康发展而制定的，自 2002 年 11 月 1 日起施行。根据 2021 年 6 月 10 日第十三届全国人民代表大会常务委员会第二十九次会议通过的《关于修改〈中华人民共和国安全生产法〉的决定》第三次修正，自 2021 年 9 月 1 日起施行。内容包括总则、生产经营单位的安全生产保障、从业人员的安全生产权利义务、安全生产的监督管理、生产安全事故的应急救援与调查处理、法律责任和附则等。该法有关安全生产的相关规定如下：

(1) 生产经营单位的从业人员有依法获得安全生产保障的权利，并应当依法履行安全生产方面的义务。

(2) 国家对在改善安全生产条件、防止生产安全事故、参加抢险救护等方面取得显著成绩的单位和个人，给予奖励。

(3) 生产经营单位应当具备该法和有关法律、行政法规和国家标准或者行业标准规定的安全生产条件；不具备安全生产条件的，不得从事生产经营活动。

(4) 生产经营单位的全员安全生产责任制应当明确各岗位的责任人员、责任范围和考核标准等内容。生产经营单位应当建立相应的机制，加强对全员安全生产责任制落实情况的监督考核，保证全员安全生产责任制的落实。

(5) 矿山、金属冶炼、建筑施工、运输单位和危险物品的生产、经营、储存、装卸单位，应当设置安全生产管理机构或者配备专职安全生产管理人员。

(6) 生产经营单位应当对从业人员进行安全生产教育和培训，保证从业人员具备必要的安全生产知识，熟悉有关的安全生产规章制度和安全操作规程，掌握本岗位的安全操作技能，了解事故应急处理措施，知悉自身在安全生产方面的权利和义务。未经安全生产教育和培训合格的从业人员，不得上岗作业。

生产经营单位应当建立安全生产教育和培训档案，如实记录安全生产教育和培训的时间、内容、参加人员以及考核结果等情况。

(7) 生产经营单位采用新工艺、新技术、新材料或者使用新设备，必须了解、掌握其安全技术特性，采取有效的安全防护措施，并对从业人员进行专门的安全生产教育和培训。

(8) 国家对严重危及生产安全的工艺、设备实行淘汰制度。生产经营单位不得使用应当淘汰的危及生产安全的工艺、设备。

(9) 生产经营单位对重大危险源应当登记建档，进行定期检测、评估、监控，并制定应急预案，告知从业人员和相关人员在紧急情况下应当采取的应急措施。

(10) 生产经营单位必须为从业人员提供符合国家标准或者行业标准的劳动防护用品，并监督、教育从业人员按照使用规则佩戴、使用。

(11) 生产经营单位必须依法参加工伤保险，为从业人员缴纳保险费。

(12) 生产经营单位与从业人员订立的劳动合同，应当载明有关保障从业人员劳动安全、防止职业危害的事项，以及依法为从业人员办理工伤保险的事项。

生产经营单位不得以任何形式与从业人员订立协议，免除或者减轻其对从业人员因生产安全事故伤亡依法应承担的责任。

(13) 生产经营单位的从业人员有权了解其作业场所和工作岗位存在的危险因素、防范措施及事故应急措施，有权对本单位的安全生产工作提出建议。

(14) 从业人员有权对本单位安全生产工作中存在的问题提出批评、检举、控告；有权拒绝违章指挥和强令冒险作业。

生产经营单位不得因从业人员对本单位安全生产工作提出批评、检举、控告或者拒绝违章指挥、强令冒险作业而降低其工资、福利等待遇或者解除与其订立的劳动合同。

(15) 从业人员发现直接危及人身安全的紧急情况时，有权停止作业或者在采取可能的应急措施后撤离作业场所。

生产经营单位不得因从业人员在前款紧急情况下停止作业或者采取紧急撤离措施而降低其工资、福利等待遇或者解除与其订立的劳动合同。

(16) 生产经营单位发生生产安全事故后，应当及时采取措施救治有关人员。

因生产安全事故受到损害的从业人员，除依法享有工伤保险外，依照有关民事法律尚有获得赔偿的权利的，有权提出赔偿要求。

(17) 从业人员在作业过程中，应当严格落实岗位安全责任，遵守本单位的安全生产规章制度和操作规程，服从管理，正确佩戴和使用劳动防护用品。

(18) 工会有权对建设项目的安全设施与主体工程同时设计、同时施工、同时投入生产和使用进行监督，提出意见。

工会对生产经营单位违反安全生产法律、法规，侵犯从业人员合法权益的行为，有权要求纠正；发现生产经营单位违章指挥、强令冒险作业或者发现事故隐患时，有权提出解决的建议，生产经营单位应当及时研究答复；发现危及从业人员生命安全的情况时，有权向生产经营单位建议组织从业人员撤离危险场所，生产经营单位必须立即作出处理。

工会有权依法参加事故调查，向有关部门提出处理意见，并要求追究有关人员的责任。

(19) 生产经营单位对负有安全生产监督管理职责的部门的监督检查人员依法履行监督检查职责，应当予以配合，不得拒绝、阻挠。

(20) 负有安全生产监督管理职责的部门应当建立举报制度，公开举报电话、信箱或者电子邮件地址等网络举报平台，受理有关安全生产的举报；受理的举报事项经调查核实后，应当形成书面材料；需要落实整改措施的，报经有关负责人签字并督促落实。对不属于本部门职责，需要由其他有关部门进行调查处理的，转交其他有关部门处理。

涉及人员死亡的举报事项，应当由县级以上人民政府组织核查处理。

(21) 生产经营单位发生生产安全事故后，事故现场有关人员应当立即报告本单位负责人。

单位负责人接到事故报告后，应当迅速采取有效措施，组织抢救，防止事故扩大，减少人员伤亡和财产损失，并按照国家有关规定立即如实报告当地负有安全生产监督管理职责的部门，不得隐瞒不报、谎报或者迟报，不得故意破坏事故现场、毁灭有关证据。

（二）《劳动法》

《劳动法》是为了保护劳动者的合法权益，调整劳动关系，建立和维护适应社会主义市场经济的劳动制度，促进经济发展和社会进步而制定的，自1995年1月1日起施行。根据2018年12月29日第十三届全国人民代表大会常务委员会第七次会议通过的《关于修改〈中华人民共和国劳动法〉等七部法律的决定》第二次修正。

《劳动法》规定了劳动者享有的基本权利和义务。劳动者享有平等就业和选择职业的权利、取得劳动报酬的权利、休息休假的权利、获得劳动安全卫生保护的权利、接受职业技能培训的权利、享受社会保险和福利的权利、提请劳动争议处理的权利以及法律规定的其他劳动权利。劳动者应当完成劳动任务，提高职业技能，执行劳动安全卫生规程，遵守劳动纪律和职业道德。

国家实行劳动者每日工作时间不超过8小时、平均每周工作时间不超过44小时的工时制度。用人单位应当保证劳动者每周至少休息一日。劳动者连续工作一年以上的，享受带薪年休假。用人单位与劳动者发生劳动争议，当事人可以依法申请调解、仲裁、提起诉讼，也可以协商解决。

休息日安排劳动者工作又不能安排补休的，支付不低于工资的200％的工资报酬。

《劳动法》规定：禁止用人单位招用未满16周岁的未成年人。

（三）《劳动合同法》

《劳动合同法》是为了完善劳动合同制度，明确劳动合同双方当事人的权利和义务，保护劳动者的合法权益，构建和发展和谐稳定的劳动关系而制定的，自2008年1月1日起施行。该法修正案于

2012年12月28日第十一届全国人民代表大会常务委员会第三十次会议通过，自2013年7月1日起施行。

《劳动合同法》规定，订立劳动合同，应当遵循合法、公平、平等自愿、协商一致、诚实信用的原则。用人单位招用劳动者时，应当如实告知劳动者工作内容、工作条件、工作地点、职业危害、安全生产状况、劳动报酬，以及劳动者要求了解的其他情况；用人单位有权了解劳动者与劳动合同直接相关的基本情况，劳动者应当如实说明。

劳动合同应当具备以下条款：① 用人单位的名称、住所和法定代表人或者主要负责人；② 劳动者的姓名、住址和居民身份证或者其他有效身份证件号码；③ 劳动合同期限；④ 工作内容和工作地点；⑤ 工作时间和休息休假；⑥ 劳动报酬；⑦ 社会保险；⑧ 劳动保护、劳动条件和职业危害防护；⑨ 法律、法规规定应当纳入劳动合同的其他事项。

劳动合同期限3个月以上不满1年的，试用期不得超过1个月；劳动合同期限1年以上不满3年的，试用期不得超过2个月；3年以上固定期限和无固定期限的劳动合同，试用期不得超过6个月。劳动者在试用期的工资不得低于本单位相同岗位最低档工资或者劳动合同约定工资的百分之八十，并不得低于用人单位所在地的最低工资标准。

劳动者拒绝用人单位管理人员违章指挥、强令冒险作业的不视为违反劳动合同。

（四）《刑法修正案（十一）》

《刑法》是规定犯罪、刑事责任和刑罚的法律，是追究安全生产违法犯罪行为刑事责任的重要依据。

2020年12月26日第十三届全国人民代表大会常务委员会第二十四次会议通过的《中华人民共和国刑法修正案（十一）》，自2021年3月1日起施行。其中涉及安全生产的主要内容如下：

(1) 强令他人违章冒险作业,或者明知存在重大事故隐患而不排除,仍冒险组织作业,因而发生重大伤亡事故或者造成其他严重后果的,处五年以下有期徒刑或者拘役;情节特别恶劣的,处五年以上有期徒刑。

(2) 在生产、作业中违反有关安全管理的规定,有下列情形之一,具有发生重大伤亡事故或者其他严重后果的现实危险的,处一年以下有期徒刑、拘役或者管制:

① 关闭、破坏直接关系生产安全的监控、报警、防护、救生设备、设施,或者篡改、隐瞒、销毁其相关数据、信息的;

② 因存在重大事故隐患被依法责令停产停业、停止施工、停止使用有关设备、设施、场所或者立即采取排除危险的整改措施,而拒不执行的;

③ 涉及安全生产的事项未经依法批准或者许可,擅自从事矿山开采、金属冶炼、建筑施工,以及危险物品生产、经营、储存等高度危险的生产作业活动的。

(五)《职业病防治法》

《职业病防治法》是为了预防、控制和消除职业病危害,防治职业病,保护劳动者健康及其相关权益,促进经济发展而制定的,自2002年5月1日起施行。根据2018年12月29日第十三届全国人民代表大会常务委员会第七次会议通过的《关于修改〈中华人民共和国劳动法〉等七部法律的决定》第四次修正。

《职业病防治法》规定,职业病防治工作坚持预防为主、防治结合的方针,建立用人单位负责、行政机关监管、行业自律、职工参与和社会监管的机制,实行分类管理、综合治理。劳动者依法享有职业卫生保护的权利。

该法所称职业病,是指企业、事业单位和个体经济组织等用人单位的劳动者在职业活动中,因接触粉尘、放射性物质和其他有毒、有害因素而引起的疾病。

（六）《煤炭法》

《煤炭法》于1996年8月29日第八届全国人民代表大会常务委员会第二十一次会议通过，自1996年12月1日起施行。2016年11月7日对该法进行了第四次修正，自修正之日起施行。《煤炭法》在劳动者职业安全保护方面的相关规定有：

(1) 煤矿企业必须坚持安全第一、预防为主的安全生产方针，建立健全安全生产的责任制度和群防群治制度。

(2) 各级人民政府及其有关部门和煤矿企业必须采取措施加强劳动保护，保障煤矿职工的安全和健康。国家对煤矿井下作业的职工采取特殊保护措施。

(3) 煤矿企业应当对职工进行安全生产教育、培训；未经安全生产教育、培训的，不得上岗作业。煤矿企业职工必须遵守有关安全生产的法律、法规、煤炭行业规章、规程和企业规章制度。

(4) 在煤矿井下作业中，出现危及职工生命安全并无法排除的紧急情况时，作业现场负责人或者安全管理人员应当立即组织职工撤离危险现场，并及时报告有关方面负责人。

(5) 煤矿企业必须为职工提供保障安全生产所需的劳动保护用品。

(6) 煤矿企业应当依法为职工参加工伤保险缴纳工伤保险费。鼓励企业为井下作业职工办理意外伤害保险，支付保险费。

（七）《矿山安全法》

《矿山安全法》是为了保障矿山生产安全，防止矿山事故，保护矿山职工人身安全，促进采矿业的发展而制定的，于1992年11月7日第七届全国人民代表大会常务委员会第二十八次会议通过，自1993年5月1日起施行。2009年8月27日对该法进行了修正，自公布之日起施行。该法有关从业人员安全保护方面的规定有：

(1) 矿山企业必须具有保障安全生产的设施，建立、健全安全管理制度，采取有效措施改善职工劳动条件，加强矿山安全管理工作，保证安全生产。

(2) 每个矿井必须有两个以上能行人的安全出口，出口之间的直线水平距离必须符合矿山安全规程和行业技术规范。

(3) 矿山企业必须对机电设备及其防护装置、安全检测仪器定期检查、维修，保证使用安全。

(4) 矿山企业必须对作业场所中的有毒有害物质和井下空气含氧量进行检测，保证符合安全要求。

(5) 矿山企业职工必须遵守有关矿山安全的法律、法规和企业规章制度。矿山企业职工有权对危害安全的行为提出批评、检举和控告。

(6) 矿山企业必须对职工进行安全教育、培训；未经安全教育、培训的，不得上岗作业。矿山企业安全生产的特种作业人员必须接受专门培训，经考核合格取得操作资格证书的，方可上岗作业。

二、行政法规及国务院安全生产相关文件

(一)《中共中央办公厅 国务院办公厅关于进一步加强矿山安全生产工作的意见》

矿山安全生产事关人民群众生命财产安全，事关经济发展和社会稳定大局，是安全生产的重中之重。为深入贯彻党的二十大精神，进一步加强矿山安全生产工作，党中央、国务院发布了《中共中央办公厅 国务院办公厅关于进一步加强矿山安全生产工作的意见》(以下简称《意见》)。

《意见》就煤矿从业人员安全做了如下规定：

(1) 加快矿山升级改造。推动中小型矿山机械化升级改造和大型矿山自动化、智能化升级改造，加快灾害严重、高海拔等矿山智能化建设，打造一批自动化、智能化标杆矿山。地下矿山应当建立人

员定位、安全监测监控、通信联络、压风自救和供水施救等系统。

(2) 健全矿山安全管理体系。矿山企业应当健全以安全风险分级管控和隐患排查治理双重预防机制为核心的安全生产标准化管理体系。严格开展风险辨识评估并实施分级管控,定期开展全员全覆盖隐患排查治理,建立风险隐患台账清单,实行闭环管理。

(3) 提升风险监测预警处置能力。地下矿山应当建立应急广播等通信系统,确保应急指令能第一时间传达至影响范围内所有人员。强化灾害性天气预警预报,遇极端天气严禁人员入井。

(4) 强化安全基础管理。矿山企业应当建立健全并落实全员安全生产岗位责任制和安全生产管理制度。未经安全培训合格的从业人员不得上岗作业。首次取证的地下矿山特种作业人员应当具有高中以上文化程度。严格井下劳动定员管理,不得超定员安排人员下井作业,提高井下艰苦岗位津贴。取消井下劳务派遣用工,矿山企业或承包单位对欠薪应依法承担清偿责任。

(二)《煤矿安全生产条例》

为了加强煤矿安全生产工作,防止和减少煤矿生产安全事故,保障人民群众生命财产安全,2023 年 12 月 18 日国务院第 21 次常务会议通过了《煤矿安全生产条例》,该条例自 2024 年 5 月 1 日起施行。

《煤矿安全生产条例》就煤矿安全生产做了以下相关规定:

(1) 煤矿企业应当履行安全生产主体责任,加强安全生产管理,建立健全并落实全员安全生产责任制和安全生产规章制度,加大对安全生产资金、物资、技术、人员的投入保障力度,改善安全生产条件,加强安全生产标准化、信息化建设,构建安全风险分级管控和隐患排查治理双重预防机制,健全风险防范化解机制,提高安全生产水平,确保安全生产。

煤矿企业主要负责人(含实际控制人,下同)是本企业安全生产第一责任人，对本企业安全生产工作全面负责。其他负责人对职责范围内的安全生产工作负责。

(2) 煤矿企业从业人员有依法获得安全生产保障的权利，并应当依法履行安全生产方面的义务。

(3) 煤矿企业从业人员负有下列安全生产职责：

① 遵守煤矿企业安全生产规章制度和作业规程、操作规程，严格落实岗位安全责任；

② 参加安全生产教育和培训，掌握本职工作所需的安全生产知识，提高安全生产技能，增强事故预防和应急处理能力；

③ 及时报告发现的事故隐患或者其他不安全因素。

对违章指挥和强令冒险作业的行为，煤矿企业从业人员有权拒绝并向县级以上地方人民政府负有煤矿安全生产监督管理职责的部门、所在地矿山安全监察机构报告。

煤矿企业不得因从业人员拒绝违章指挥或者强令冒险作业而降低其工资、福利等待遇，无正当理由调整工作岗位，或者解除与其订立的劳动合同。

(4) 煤矿企业主要负责人和安全生产管理人员应当通过安全生产知识和管理能力考核，并持续保持相应水平和能力。

煤矿企业从业人员经安全生产教育和培训合格，方可上岗作业。煤矿企业特种作业人员应当按照国家有关规定经专门的安全技术培训和考核合格，并取得相应资格。

(5) 煤矿企业应当为从业人员提供符合国家标准或者行业标准的劳动防护用品，并监督、教育从业人员按照使用规则佩戴、使用。

煤矿井下作业人员实行安全限员制度。煤矿企业应当依法制定井下工作时间管理制度。煤矿井下工作岗位不得使用劳务派遣用工。

(6) 煤矿的采煤、掘进、机电、运输、通风、排水、排土等主要生产系统和防瓦斯、防煤（岩）与瓦斯（二氧化碳）突出、防冲击地压、防火、防治水、防尘、防热害、防滑坡、监控与通信等安全设施，应当符合煤矿安全规程和国家标准或者行业标准规定的管理和技术要求。

煤矿企业及其有关人员不得关闭、破坏直接关系生产安全的监控、报警、防护、救生设备、设施，或者篡改、隐瞒、销毁其相关数据、信息，不得以任何方式影响其正常使用。

（三）《生产安全事故报告和调查处理条例》

《生产安全事故报告和调查处理条例》是为了规范生产安全事故的报告和调查处理，落实生产安全事故责任追究制度，防止和减少生产安全事故而制定的，自2007年6月1日起施行。

该条例将事故划分为特别重大事故、重大事故、较大事故和一般事故4个等级。

(1) 特别重大事故，是指造成30人以上死亡，或者100人以上重伤（包括急性工业中毒，下同），或者1亿元以上直接经济损失的事故。

(2) 重大事故，是指造成10人以上30人以下死亡，或者50人以上100人以下重伤，或者5 000万元以上1亿元以下直接经济损失的事故。

(3) 较大事故，是指造成3人以上10人以下死亡，或者10人以上50人以下重伤，或者1 000万元以上5 000万元以下直接经济损失的事故。

(4) 一般事故，是指造成3人以下死亡，或者10人以下重伤，或者1 000万元以下直接经济损失的事故。

注："以上"包括本数，"以下"不包括本数。

事故报告应当及时、准确、完整，任何单位和个人对事故不得迟报、漏报、谎报或者瞒报。事故发生后，事故现场有关人员应当立即向本单位负责人报告；单位负责人接到报告后，应当于1小时内向事故发生地县级以上人民政府安全生产监督管理部门和负有安全生产监督管理职责的有关部门报告。

（四）《工伤保险条例》

《工伤保险条例》是为了保障因工作遭受事故伤害或者患职业病的职工获得医疗救治和经济补偿，促进工伤预防和职业康复，分散用人单位的工伤风险而制定的，自 2004 年 1 月 1 日起施行。该条例于 2010 年 12 月 20 日进行了修订，自 2011 年 1 月 1 日起施行。

《工伤保险条例》主要内容包括总则、工伤保险基金、工伤认定、劳动能力鉴定、工伤保险待遇、监督管理、法律责任、附则等。

该条例规定用人单位应当按时缴纳工伤保险费，职工个人不缴纳工伤保险费；职工因工作遭受事故伤害或者患职业病进行治疗，享受工伤医疗待遇；职工因工作遭受事故伤害或者患职业病需要暂停工作接受工伤医疗的，在停工留薪期内，原工资福利待遇不变，由所在单位按月支付；生活不能自理的工伤职工在停工留薪期需要护理的，由所在单位负责。

职工有下列情形之一的，应当认定为工伤：

① 在工作时间和工作场所内，因工作原因受到事故伤害的；

② 工作时间前后在工作场所内，从事与工作有关的预备性或者收尾性工作受到事故伤害的；

③ 在工作时间和工作场所内，因履行工作职责受到暴力等意外伤害的；

④ 患职业病的；

⑤ 因工外出期间，由于工作原因受到伤害或者发生事故下落不明的；

⑥ 在上下班途中，受到非本人主要责任的交通事故或者城市轨道交通、客运轮渡、火车事故伤害的；

⑦ 法律、行政法规规定应当认定为工伤的其他情形。

职工有下列情形之一的，不得认定为工伤或者视同工伤：

① 故意犯罪的；

② 醉酒或者吸毒的；

③ 自残或者自杀的。

（五）《国务院关于进一步加强企业安全生产工作的通知》

国务院以国发〔2010〕23号文件下发了《国务院关于进一步加强企业安全生产工作的通知》。其总体要求是：坚持“安全第一、预防为主、综合治理”的方针，全面加强企业安全管理，健全规章制度，完善安全标准，提高企业技术水平，夯实安全生产基础；坚持依法依规生产经营，切实加强安全监管，强化企业安全生产主体责任落实和责任追究，促进我国安全生产形势实现根本好转。

企业要加强对生产现场监督检查，严格查处违章指挥、违章作业、违反劳动纪律的“三违”行为。凡超能力、超强度、超定员组织生产的，要责令停产停工整顿。要经常性开展安全隐患排查，并切实做到整改措施、责任、资金、时限和预案“五到位”。主要负责人和领导班子成员要轮流现场带班。煤矿、非煤矿山要有矿领导带班并与工人同时下井、同时升井。

煤矿要安装安全避险“六大系统”等技术装备；企业要建立完善安全生产动态监控及预警预报体系，每月进行一次安全生产风险分析；要提高工伤事故死亡职工一次性赔偿标准，依照《工伤保险条例》的规定，对因生产安全事故造成的职工死亡，其一次性工亡补助金标准调整为按全国上一年度城镇居民人均可支配收入的20倍计算，发放给工亡职工近亲属。

（六）《国务院办公厅关于进一步加强煤矿安全生产工作的意见》

为了深刻汲取事故教训，坚守发展决不能以牺牲人的生命为代价的红线，始终把矿工生命安全放在首位，大力推进煤矿安全治本攻坚，建立健全煤矿安全长效机制，坚决遏制煤矿重特大事故发生，经国务院同意，国务院办公厅以国办发〔2013〕99号文件下发了《国务院办公厅关于进一步加强煤矿安全生产工作的意见》。

该意见指出，煤矿矿长要落实安全生产责任，切实保护矿工生命安全；要保护煤矿工人权益，研究确定煤矿工人小时最低工资标准，提高下井补贴标准，提高煤矿工人收入，严格执行国家法定工时制度，停产整顿煤矿必须按期发放工人工资；煤矿必须依法配备劳动保护用品，定期组织职业健康检查，加强尘肺病防治工作，建设标准化的食堂、澡堂和宿舍；要提高煤矿工人素质，加强煤矿班组安全建设，加快变“招工”为“招生”，强化矿工实际操作技能培训与考核，所有煤矿从业人员必须经考试合格后持证上岗。

（七）《关于防范遏制矿山领域重特大生产安全事故的硬措施》

为坚决防范遏制矿山领域重特大生产安全事故，针对当前矿山安全存在的突出问题，国务院安全生产委员会于2024年1月16日印发了《关于防范遏制矿山领域重特大生产安全事故的硬措施》（以下简称《硬措施》）。《硬措施》出台的意义如下：

第一，《硬措施》是贯彻落实习近平总书记关于安全生产重要论述的迫切需要。《硬措施》是安全发展理念、“两个至上”、红线意识的细化、深化、具体化，必须坚决守住守牢。第二，《硬措施》是实现高质量发展和高水平安全良性互动的迫切需要。《硬措施》完整、准确、全面贯彻新发展理念，为托住矿山安全生产之底、稳控当前形势提供强力支撑。第三，《硬措施》是推动矿山安全治理模式向事前预防转型的现实需要。《硬措施》突出“防”字，聚焦矿山安全生产“一件事”全链条全方位压实责任，着力推动矿山安全治理模式向事前预防转型。第四，《硬措施》是扭转当前矿山领域重特大事故多发势头的现实需要。《硬措施》从“八个方面”回答了防范遏制矿山领域重特大生产安全事故要做什么、怎么做、不做怎么办，为扭转当前被动局面指明方向、提供路径、明确方法。

《硬措施》提出了八个方面的具体措施：① 一体压实各级矿山安全生产责任；② 切实提高风险隐患排查整改质量；③ 重拳出击“打非治违”；④ 强化重大灾害治理；⑤ 大力提升从业人员素质；⑥ 严格项目审批和安全生产许可；⑦ 强化矿山安全国家监察督政；⑧ 严格事故调查和警示教育。

《硬措施》规定：① 从业人员必须熟知各类灾害避灾路线、地面建筑场所的安全疏散通道和自救逃生方法；不熟悉避灾逃生路线，或者不能熟练使用自救器等紧急自救装备的，不得安排上岗作业。② 加大典型事故案例媒体曝光力度，警醒各地、各部门、各矿山企业深刻吸取教训，切实做到“一方出事故、多方受教育，一地有隐患、全国受警示”，形成齐抓共管的良好氛围。

三、安全生产规章、细则、行业标准

（一）《煤矿安全规程》

《应急管理部关于修改〈煤矿安全规程〉的决定》经 2021 年 8 月 17 日应急管理部第 27 次部务会议审议通过，该规程自 2022 年 4 月 1 日起施行。《煤矿安全规程》是煤矿企业必须遵守的法定规程，制定目的是保障煤矿安全生产和从业人员的人身安全与健康，防止煤矿事故与职业病危害。

《煤矿安全规程》主要内容包括：总则、地质保障、井工煤矿、露天煤矿、职业病危害防治、应急救援、附则和附录等。

《煤矿安全规程》中的每一项条款都是一起起事故经验的总结。条条规程血染成，不要用血再验证，不能让事故一而再、再而三地重演。因此，通过加深对《煤矿安全规程》的学习和理解，增强关注安全、关爱生命的责任感，提高遵章指挥、遵章作业、遵守劳动纪律的自觉性，实现矿井本质安全。

《煤矿安全规程》有关煤矿班组长的规定如下：

（1）严格执行敲帮问顶及围岩观测制度。开工前，班组长必须对工作面安全情况进行全面检查，确认无危险后，方准人员进入工作面。

(2) 当井下出现瓦斯超限、煤与瓦斯突出、火灾、水灾等事故时，班组长有权责令现场作业人员停止作业，停电撤人。

(3) 爆破前，班组长必须亲自布置专人将工作面所有人员撤离警戒区域，并在警戒线和可能进入爆破地点的所有通路上布置专人担任警戒工作。警戒人员必须在安全地点警戒。警戒线处应当设置警戒牌、栏杆或者拉绳。

(4) 井下爆破要执行“三人连锁爆破”制度，即爆破工、班组长、瓦检工三人必须同时自始至终参加爆破工作过程，并执行换牌制。

(二)《防治煤与瓦斯突出细则》

为了加强防治煤(岩)与瓦斯(二氧化碳)突出工作，预防煤矿事故，保障从业人员生命安全，国家煤矿安全监察局于 2019 年 7 月 16 日颁布了《防治煤与瓦斯突出细则》，该细则自 2019 年 10 月 1 日起施行。

《防治煤与瓦斯突出细则》主要内容包括：总则、一般规定、区域综合防突措施、局部综合防突措施、防治岩石与二氧化碳(瓦斯)突出措施和附则。

煤与瓦斯突出矿井的所有管理人员以及作业人员都必须认真学习《防治煤与瓦斯突出细则》，只有这样才能实现防突工作过程管理标准化与规范化，从而达到突出煤层消灭瓦斯突出动力现象、突出矿井全面消灭突出事故的高标准防突目标。该细则相关规定如下：

(1) 防突工作必须坚持“区域综合防突措施先行、局部综合防突措施补充”的原则，按照“一矿一策、一面一策”的要求，实现“先抽后建、先抽后掘、先抽后采、预抽达标”。突出煤层必须采取两个“四位一体”综合防突措施，做到多措并举、可保必保、应抽尽抽、效果达标，否则严禁采掘活动。

(2) 突出矿井的管理人员和井下工作人员必须接受防突知识的培训，经考试合格后方可上岗作业。

各类人员的培训达到下列要求：

① 突出矿井的井下工作人员的培训内容包括防突基本知识以及与本岗位相关的防突规章制度。

② 突出矿井的区(队)长、班组长和有关职能部门的工作人员应当全面熟悉两个“四位一体”综合防突措施、防突的规章制度等内容。

③ 突出矿井的防突工属于特种作业人员，必须接受防突知识、操作技能的专门培训，并取得特种作业操作证。

④ 有突出矿井的煤矿企业技术负责人和突出矿井的矿长、总工程师应当接受防突专项培训，具备突出矿井的安全生产知识和管理能力。

(三)《煤矿防灭火细则》

为了加强煤矿防灭火工作，有效防控煤矿火灾事故，保障煤矿安全生产及从业人员生命安全和健康，国家矿山安全监察局于2021年10月12日颁布了《煤矿防灭火细则》，该细则自2022年1月1日起施行。

《煤矿防灭火细则》主要内容包括：总则、一般规定、井下火灾监测监控、防火技术、应急处置、井下火区管理、露天煤矿防灭火和附则。

《煤矿防灭火细则》是指导现阶段煤矿防灭火工作的指南，更是《煤矿安全规程》对煤矿防灭火基本要求的延伸与细化，所以我们必须认真学习、领悟精髓、严格落实，这也是每一名煤矿从业人员保证自己生命安全的需要，更是煤矿企业免受火灾威胁与保障健康发展的需要。该细则相关规定如下：

(1) 煤矿防灭火工作必须坚持预防为主、早期预警、因地制宜、综合治理的原则,制定井上、下防灭火措施。

(2) 井下严格实行明火管制,并符合下列规定:

① 严禁在采掘工作面进行电焊、气割等动火作业。

② 严禁携带烟草和点火物品,严禁穿化纤衣服入井。

③ 井下严禁使用灯泡取暖和使用电炉。

④ 井下爆破作业时,应当按照矿井瓦斯等级选用煤矿许用炸药和雷管,并严格按施工工艺进行爆破。

⑤ 井口和井下电气设备必须装设防雷击和防短路的保护装置。

(3) 当井下发现自然发火征兆时,必须停止作业,立即采取有效措施处置。在发火征兆不能得到有效控制时,必须撤出人员,封闭危险区域。进行封闭施工作业时,其他区域所有人员必须全部撤出。

(4) 任何人发现井下火灾时,应当视火灾性质、灾区通风和瓦斯情况,立即采取一切可能的方法直接灭火,控制火势,并迅速报告矿调度室。矿调度室在接到井下火灾报告后,应当立即按灾害预防和处理计划通知有关人员组织抢救灾区人员和实施灭火工作。

(5) 煤矿值班调度和在现场的区、队、班组长应当依照灾害预防和处理计划的规定,将所有可能受火灾威胁区域中的人员撤离,并组织人员灭火。电气设备着火时,应当首先切断其电源;在切断电源前,必须使用不导电的灭火器材进行灭火。

(6) 抢救人员和灭火过程中,必须指定专人检查甲烷、一氧化碳、煤尘以及其他有害气体浓度和风向、风量的变化,并采取防止瓦斯、煤尘爆炸和人员中毒的安全措施。

(四)《煤矿防治水细则》

为了加强煤矿防治水工作,防止和减少事故,保障职工生命安全和健康,国家煤矿安全监察局于 2018 年 6 月 4 日颁布了《煤矿防治水细则》,该细则自2018年9月1日起施行。

《煤矿防治水细则》主要内容包括:总则、矿井水文地质类型划分及基础资料、矿井水文地质补充勘探、井下探放水、矿井防治水技术、露天煤矿防治水、水害应急处置和附则。

《煤矿防治水细则》体现了煤矿防治水工作从防治理念到技术与管理的科学性和先进性,是煤矿防治水工作的指南,更是煤矿开展防治水工作的强制性规范,所以煤矿从业人员必须认真学好与用好《煤矿防治水细则》,才能真正使煤矿水患治理工作方法科学、技术先进、措施合理、治理高效。该细则相关规定如下:

(1) 煤矿防治水工作应当坚持预测预报、有疑必探、先探后掘、先治后采的原则,根据不同水文地质条件,采取探、防、堵、疏、排、截、监等综合防治措施。

(2) 煤矿主要负责人必须赋予调度员、安检员、井下带班人员、班组长等相关人员紧急撤人的权力,发现突水(透水、溃水,下同)征兆、极端天气可能导致淹井等重大险情,立即撤出所有受水患威胁地点的人员,在原因未查清、隐患未排除之前,不得进行任何采掘活动。

(3) 煤炭企业、煤矿应当对井下职工进行防治水知识的教育和培训,对防治水专业人员进行新技术、新方法的再教育,提高防治水工作技能和有效处置水灾的应急能力。

(五)《防治煤矿冲击地压细则》

为了加强煤矿冲击地压防治工作,有效预防冲击地压事故,保障煤矿职工安全,国家煤矿安全监察局于2018年5月2日颁布了《防治煤矿冲击地压细则》,该细则自2018年8月1日起施行。

《防治煤矿冲击地压细则》主要内容包括:总则,一般规定,冲击危险性预测、监测、效果检验,区域与局部防冲措施,冲击地压安全防护措施和附则。

《防治煤矿冲击地压细则》，细化了《煤矿安全规程》对煤矿冲击地压防治与防控工作的规定，增强了《煤矿安全规程》的可执行性与操作性，对规范冲击地压矿井的冲击地压防治与防控管理工作具有重大意义。因此，只有全面学习、掌握《防治煤矿冲击地压细则》的相关规定，才能更有效地防治煤矿冲击地压，确保煤矿开采安全。该细则相关规定如下：

（1）冲击地压是指煤矿井巷或工作面周围煤（岩）体由于弹性变形能的瞬时释放而产生的突然、剧烈破坏的动力现象，常伴有煤（岩）体瞬间位移、抛出、巨响及气浪等。

（2）冲击地压防治应当坚持“区域先行、局部跟进、分区管理、分类防治”的原则。

（3）冲击地压矿井必须依据冲击地压防治培训制度，定期对井下相关的作业人员、班组长、技术员、区队长、防冲专业人员与管理人员进行冲击地压防治的教育和培训，保证防冲相关人员具备必要的岗位防冲知识和技能。

（六）《煤矿地质工作细则》

为了加强和规范煤矿地质工作，为煤矿安全生产提供地质保障，有效预防煤矿事故，国家矿山安全监察局于 2023 年 12 月 29 日颁布了《煤矿地质工作细则》，该细则自 2024 年 3 月 1 日起施行。

《煤矿地质工作细则》主要内容包括：总则、煤矿地质类型划分及基础资料、煤矿隐蔽致灾地质因素普查、煤矿地质补充调查与勘探、煤矿地质观测与综合分析、煤矿建设阶段地质工作、煤矿生产阶段地质工作、煤矿闭坑阶段地质工作、煤矿地质数字化工作、附则和附录等。该细则相关规定如下：

（1）煤矿地质工作应当坚持“综合勘查、科学分析、预测预报、保障安全”的原则。

（2）煤矿地质工作的主要任务包括：

① 研究煤矿地层、地质构造、煤层、煤质、瓦斯、水文地质、冲击地压、工程地质和其他开采地质条件等地质特征及其变化规律，开展地质类型划分；

② 查明影响煤矿安全生产的各种隐蔽致灾地质因素；

③ 进行地质补充调查与勘探、地质观测、资料编录和综合分析，提供煤矿建设和生产各个阶段所需要的地质资料，解决煤矿安全生产中的各种地质问题；

④ 估算和核实煤矿煤炭资源储量以及煤矿瓦斯（煤层气）资源储量，掌握资源储量动态，为合理安排生产提供可靠依据；

⑤ 调查、研究煤矿含煤地层中共（伴）生矿产的赋存情况和开采利用价值。

（七）《煤矿重大事故隐患判定标准》

为了准确认定、及时消除煤矿重大事故隐患，应急管理部于2020年11月2日颁布了《煤矿重大事故隐患判定标准》，该判定标准自2021年1月1日起施行。

该判定标准规定，煤矿重大事故隐患包括下列15个方面：

（1）超能力、超强度或者超定员组织生产。

（2）瓦斯超限作业。

（3）煤与瓦斯突出矿井，未依照规定实施防突出措施。

（4）高瓦斯矿井未建立瓦斯抽采系统和监控系统，或者系统不能正常运行。

（5）通风系统不完善、不可靠。

（6）有严重水患，未采取有效措施。

（7）超层越界开采。

（8）有冲击地压危险，未采取有效措施。

（9）自然发火严重，未采取有效措施。

（10）使用明令禁止使用或者淘汰的设备、工艺。

(11) 煤矿没有双回路供电系统。

(12) 新建煤矿边建设边生产，煤矿改扩建期间，在改扩建的区域生产，或者在其他区域的生产超出安全设施设计规定的范围和规模。

(13) 煤矿实行整体承包生产经营后，未重新取得或者及时变更安全生产许可证而从事生产，或者承包方再次转包，以及将井下采掘工作面和井巷维修作业进行劳务承包。

(14) 煤矿改制期间，未明确安全生产责任人和安全管理机构，或者在完成改制后，未重新取得或者变更采矿许可证、安全生产许可证和营业执照。

(15) 其他重大事故隐患。

(八)《煤矿安全生产标准化管理体系考核定级办法》和《煤矿安全生产标准化管理体系基本要求及评分方法》

为进一步加强煤矿安全生产基础建设，提升煤矿安全保障能力，国家矿山安全监察局组织制定了《煤矿安全生产标准化管理体系考核定级办法》和《煤矿安全生产标准化管理体系基本要求及评分方法》，自 2024 年 11 月 1 日起施行。

1.《煤矿安全生产标准化管理体系考核定级办法》

(1)《煤矿安全生产标准化管理体系考核定级办法》规定，煤矿安全生产标准化管理体系等级分为一级、二级、三级 3 个等级，所应达到的要求为：

一级：煤矿安全生产标准化管理体系考核总得分不低于 90 分，重大灾害防治、专业管理部分评分不低于 90 分，安全基础管理部分评分不低于 85 分，且不存在下列情形：

① 发生生产安全死亡事故，自事故发生之日起，一般事故未满 1 年、较大及重大事故未满 2 年、特别重大事故未满 3 年的；

② 安全生产标准化管理体系一级检查考核未通过，自考核定级

部门检查之日起未满 1 年的；

③ 被降级或撤销等级未满 1 年的；

④ 被列入安全生产严重失信主体名单管理期间的。

二级：煤矿安全生产标准化管理体系考核总得分及各管理部分得分均不低于 80 分，且不存在下列情形：

① 发生生产安全死亡事故，自事故发生之日起，一般事故未满半年、较大及重大事故未满 1 年、特别重大事故未满 2 年的；

② 被降级或撤销等级未满半年的。

三级：煤矿安全生产标准化管理体系考核总得分及各管理部分得分均不低于 70 分。

(2) 煤矿安全生产标准化管理体系等级实行分级考核定级。

申报一级的煤矿由省级煤矿安全生产标准化工作主管部门组织初审，国家矿山安全监察局组织考核定级。申报二级、三级的煤矿，初审和考核定级部门由省级煤矿安全生产标准化工作主管部门确定。

(3) 煤矿安全生产标准化管理体系考核定级按照企业自评申报、初审、考核、公示、公告的程序进行。煤矿安全生产标准化管理体系考核定级部门原则上应在收到煤矿企业申请后的 60 个工作日内完成考核定级。煤矿和各级煤矿安全生产标准化工作主管部门，应通过国家矿山安全监察局"矿山安全生产综合信息系统—安全生产标准化"（以下简称"信息系统"），完成申报、初审、考核、公示、公告等各环节工作。未按照规定的程序和信息化方式开展考核定级等工作的，不予公告确认。

2.《煤矿安全生产标准化管理体系基本要求及评分方法》

煤矿是安全生产的责任主体，必须建立健全煤矿安全生产标准化管理体系，通过制定安全生产目标，设置机构，配备人员，建立并落实安全生产责任制和安全管理制度，提升从业人员素质，开展安全风险分级管控、隐患排查治理，聚焦重大灾害防治，抓好各专业管理，不断规范、持续改进安全生产管理，实现安全生产。

煤矿安全生产标准化管理体系考核定级执行《煤矿安全生产标准化管理体系基本要求及评分方法》。

煤矿安全生产标准化管理体系包括安全基础管理、重大灾害防治、专业管理三个部分。

（九）《国家卫生健康委办公厅关于进一步加强用人单位职业健康培训工作的通知》

为贯彻落实《国家职业病防治规划（2021—2025 年）》，强化用人单位主体责任，严格落实职业健康培训制度，国家卫生健康委员会办公厅于 2022 年 12 月 29 日发布了《国家卫生健康委办公厅关于进一步加强用人单位职业健康培训工作的通知》。通知对职业健康培训做了如下规定：

（1）建立健全职业健康培训管理制度。用人单位要建立健全职业病防治宣传教育培训制度，明确职业健康培训工作的管理部门和管理人员，制定职业健康培训年度计划，做好职业健康培训保障，规范职业健康培训档案资料管理。职业健康培训档案应包括年度培训计划，主要负责人、职业健康管理人员和劳动者培训相关记录材料等。记录材料应包括培训时间、培训签到表、培训内容、培训合格材料，以及培训照片与视频材料等。

（2）按时接受职业健康培训。用人单位主要负责人、职业健康管理人员和劳动者应按时接受职业健康培训。主要负责人和职业健康管理人员应当在任职后 3 个月内接受职业健康培训，初次培训不得少于 16 学时，之后每年接受一次继续教育，继续教育不得少于 8 学时。劳动者上岗前应接受职业健康培训，上岗前培训不得少于 8 学时，之后每年接受一次在岗培训，在岗培训不得少于 4 学时。煤矿新工人上岗前培训内容包括：职业健康相关法律法规、单位职业健康管理制度和操作规程、职业病危害防治基础知识、职业健康管理知识及职业健康相关工作。

(3) 加强职业健康培训组织管理。用人单位应当按照本单位的培训制度以及年度培训计划组织开展劳动者上岗前和在岗期间职业健康培训,提高劳动者职业健康素养和技能。因变更工艺、技术、设备、材料,或者岗位调整导致劳动者接触的职业病危害因素发生变化的,用人单位应当重新对劳动者进行上岗前职业健康培训。用人单位可以自行组织开展劳动者职业健康培训,无培训能力的用人单位也可委托职业健康培训机构组织开展。放射工作人员培训内容及学时根据《放射工作人员职业健康管理办法》等相关规定执行。对主要负责人、职业健康管理人员的培训,用人单位可以根据本单位情况及卫生健康行政部门的要求,聘请相关专家进行培训,或参加职业健康培训机构开展的培训。用人单位应当加强对存在矽尘、石棉粉尘、高毒物品等严重职业病危害因素岗位劳动者的职业健康培训,经培训考核合格后方可安排劳动者上岗作业。

(4) 提高职业健康培训实效。用人单位要根据所属行业特点和劳动者接触职业病危害因素情况,合理确定培训内容和培训时间,明确培训方式、培训考核办法和合格标准,满足不同岗位劳动者的培训需求。确保用人单位主要负责人和职业健康管理人员具备与所从事的生产经营活动相适应的职业健康知识和管理能力,劳动者具备职业病防护意识,了解职业病防治法律法规,熟悉相关职业健康知识和职业卫生权利义务,掌握岗位操作规程,能够正确使用职业病防护设施和职业病防护用品。

(5) 规范劳务派遣劳动者等人员的职业健康培训工作。使用劳务派遣劳动者的用人单位应当将被派遣劳动者纳入本单位职业健康培训对象统一管理。外包单位应当对劳动者进行必要的职业健康教育和培训。接收在校学生实习的用人单位应当对实习学生进行上岗前职业健康培训，提供必要的职业病防护用品；对实习期超过一年的实习学生进行在岗期间职业健康培训。

第三节 煤矿从业人员安全生产的权利与义务

一、煤矿从业人员安全生产的权利

（一）劳动保护和提请劳动争议处理权

职工有要求用人单位保障职工的劳动安全、防治职业病危害的权利。职工与用人单位建立劳动关系时，应当要求订立劳动合同，劳动合同应当载明为职工提供符合国家法律、法规、标准规定的劳动安全卫生条件和必要的劳动防护用品，工作场所存在的职业病危害因素以及有效的防护措施，对从事有毒有害作业的职工定期进行健康检查，依法为职工办理工伤保险等。

当职工的劳动保护权益受到损害时，或者因劳动保护问题与用人单位发生纠纷时，有向有关部门提请劳动争议处理的权利。

（二）安全生产知情权

职工有权了解作业场所和工作岗位存在的危险因素、危害后果，以及针对危险因素应采取的防范措施和事故应急措施，用人单位必须向职工如实告知，不得隐瞒和欺骗。如果用人单位没有如实告知，职工有权拒绝工作，用人单位不得因此做出对职工不利的处分。进入工作面前，职工有权要求跟班干部或班长检查工作面，并制定具体安全措施。

（三）参与安全生产管理权

职工有权参与本单位安全生产工作的民主管理和民主监督，对本单位的安全生产工作提出意见和建议，对不符合党和国家安全生产方针和法律、法规的规章、制度有权提出修改意见。用人单位应当重视和尊重职工的意见和建议，并及时做出答复。

（四）安全生产监督权

职工有权对企业贯彻、执行党和国家安全生产方针的情况，有关安全生产法规及管理制度的执行情况，管理干部行为，作业现场的安全情况，安全技术措施专项费用使用情况进行监督。

（五）安全生产教育培训权

职工享有参加安全生产教育培训的权利。用人单位应依法对职工进行安全生产法律、法规、规程及相关标准的教育培训，使职工掌握从事岗位工作所必须具备的安全生产知识和技能。用人单位没有依法对职工进行安全生产教育培训或特殊工种作业人员未取得操作资格证书的，职工有权拒绝上岗作业。

（六）职业健康防治权

对于从事接触职业病危害因素或可能导致职业病作业的职工，有权进行职业健康检查并了解检查结果。对于被诊断为患有职业病的职工有依法享受职业病待遇，接受治疗、康复和定期检查的权利。煤矿从业人员离开煤矿企业时，有权索取本人职业健康监护档案复印件，煤矿企业必须如实、无偿提供，并在所提供的复印件上签章。

（七）拒绝违章指挥权

违章指挥是指用人单位的有关管理人员违反安全生产法律、法规和有关安全规程、规章制度的规定，指挥从业人员进行作业的行为。强令冒险作业是指用人单位的有关管理人员明知开始或继续作业可能会导致重大危险，却仍然强迫职工进行作业的行为。违章指挥、强令冒险作业违背了“安全第一”的方针，侵犯了职工的合法权益，职工有权拒绝；违章操作，职工有权制止；跟班干部擅离工作岗位，职工有权向有关部门报告。用人单位不得因职工拒绝违章指挥和强令危险作业而打击报复，降低其工资、福利等待遇或解除与其订立的劳动合同。

（八）停止作业避险权

职工发现直接危及人身安全的紧急情况时，有权停止作业，或者在采取可能的应急措施后，撤离作业场所。用人单位不得因职工在紧急情况下停止作业或者采取紧急撤离措施而降低其工资、福利待遇或者解除与其订立的劳动合同。但职工在行使这一权利时要慎重，要尽可能正确判断险情危及人身安全的程度。例如，火灾初起阶段很容易扑灭，职工应尽快组织灭火，如火灾扩大无法扑灭，则应立即撤离。

（九）工伤保险和民事索赔权

用人单位应当依法为职工办理工伤保险，为职工缴纳工伤保险费。职工因安全生产事故受到伤害，除依法享受工伤保险外，还有权向用人单位提出民事赔偿要求，并且工伤保险和民事赔偿不能互相取代。

（十）批评、检举和控告权

职工有权向煤矿企业和煤炭管理部门、工会组织举报违反有关安全生产法律、法规、制度的行为；有权检举违章指挥、违章作业者；有权反映作业现场安全管理情况和不安全因素。职工检举可以署名，也可以不署名；可以用书面形式，也可以用口头形式。但是，职工在行使这一权利时，应注意检举和控告的情况必须真实，要实事求是。用人单位不得因职工行使上述权利而对其进行打击、报复，包括不得因此而降低其工资、福利待遇或者解除与其订立的劳动合同。在进行安全生产监督检查时，职工如果受到打击报复和迫害，有权向上级或政府有关部门、工会组织投诉和控告；有权对忽视安全、玩忽职守造成事故的责任者进行检举；有权对隐瞒事故的单位和责任者提出控告。

二、煤矿从业人员安全生产的义务

（一）遵守安全生产规章制度和操作规程的义务

职工不仅要严格遵守安全生产有关的法律、法规，还应当遵守用人单位的安全生产规章制度和操作规程，这是职工在安全生产方面的一项法定义务。职工必须增强法纪观念，自觉遵章守纪，从维护国家利益、集体利益以及自身利益出发，把遵章守纪、按章操作落实到具体的工作中。

（二）服从安全生产管理的义务

职工要服从煤矿安全检查、安全监察管理；自觉服从安全监督部门、安全监察部门的指挥，自觉配合安全监察人员的工作，协助他们执行公务，并提供真实信息和有关资料。

煤矿企业安全生产管理人员一般具有丰富的安全生产知识和经验。职工服从管理，可以维持生产经营活动的秩序，有效避免或减少生产安全事故的发生。因此，职工应当服从管理，这也是职工在安全生产方面的一项法定义务。当然，职工对于违章指挥、强令冒险作业的行为，有权拒绝。

（三）正确佩戴和使用劳动防护用品的义务

劳动防护用品是保障职工在劳动过程中安全与健康的一种防御性装备，不同的劳动防护用品有其特定的佩戴和使用规则，只有正确佩戴和使用，方能真正起到防护作用。用人单位在为职工提供符合国家或行业标准的劳动防护用品后，职工有义务正确佩戴和使用劳动防护用品。

（四）发现事故隐患及时报告并参加抢险救灾的义务

职工发现事故隐患和不安全因素后，应及时向现场安全生产管理人员或本单位负责人报告，接到报告的人员应当及时予以处理。一般来说，职工报告得越早，接收报告的人员处理得越早，事故隐患和其他职业危险因素造成的危害就越小。煤矿发生事故后，应急救援部门应积极参与抢救，不能以任何借口逃避抢救工作。

（五）接受安全生产培训教育的义务

职工应依法接受安全生产教育和培训，掌握所从事岗位工作所需的安全生产知识，提高安全生产技能，增强事故预防和应急处理能力。特殊性工种作业人员和有关法律法规规定须持证上岗的作业人员，必须经培训考核合格，依法取得相应的资格证书或合格证书后，方可上岗作业。

（六）改善工作环境和爱护生产设施、设备的义务

职工在工作中，积极参加技术革新活动，提出合理化建议，不断改善劳动条件和工作环境。

煤矿企业的生产设备及设施是安全生产的保证，职工要自觉维护其正常运转和安全使用，使其发挥保障安全生产的作用。

第三章 矿井灾害防治

第一节 瓦斯灾害防治

一、矿井瓦斯

瓦斯是在成煤过程中伴生的一种气体。广义上说，它是指煤矿井下生产过程中从煤层和围岩涌出的以甲烷为主的有毒有害气体的总称，这些气体主要有甲烷、二氧化碳、一氧化碳、二氧化硫、硫化氢、乙烷、乙烯及少量的氢气，有时单独指甲烷。

瓦斯是无色、无味、无臭的气体，必须用仪器检测才能发现。瓦斯虽然无毒，但如果空气中的瓦斯浓度升高，则氧气浓度相对降低，使空气具有窒息性。瓦斯的化学性质不活泼，微溶于水，具有燃烧性、爆炸性，这一特性会给煤矿带来巨大的灾难。

二、矿井瓦斯等级的划分

矿井瓦斯等级应当依据实际测定的瓦斯涌出量、瓦斯涌出形式以及实际发生的瓦斯动力现象、实测的突出危险性参数等确定。瓦斯等级可划分为：煤（岩）与瓦斯（二氧化碳）突出矿井（以下简称突出矿井）、高瓦斯矿井、瓦斯矿井。

三、瓦斯爆炸及其预防

瓦斯的危害与瓦斯爆炸

瓦斯爆炸就是甲烷（CH_4）在高温火源的作用下，与空气中的氧气发生剧烈的化学反应，生成二氧化碳和水蒸气，同时产生大量的热，形成高温、高压环境，并以极高的速度向外冲击而产生的动力现象。

（一）瓦斯爆炸条件

瓦斯发生爆炸必须同时具备三个基本条件：一是瓦斯浓度在爆炸界限内，一般为 5％～16％；二是混合气体中氧气的浓度不小于12％；三是有足够能量的点火源，温度为 650～750 ℃。瓦斯爆炸的三个条件必须同时满足。

（二）瓦斯爆炸的预防措施

预防瓦斯爆炸应从瓦斯爆炸的三个条件入手，由于井下空气需供工人呼吸，因此氧气浓度肯定大于 12％，即应采取措施防止瓦斯积聚和出现引火火源；一旦出现瓦斯爆炸，还要防止爆炸事故扩大。

（1）防止瓦斯积聚的措施。瓦斯积聚是指在 0.5 m^3 及以上空间中瓦斯浓度达到 2％及以上浓度的现象。防止瓦斯积聚需要落实瓦斯防治“十二字方针”：先抽后采、监测监控、以风定产，从源头上消除瓦斯的危害。防止瓦斯积聚的基本方法如下：

① 加强通风；

② 加强瓦斯浓度和通风情况的检查；

③ 及时处理局部积聚的瓦斯。

（2）防止瓦斯引燃的措施：

① 防止明火；

② 防止电火花；

③ 防止爆破引燃瓦斯；

④ 防止机械摩擦、冲击火花。

瓦斯爆炸防治措施

（三）限制瓦斯爆炸范围扩大的措施

（1）实行分区通风。

（2）装有主要通风机的出风井口应安装防爆门，以防止发生爆炸时通风机被毁坏，造成救灾和恢复生产困难。

（3）开采有煤尘、瓦斯爆炸危险的矿井，都必须用水棚或岩粉棚隔开。

(4) 每年必须由煤矿技术负责人组织编制矿井灾害预防和处理计划。

四、煤与瓦斯突出及其预防

煤与瓦斯突出是指在压力作用下,破碎的煤与瓦斯由煤体内突然向采掘空间大量喷出,这是一种瓦斯的特殊涌出方式。

(一) 煤与瓦斯突出的预兆

(1) 无声预兆。工作面顶板压力增大,使支架变形、煤壁外鼓、片帮、掉渣、顶板下沉或底板鼓起,煤层层理紊乱,煤暗淡无光泽,煤质变软,瓦斯涌出量异常,煤壁发凉,打钻时有顶钻、卡钻、喷瓦斯等现象。

(2) 有声预兆。煤层在变形过程中发生劈裂声、闷雷声、机枪声、响煤炮,声音由远到近、由小到大,有短暂的、有连续的,间隔时间长短也不同。煤壁发生震动和冲击,顶板来压,支架发出断裂声。

煤与瓦斯突出的预兆

特别注意:瓦斯突出前,并不是所有预兆都出现,仅出现其中一种或数种,而且有的预兆不明显;有些预兆距发生突出的时间很短。因此,发现任何预兆都要格外警惕,及时报告、躲避。

(二) 煤与瓦斯突出的危害

大量的煤与瓦斯在短时间内向采掘空间突然喷出,突出的煤流或岩石流抛出会掩埋井下作业人员、堵塞巷道,造成风流逆转,破坏井下设施、设备和通风系统。井巷中充满高浓度瓦斯会引起人员缺氧,导致窒息死亡。当突出瓦斯与新鲜风流汇合后,遇到火源还可能发生燃烧或爆炸,使灾害事故扩大。

(三) 煤与瓦斯突出事故的预防

煤与瓦斯突出事故的预防

防突工作必须坚持“区域综合防突措施先行、局部综合防突措施补充”的原则,按照“一矿一策、一面一策”的要求,实现“先抽后建、先抽后掘、先抽后采、预抽达标”。瓦斯突出煤层必须采取两个“四位一体”综合防突措施，做到多措并举、可保必保、应抽尽抽、效果达标，否则严禁采掘活动。

第二节　矿尘灾害防治

一、矿尘概述

粉尘是指能够较长时间悬浮在空气中的固体颗粒。生产过程中，产生的粉尘称为生产性粉尘。在煤矿生产过程中，打眼、爆破、掘进、割煤、喷浆、运输等工序的作业中，会产生大量的粉尘粒子漂浮在生产环境中，这部分粉尘称为矿尘。

我国煤矿大多数为井工开采矿井，在掘进、采煤、爆破、装载等各个生产环节都会产生大量粉尘。井下粉尘较多的地点有：采煤或掘进工作面、自溜运输巷道、带式输送机的转载点、煤仓和溜煤眼的上下口以及井口的卸载点等。随着煤矿生产规模的扩大和机械化程度的提高，煤矿粉尘的产生量也随之迅速增大。另外，井下施工用的粉状材料有时会成为高浓度的有害粉尘，如锚喷作业时喷射水泥砂浆或混凝土会产生大量的水泥和砂粒粉尘。

二、矿尘的危害

矿尘具有很大的危害性，主要表现为以下方面：

(1) 煤尘爆炸是煤矿主要灾害之一，煤尘爆炸时的破坏性很大，尤其是爆炸后产生的大量一氧化碳会引起工作人员中毒死亡。

(2) 污染工作场所。煤矿工人在生产活动中长期接触较高浓度的生产性粉尘，可引起健康损害，较常见的疾病有尘肺病、鼻咽炎、慢性支气管炎和皮肤病。

(3) 加速机械磨损，缩短精密仪器的使用寿命。

(4) 降低工作场所能见度，增加工伤事故的发生概率。工作面能见度低，往往会导致误操作，造成人员意外伤亡。

矿井粉尘的危害	矿井粉尘防治措施

三、煤尘爆炸及其预防

风速过高会引起采掘工作面和运输巷道煤尘飞扬，而风速过低产尘点产生的煤尘无法排出则会增加浮尘量。带式输送机各转载点如不采取有效的防尘措施，则会造成煤尘飞扬。当煤尘含量达到爆炸临界点时，遇电气设备漏电产生的火花、爆破产生的火焰等引爆火源，就会发生煤尘爆炸事故。

（一）煤尘爆炸事故灾害类型

（1）在采掘生产过程中，特别是采掘工作面在爆破、落煤、运输过程中都会产生大量煤尘。一旦煤尘浓度达到爆炸界限，电气设备漏电产生火花、爆破产生火焰时，就会发生煤尘爆炸事故。

（2）煤尘爆炸时会产生高温、高压、有毒有害气体，造成人员伤亡、机械设备和巷道的破坏。强大的冲击波会造成风流逆转、通风系统紊乱，还可能引起其他地点的连续爆炸。

煤尘爆炸事故的危害

（3）采掘工作面及其回风巷发生煤尘爆炸事故时，将影响本采区；当引起连续爆炸时，影响范围扩大，直至影响整个矿井；进风井附近发生煤尘爆炸事故时将影响其进风流中的所有工作地点，反风不及时将影响整个矿井。

（二）煤尘爆炸的条件

煤尘发生爆炸必须同时具备三个基本条件：一是煤尘本身具有爆炸性，并且浮游煤尘要达到一定浓度，下限为 $45\ \mathrm{g/m^3}$，上限为 $1\,500 \sim 2\,000\ \mathrm{g/m^3}$；二是混合气体中氧气的浓度不小于 18%；三是有足够能量的点火源，温度在 610～1 050 ℃之间。

（三）煤尘爆炸预防措施

（1）矿井开采新水平、新煤层，要及时对煤层进行煤尘爆炸性鉴定。根据鉴定结果采取相应的安全措施，将作业场所的煤尘浓度降低到《煤矿安全规程》规定的浓度以下。

煤尘爆炸事故的防治措施

（2）建立煤尘监测制度，加强采掘工作面和主要场所的煤尘监测，消除煤尘隐患。

（3）加强巡查及管理，防止井下出现明火、爆破火焰、电气火花等引爆火源。

（4）按照“源头治理、科学防治”的原则，认真落实减尘、捕尘、洗尘有关规定。完善防尘洒水系统，采取湿式钻眼，使用水炮泥，爆破前后冲洗煤壁，爆破时采用高压喷雾或压气喷雾降尘，采掘面回风巷按规定安设自动控制风流净化水幕等。转载点采用自动喷雾降尘或密闭尘源除尘器抽尘净化等措施。

第三节　矿井火灾防治

一、矿井火灾概述

凡发生在井下或井口附近能够危害到井下安全的火灾，都叫作矿井火灾。发生矿井火灾的原因有两种：一是外部火源引起，二是煤炭物理化学性质的内在因素引起。因此，矿井火灾分为两类：外因火灾和内因火灾。

外因火灾，又称外源火灾，如违章在井下吸烟、在井下拆卸矿灯、放明炮、电焊、气焊等，都可能引起外因火灾。内因火灾，又称煤炭自燃火灾。

火灾事故的分类及发生条件	煤炭自燃的预防措施	外因火灾的预防措施

二、煤炭自燃的初期预兆

煤矿内因火灾事故隐患主要表现为煤炭自然发火。煤炭自燃的初期预兆有如下几种：

（1）巷道内湿度增加，出现雾气、水珠。煤炭氧化初期生成水分，往往使巷道内湿度增加，出现雾气或在巷道壁上挂有水珠；浅部开采时，冬季在地面钻孔或塌陷处会出现冒出水蒸气或冰雪融化现象。

（2）煤炭自燃放出焦油味。煤炭从“发烧”（自热）到自燃过程中，氧化时会产生多种碳氢化合物，并放出煤油味、汽油味、松节油味或焦油味等。当嗅到这些气味时，说明煤已燃烧到了一定程度。

（3）巷道内发热，气温升高。煤炭氧化自燃过程中要释放出大量热量，因此，从自然发火的地方流出的水和空气的温度比平时要高，人的皮肤可以直接感觉到。

煤炭自燃的预兆

（4）人有疲劳感。煤炭氧化自燃过程中，会放出有害气体，如二氧化碳、一氧化碳、二氧化硫等，这些有害气体会使人感到头痛、闷热、精神不振、不舒服、有疲劳感，尤其是多数人有同感时，应提高警惕，查明原因，以防矿井火灾的发生。

三、井下火灾的灭火方法

煤矿灭火方法有直接灭火、隔绝灭火和封闭火区等。

（一）直接灭火

（1）采用灭火剂或挖出火源等方法把火直接扑灭，称为直接灭火法。常用的灭火剂有水、泡沫、干粉、二氧化碳、四氯化碳、卤代烷、惰气、砂子和岩粉等。

矿井火灾 灭火方法	二氧化碳灭火 器使用方法	干粉灭火器 使用方法	消火栓 使用方法

① 水。水是不燃液体，是消防上常用的灭火剂之一，使用方法有水射流和水幕两种形式。

② 泡沫。泡沫是一种体积小，表面被液体围成的气泡群。泡沫的比重小，且流动性好，可实现远距离立体灭火，具有持久性和抗燃烧性，导热性能低，黏着力大。

③ 干粉。干粉灭火剂是目前公认的灭火效率较高的一种新型的化学灭火剂，应用范围比较广泛。

④ 卤代烃灭火剂。常用的卤代烃灭火剂是用氟、氯、溴取代甲烷和乙烷中的氢而成的，因此也叫卤代烷灭火剂。

⑤ 砂子和岩粉。砂子和岩粉在煤矿中广泛应用于扑灭电气火灾。

（2）消除可燃物。

直接灭火除了向火源喷射灭火剂以外，在有些条件下还可以采用挖除火源清除可燃物，以消除燃烧的物质基础。

(3) 采用凝胶处理高温点和自燃火源。

凝胶是近年来应用于煤矿井下防灭火较为广泛的材料，由基料[硅酸盐(水玻璃)]＋促凝剂(碳酸氢氨等盐类)＋水(90%左右)组成。

(4) 灌浆灭火。

灌浆灭火是煤矿井下常用的一种灭火方法。灌浆灭火的方法因火源位置而异。常用的方法有：井下巷道打钻灌浆、在火区密闭墙上插管灌浆和地面钻孔注浆三种。

(二) 隔绝灭火

当不能直接将火扑灭时，为了迅速控制火势，使其熄灭，可在通往火源的所有巷道内砌筑密闭墙，使火源与空气隔绝。

(三) 封闭火区

封闭火区的方法分为以下三种：

(1) 锁风封闭火区。从火区的进回风侧同时构筑密闭，封闭火区时不通风。这种方法适用于氧气浓度低于瓦斯爆炸界限(<12%)的火区。

(2) 通风封闭火区。在保持火区通风的条件下，同时构筑进回风两侧的密闭。

(3) 注惰气封闭火区。

第四节　矿井水灾防治

一、矿井涌水来源及危害

矿井水来源于地表水和地下水。

(一) 地表水

地表水主要是指矿区附近地面的江河、湖泊、池沼、水库、废弃的露天坑和塌陷坑积水以及雨水和冰雪融化汇集的水。

降雨和春季冰雪融化是地表水的主要来源。在开采浅部煤层时，由于地面形成塌陷区，地表水可能沿开采塌陷裂缝涌入井下；雨季不能及时排出矿区降雨时，雨水可能通过土层的孔隙和岩层的细小裂缝渗透到井下，在较短时间内把井巷或整个矿井淹没。

矿区附近的江河、湖泊、池沼、水库、低洼地、废弃的露天坑道等蓄存积水，可通过断层、裂隙、石灰岩溶洞与井下沟通，使地表水有可能进入井下造成突水事故。

（二）地下水

地下水主要是指含水层水、断层裂缝水和老空积水。这些水源可能从各种通道和岩层裂缝渗透进入矿井，是水灾的主要水源。

（三）矿井水的危害

(1) 井下巷道和采掘工作面出现淋水时空气潮湿，人易患风湿病。

(2) 矿井水会腐蚀井下各种金属设备、支架、轨道等。

(3) 如果发生了突水和透水事故，就可能淹没采掘工作面或矿井，造成人员伤亡。

二、矿井水灾事故的防治

防治水工作要坚持以防为主、防治结合，以及当前与长远、局部与整体、地面与井下、防治与利用相结合的原则；坚持“预测预报、有疑必探、先探后掘、先治后采”的十六字方针；落实“探、防、堵、疏、排、截、监”七项措施。根据不同的水文地质条件，采用不同的防治方法，因地制宜，统一规划，综合治理。具体措施如下：

(1) 严格按照规定留设防隔水煤(岩)柱。

(2) 在必要的地点或井下设置截水建(构)筑物，如防水闸门和防水闸墙。

(3) 建立完善的井下排水系统。

(4) 严格按照有关规定进行矿井探放水。

三、透水事故及其防治

矿区内大气降水、地表水、地下水通过各种通道涌入井下，成为矿井涌水。当矿井涌水量超过矿井正常排水能力时即会发生水患，称为矿井水灾，通常也称为透水。

煤矿水害是指发育于主要开采煤层顶底板直接或间接含水层中的水，在矿井采掘过程中通过天然或人为扰动的导水通道进入矿井，并给矿井带来灾害的过程与结果。煤层或岩层透水前，一般都有预兆，井下工作人员都应该熟悉发生透水事故前的各种预兆，以便及时采取防范措施。

矿井水灾的特点

（一）透水预兆

煤矿常见的透水预兆有：

① 煤层发潮发暗；

② 巷道壁或顶板“挂汗”；

③ 煤层变凉；

④ 工作面顶板淋水加大，或出现压力水头；

⑤ 从煤层或岩层裂缝中挤出“嘶嘶”的水叫声；

⑥ 工作面有害气体增加；

⑦ 煤壁或巷道“挂红”等。

透水事故的预兆

因此，当发现工作面有涌水预兆或发生大量涌水时，说明已接近水区，应停止作业，迅速向矿调度室汇报，及时采取措施。

（二）透水事故的处理措施

发生透水事故或矿井被淹，首先是救出井下人员，其次是排出积水，尽快恢复生产。采掘工作面或其他地点发现有突水预兆时，必须发出警报，撤出所有受水威胁地点的人员。

最先发现透水的现场工作人员，一方面报告矿调度室，另一方面迅速组织抢救。工作人员需要打木垛或用密集柱，堵住出水点，防止事故继续扩大；水势猛来不及进行加固时，人员应向高处撤退，安全出井。

第五节　顶板灾害防治

一、顶板冒落的预防

（1）采取有效的支护措施。

（2）及时处理局部漏顶，以免引起大范围冒顶。

顶板事故的分类、特点及原因	顶板事故的预防

（3）坚持“敲帮问顶”制度。在进入采掘工作面装煤、支护前，要“敲帮问顶”，处理已离层的顶板。如果处理不了，要用点柱先支撑。

（4）严格按照规程作业。严禁空顶作业，所有支架必须架设牢固并采取防倒柱措施，严禁在浮煤或浮矸上架设支架。

二、顶板冒落的预兆

（1）响声。顶板连续发出断裂声，这是由于直接顶和基本顶发生离层，或顶板切断发出的声音。有时采空区内顶板会发出像闷雷的声音，这是基本顶和上方岩层产生离层或断裂的声音。岩层下沉断裂、顶板压力急剧加大时，支架会发出很大的声响。

（2）掉渣。顶板岩石已有裂缝和碎块，其中小矸石稍受震动就掉落。

（3）片帮。冒顶前煤壁所受压力增加，变得松软，片帮煤比平时多。

(4) 漏顶。破碎的伪顶或直接顶在大面积冒顶以前,有时因为背顶不严或支架不牢而出现漏顶。

(5) 裂缝。顶板的裂缝张开,裂缝增多。

(6) 脱层(离层)。检查顶板是否脱层要用"敲帮问顶"的方法,如果声音清脆,表明顶板完好;如果顶板发出"空空"的响声,说明上下岩层已经脱离。

(7) 瓦斯涌出量突然增大。

(8) 顶板淋水增大。

顶板冒落的预兆

三、冒顶处置措施

(一) 采煤工作面冒顶处置措施

(1) 当冒落的煤、矸埋压人时,不可惊慌,应在区队长、班组长和有经验的老工人的指挥下,严密监视冒落的顶板及两帮情况,加固冒顶处 10 m 范围内支护,用长柄工具捣掉悬矸、危岩后,由有经验的工人由外向里进行支护,动作要迅速,并设专人观察顶板。同时,留好退路,严防顶板继续冒落伤人,组织人力积极抢救被埋人员。

(2) 抢救时要仔细侦察,分析遇险者位置和被压情况,尽量不破坏冒落矸石的堆积状态,小心搬开煤、矸救出伤员,严禁用锹、镐等强挖硬刨。

(3) 救出伤员后及时对其进行止血、包扎、骨折固定等,对发生休克的伤员要立即进行人工呼吸等现场救助并迅速送往医院。

(4) 若垮落、冒顶将人员堵在独头巷道时,被堵人员要沉着、冷静,不要慌乱、乱喊乱叫,要设法自救。

(5) 若冒顶面积大,处理时间长,被堵人员要静卧休息,节约矿灯电量、食物和水,减少氧气消耗,有压风管路时可打开阀门,放入空气供人呼吸。若冒落的煤和矸不太大,可扒出通道口时,应由有经验的老工人监视顶板,其他人员轮流擢扒出通道进行自救。同时,应间断性地敲击金属物发出求救信号。

(二) 掘进、巷修工作面冒顶处置措施

(1) 当发生冒顶事故时,现场人员不可惊慌,要在区队长、班组长和有经验的老工人指挥下,严密监视顶板及两帮的情况,在确保安全的前提下立即加强、加固冒顶处10 m范围内的支护。

(2) 处理冒顶时,要用长钎捣掉可能冒落的悬矸、危岩,由有经验的老工人由外向里进行支护。一般采用架设木垛的方法,在没有冒落危险的情况下,设专人观察顶板,留好退路,迅速架好支架,排好护顶木垛,一直到冒顶最高点将顶托住。

(3) 当冒落的煤、岩石埋压住人员时,要仔细侦察、分析遇险人员的位置和被埋压情况,在安全的前提下组织抢救工作。抢救中要尽量不破坏冒落岩石的堆积状态,小心搬开冒落的岩石,严禁使用锹、镐等强挖硬刨,严防对埋压人员造成二次伤害。

(4) 救出的伤员要及时进行止血、包扎、骨折固定等,发生休克的要立即进行人工呼吸等现场救助并迅速送往医院。

(5) 若冒落的矸石将人员堵在独头巷道内时,被堵人员要沉着、冷静,不要乱喊乱叫。若冒顶面积大,处理的时间长,被堵人员应立即静坐休息,注意节约矿灯电量、食物和水,减少氧气消耗,保持足够的体力。有压风管的应打开压风阀门,保持良好的通风;若冒顶面积不太大,被堵人员应在区队长、班组长和有经验的老工人指挥下,专人监视顶板情况,采用轮番攉扒冒落岩石的方法组织自救,并间断性敲打铁管、钢轨等发出呼救信号,等待救援。

(6) 当冒顶的范围大,影响通风或人员被堵,可采用小断面快速修复的方法,架设比原来巷道规格小的临时支护,采用撞楔法把冒落的岩石控制住,从巷道两侧清理岩石,且边清理边维护,防止煤矸流入巷道。帮顶维护好后,就可以架设永久支护。

(7) 当冒顶的长度大,不易处理时,可采用打绕道的方法,绕过冒落区去抢救被堵人员,或绕过冒落区后再转入正常掘进。

第四章 煤矿自救、互救与现场急救

大量煤矿事故证明，当矿井发生灾害事故后，事故现场人员在万分危急的情况下，依靠自己的智慧和力量，积极正确地开展自救和互救工作，是最大限度地减少事故损失的重要环节。因此，班组长必须掌握自救、互救与现场急救的基本方法。

第一节 煤矿事故班组应急处置

一、班组长应急处置的责任

煤矿班组长作为煤矿企业最基层组织的“一把手”，为班组应急管理的第一责任人。发生突发事故后，班组长应主动担负起责任，发挥自己的主观能动性，及时如实地向作业区领导上报事故情况，同时积极组织协调人力、物力，恢复设备的正常运转。班组长的职责体现在以下几个方面：

(1) 对本班组应急处置负全面责任。

(2) 负责组织全班职工学习煤矿（包括区队）各类灾害应急预案，掌握应急处置的方法，会扑灭初期火灾或处置其他初期事故。特别是对于逃生路线、紧急集合地点、报警电话、急救方法等要教导本班组成员牢记。

(3) 负责组织救人、逃生、报警等演练，并对演习效果进行评价和改进。

(4) 发生突发事故后，以保护人身安全为第一目的，同时兼顾设备和环境的保护，尽量减少灾害的损失程度。事故发生后，立即组织班组全体成员救人、逃生，集中后清点人数，发现未到者及时向上级汇报。

(5) 判断突发事故灾情后，立即指挥抢救人员作业，向事故现场人员发送指令，同时向上级汇报。

二、煤矿各类灾害事故的处置要点

煤矿各类灾害事故的处置要点包括避难硐室避难、佩戴自救器逃生和创伤急救等。

(一) 避难硐室避难

(1) 在避难硐室中避难时，全体避难人员要团结互助、坚定信心；应在避难硐室外留有衣物、生产工具、矿灯等明显标志，以便救护人员发现。

(2) 避难过程中，硐室内只留一盏矿灯照明，其余矿灯全部关闭，留作再次撤退时使用；避难时间过长获救后，不要马上过多饮水、进食和见强光，以防止损坏消化系统和眼睛。

(3) 避难时应保持冷静，尽量俯卧在巷道底部，不急躁，保持精力，减少氧气消耗和避免吸入更多的有害气体；定期敲打铁管或岩帮等发出呼救信号。有条件时，打开矿用自动呼救器(矿井寻人仪)，及时给营救人员提供避难地点的方位。

(二) 佩戴自救器逃生

作业人员入井时，必须戴好安全帽，并随身携带自救器和矿灯。每次领取自救器时，都要仔细检查自救器的封锁装置等是否完好，外壳有没有损坏。若发现自救器有安全隐患，应及时更换。在携带自救器过程中，一定要倍加爱护，不得人为破坏，更不能无故打开自救器。若发生灾难事故时，应保持冷静，不能慌张，撤离灾区的同时应迅速按正确的方法佩戴好自救器。

(三) 创伤急救

如果发现被救出的人身上有外伤时，应立即把伤员抬到安全的地点，并尽快脱掉（或剪开）伤员身上的衣服进行伤口止血，包扎时切不可用脏布；不可以用水清洗伤口里的煤渣，包扎时应避免用手直接触及伤口。

第二节　煤矿井下安全避险“六大系统”

煤矿井下安全避险“六大系统”是指监测监控系统、人员定位系统、紧急避险系统、压风自救系统、供水施救系统和通信联络系统。

为提高矿山安全生产保障能力，国家强制要求全国煤矿及非煤矿山都必须建立和完善“六大系统”。“六大系统”将对保障矿山安全生产发挥重大作用，为地下矿山安全生产提供良好的条件。

（一）监测监控系统

监测监控系统的功能：一是“测”，即监测各种环境安全参数、设备工况参数、过程控制参数等；二是“控”，即根据监测参数去控制安全装置、报警装置、生产设备、执行机构等。

煤矿企业必须按照《煤矿安全监控系统及检测仪器使用管理规范》（AQ 1029—2019）的要求，建设完善监测监控系统，实现对煤矿井下甲烷和一氧化碳浓度、温度、风速等的动态监控，为煤矿安全管理提供决策依据。监测监控系统地面中心站执行 24 h 值班制度，当系统发出报警、断电、馈电等异常信息时，能够迅速采取断电、撤人、停工等应急处置措施，充分发挥系统的安全避险预警作用。

（二）人员定位系统

人员定位系统是集井下人员考勤、跟踪定位、灾后急救、日常管理等于一体的综合性管理系统，集合了识别技术、传输技术、软件技术等顶尖的产品和技术。

人员定位系统通过对所有入井人员携带的识别卡（或具备定位功能的无线通信设备）的识别读取，能够及时、准确地将井下各个区域的人员动态情况反映到地面计算机系统，使管理人员能够随时掌握井下人员分布的状况和运行轨迹，以便进行更加合理的调度管理。当事故发生时，救援人员也可以根据人员定位系统所提供的数据、图形，迅速掌握有关人员的位置情况，及时采取相应的救援措施，提高应急救援的工作效率。

（三）紧急避险系统

紧急避险系统的设施有自救器、救生舱、避难所、防透水型固定式避难所等。

煤矿企业必须按照《煤矿安全规程》的要求，为入井人员配备额定防护时间不低于 30 min 的自救器。突出矿井必须建设采区避难硐室，突出煤层的掘进巷道长度及采煤工作面推进长度超过 500 m 时，应当在距离工作面 500 m 范围内建设临时避难硐室或其他临时避险设施。其他矿井应当建设采区避难硐室，或者在距离采掘工作面 1 000 m 范围内建设临时避难硐室或其他临时避险设施。

（四）压风自救系统

压风自救系统是能够在灾变期间给所有采掘作业地点提供压风供气，为事故现场人员提供宝贵氧气的系统。压风自救系统通常采用空气压缩机供风，空气压缩机一般设置在地面。但是对于深部多水平开采的矿井，空气压缩机安装在地面难以保证对井下作业地点进行有效供风时，可在其供风水平以上两个水平的进风井井底车场，选择一个安全可靠的位置安装空气压缩机。突出矿井的采掘工作面要设置压风自救装置，其他矿井掘进工作面要安设压风管路并设置供气阀门。

（五）供水施救系统

供水施救系统是指为了满足发生火灾、爆炸等事故现场人员的用水需要而设置的供水系统。

系统管道铺设线路：矿井地面蓄水池→井筒→井底车场→水平

运输大巷→采区上(下)山→区段集中巷→区段斜巷→工作面两巷。

所有采掘工作面和其他人员较集中的地点、井下各作业地点及避难硐室(场所)处应设置供水阀门,保证各采掘作业地点在灾变期间能够实现应急供水。系统应按照《煤矿安全规程》要求设置三通及阀门。

(六)通信联络系统

为了更好地进行煤矿生产,井下一般都有电话通信系统。在主副井绞车房、井底车场、运输调度室、采区变电所、水泵房等主要机电设备硐室和采掘工作面以及采区、水平最高点等地方都装有防爆电话机。通过电话联络,可以随时掌握井下及地面生产情况;当矿井发生灾变时,电话机是指挥救灾的必需设施。

井下避难硐室、井下主要水泵房、井下中央变电所和突出煤层采掘工作面、爆破时撤离人员集中地点等,必须设有直通矿调度室的电话。要积极推广使用井下无线通信系统、井下广播系统,完善通信联络系统。发生险情时,系统能够及时通知井下人员撤离。

第三节　自救器的使用

自救器是入井人员在井下发生火灾、瓦斯煤尘爆炸、煤与瓦斯突出时防止有害气体中毒或缺氧窒息的一种随身携带的呼吸保护器具。自救器是一种体积小、重量轻、便于携带的个人防护装备。

煤矿必须使用隔离式自救器。隔离式自救器能防护所有的有害气体,它的作用包括提供氧气、防止窒息和防止有害气体中毒。隔离式自救器有压缩氧自救器和化学氧自救器,目前常用的是压缩氧自救器。

压缩氧自救器是指利用压缩氧气供氧的隔离式呼吸保护器。多用于灾区大气环境中缺氧或存在有毒有害气体的情况,是一种可重复使用的自救器,每次使用后只需要更换吸收二氧化碳的吸收剂和重新充装氧气即可重复使用。

一、压缩氧自救器使用方法

（1）佩戴位置。将专用腰带穿入自救器腰带环内，固定在背部右侧腰间，如图 4-1(a)所示。

图 4-1　压缩氧自救器的使用方法

（2）开启扳手。使用时先将自救器沿腰带转到右侧腹前，左手托底，右手拉护罩胶片，使护罩挂钩脱离壳体并丢掉，再用右手掰锁口带扳手至封印条断开，丢开锁口带，如图 4-1(b)所示。

（3）去掉上外壳。左手抓住下外壳，右手将上外壳用力拔下、扔掉，如图 4-1(c)所示。

（4）套上挎带。将挎带套在脖子上，如图 4-1(d)所示。

(5) 提起口具并立即戴好。用力提起口具，此时气囊逐渐鼓起，立即拔掉口具塞并同时将口具塞入口中，口具片置于唇齿之间，牙齿紧紧咬住牙垫，紧闭嘴唇，如图 4-1(e)所示。若尼龙绳被拉断，气囊未鼓起，可以直接拉启动环。

(6) 夹好鼻夹。两手同时抓住两个鼻夹垫的圆柱形把柄，将鼻夹拉开，此时佩戴人要憋住一口气，用鼻夹垫准确夹住鼻子。

(7) 调整挎带。如果挎带过长，抬不起头，可以拉动挎带上的大圆环，使挎带缩短，长度适宜后，系在小圆环上，如图 4-1(f)所示。

(8) 退出灾区。上述操作完成后，开始撤离灾区。途中感到吸气不足时不要惊慌，应放慢脚步，做深呼吸，待气量充足后再快步行走。

压缩氧自救器的佩戴与使用注意事项(三维仿真)	压缩氧自救器的佩戴使用(真人实操)

二、使用注意事项

(1) 使用中要经常观察压力表，以掌握耗氧情况。

(2) 高压氧气瓶储装有 20 MPa 的氧气，携带过程中要防止撞击、磕碰和摔落，不许把压缩氧自救器当坐垫使用。

(3) 呼气和吸气时要慢而深(即深呼吸)。口与自救器的距离不能过近，以免气囊内的呼气软管打折，增加呼气阻力。

(4) 使用中应防止利器刺伤、划伤气囊。

(5) 在未达到安全地点时严禁摘下自救器。

(6) 要经常练习佩戴自救器，做到 30 s 内盲戴。

第四节　避灾自救

一、避难硐室避灾

避难硐室是井下发生灾害事故后，人员无法撤离灾区时的避难场所。避难硐室分事先构筑好的永久避难硐室和由避灾人员用身边现有材料建造的临时避难硐室两种。

（一）永久避难硐室

1. 概述

永久避难硐室预先设在井底车场附近或采区工作地点安全出口的路线上，距工作地点不能太远（即在自救器的有效工作时间内可到达）。避难硐室原则上应能容纳采区的全体人员。硐室内应备有供避灾人员呼吸用的供气装备（如压风自救装置）、通信设备、自救器、药品、食物等。需要注意两个问题：一是硐室内的供气装置要有保障，即空气气源能长时间供气，遇险人员使用的呼吸装置要佩戴方便、迅速，呼吸自如舒畅。二是硐室内要存放一定数量的自救器，其防护时间要足够长（如 30 min 以上的压缩氧自救器），确保遇险人员在条件允许时，能够佩戴自救器从避难硐室撤到安全地点或井上。

2. 人员进入避难硐室生存区的操作步骤和方法

① 人员走到避难硐室第一道防爆密闭门前→向上旋转防爆密闭门外把手→迅速进入避难硐室过渡室。

② 进入过渡室的人员关闭第一道防爆密闭门→向下旋转门上的内把手→锁紧第一道防爆密闭门→打开避难硐室内部压风总阀→打开喷淋装置→使用喷淋装置喷洗 30 s。

③ 所有人员喷洗完毕之后→向上旋转第二道密闭门的把手→打开第二道密闭门→迅速进入避难硐室生存区→关闭第二道密闭门。

3. 人员进入避难硐室摘取自救器操作步骤和方法

避难人员进入生存区→找到避难硐室巷帮悬挂的“七合一”传感器→按下传感器右侧的开关按钮→观察传感器屏幕显示数值→确认传感器显示环境参数正常→摘下自救器。

4. 避难硐室的压风供氧装置操作步骤和方法

避难硐室的压风供氧装置有以下两种操作模式：

(1) 压风供氧模式：人员打开避难硐室压风控制柜→打开压风管路的阀门→调节压风控制柜风流量不小于每人每分钟 100 L。

(2) 自备氧供氧模式：人员确认避难硐室巷道顶部悬挂的压风管道上的散流器无风流及流量表无读数→检查避难硐室压风总阀、压风控制柜内各阀门、散流器阀门处于打开状态→关闭硐室压风总阀→关闭第一道防爆密闭门及第二道密闭门上的超压排气阀→启动自备氧供氧。

5. 避难硐室空气净化装置操作步骤和方法

人员确认避难硐室内传感器显示有毒有害气体浓度超标→打开避难硐室中所有的空气净化器→拿出储物座椅中相应的有毒有害气体吸收药剂并平铺至药剂床中。

操作注意事项：当传感器显示二氧化碳浓度降低后又升高，并再次提示有毒有害气体浓度超标时，应更换空气净化器中的二氧化碳吸附剂。

(二) 临时避难硐室

临时避难硐室是矿井出现灾变事故时，遇险人员在等待救援的过程中利用现场的材料临时搭建的设施。临时避难硐室是利用独头巷道、硐室或两道风门之间的巷道，由避灾人员临时修建的，所以，应在这些地点事先准备好所需的木板、木桩、风筒、黏土、砂子或砖等材料，还应装有带阀门的压气管。避灾时，若无构筑材料，避灾人员可用衣服和身边现有的材料临时构筑避难硐室，以减少有害气体的侵入。密闭门应该打两道，工人应在门内施工。

（三）在避难硐室避难时的注意事项

（1）进入避难硐室前，应在硐室外留有矿灯、衣服、工具等明显标志，以便矿山救护队及时发现。

（2）避难人员在避难硐室中应保持安静，不急躁，尽量俯卧于巷道底部，避免不必要的体力和氧气消耗，以便延长避难时间。

（3）在避难中，要保持良好的精神状态和心理状态，坚持克服各种困难，坚定信心。

（4）硐室内只留一盏矿灯照明，其余熄灭，以备人员撤离时使用。自救器、急救袋暂时可以不用的应停止使用，一方面以备延长待救时间，另一方面以备重伤员抢救之用。

（5）在避难硐室内可间断地敲打铁器、岩石等，发出呼救信号。

（6）避难时要密切注意避难地点附近风流和瓦斯的情况，要不断争取待救时间(进入有压风管的避难硐室时应立即打开压风管)。若避难地点条件恶化，危及人员生命安全时，应立即转移到附近安全地点。

（7）被水堵在上山的人员，不要向下跑，不要盲目探险。水被排走露出顶板时，也不要急于出来，以防二氧化硫、硫化氢等气体中毒。

（8）看到救护队员后不要过于激动，以防血管破裂。避难时间过长被救后，不能过多饮食和接受强烈光线，以防损伤消化器官和眼睛。

二、敲击救援联络信号

如果人员被困地点有通信联络装置，应立即向矿调度室报告灾情、遇险人数和计划采取的避灾自救措施等；也可利用坚硬物体敲击管路、铁轨、钻杆等发出“5432”救援联络信号。联络信号有4组：5声“呼救”、4声“报数”、3声“收到”、2声“停止”。联络信号具体内容如下。

5声——寻求联络(被困人员敲击5声为求救信号;救援人员敲击5声为寻求联络信号)。

4声——询问被困人员数量(救援人员敲击4声为询问信号,被困人员确认收到后,按被困人数敲击为回复信号)。

3声——收到(敲击3声表示"收到"对方信号和意图)。

2声——停止(被困人员敲击2声为"停止",表示停止给养补给或遇突发情况需停止行动)。

每次敲击间隔1 s,分组发出信号,每组信号间隔30 s。明白意图后敲击3声回复"收到",未"收到"回复可重复敲击发出信号。

为便于记忆,班组长可以按照以下方式来记:5声——快来救救我;4声——有几个人;3声——知道了;2声——停止。

三、瓦斯爆炸事故避灾自救

(1) 当灾害发生时一定要镇静清醒,不要惊慌失措、乱喊乱跑。当听到或感觉到爆炸声响和空气冲击波时,应立即背朝声响和气浪传来的方向、脸朝下、双手置于身体下面、闭上眼睛迅速卧倒。头部要尽量低,有水沟的地方最好趴在水沟边上或坚固的障碍物后面。

(2) 立即屏住呼吸,用湿毛巾捂住口鼻,防止吸入有毒的高温气体,避免中毒和灼伤气管和内脏。

(3) 用衣服将自己身上的裸露部分尽量盖严,以防止火焰和高温气体灼伤皮肉。

瓦斯爆炸事故的应急避险

(4) 迅速戴好自救器,以防止吸入有毒气体。

(5) 高温气浪和冲击波过后应正确辨别方向,以最快的时间进入新鲜风流中,并按照避灾路线尽快逃离灾区。

(6) 无法逃离灾区时,应立即选择进入避难硐室中,充分利用现场的一切器材和设备来保护人员安全。进入避难硐室后要注意安全，最好找到离水源近的地方，设法堵好硐口，防止有害气体进入。注意节约矿灯用电和食品，室外要做好标记，有规律地敲打连接外部的管道、轨道等，发出求救信号。

四、煤与瓦斯突出事故避灾自救

(1) 佩戴隔离式自救器保护自己。

(2) 寻找可避难的场所。

(3) 新鲜风流区域的职工应主动正确参加救护工作。

五、煤尘爆炸事故避灾自救

发生煤尘爆炸事故后的危险区域，救援人员只能在救人的情况下才能进入，但必须采取有效措施，保证救援人员的安全。

(1) 井下发生煤尘爆炸事故时，一般有较大声响和较强的冲击波以及煤尘飞扬。如发生以上情况，立即采取如下措施：

① 无论任何人，凡发现灾害事故时，不论灾害程度如何、波及范围大小，都应立即向矿调度室汇报，并详细说明事故发生的地点、时间、类别及事故现场情况、冲击波的方向、事故可能波及的地点；

② 事故现场的区队长或工程技术人员及通风、安检部门人员应立即组织在场人员采取一切有效措施进行自救和抢险救灾，将事故消灭在初发阶段；

③ 不能有效消除危险时，应立即组织灾区人员和受威胁区域的人员迅速沿避灾路线撤离；

④ 采煤工作面发生事故时，受灾人员要以事故区为中心，分别由上、下顺槽撤退，转入安全的进风巷道。

煤尘爆炸事故的应急避险

(2) 在发生煤尘爆炸事故、灾区人员无法迅速撤离时，应考虑下述方法避灾：

① 避灾人员要佩戴自救器或用湿毛巾堵住嘴和鼻子，以隔绝火焰和防止高温有害气体的伤害，待爆炸冲击波过去后，迅速撤到安全地点；

② 不能撤离的人员应迅速进入避难硐室或独头巷道(最好是岩石巷道)等安全地点,关停局部通风机,切断电源,断开风筒,堵住入口,防止有毒气体侵入,并在躲避地点巷道口悬挂矿灯、工具,定时敲打管道、铁轨等发出呼救信号,等待救援;

③ 避灾地点若有压风管,可设法打开压风管路,以便向避难人员输送新鲜空气。

六、矿井火灾事故避灾自救

(1) 井下若发现烟气或明火等火灾灾情,应立即通知在附近工作的人员及调度室。

火灾事故
应急避险

(2) 如果火灾不大,应立即组织力量扑灭。

(3) 如果火灾范围大或是火势凶猛,则应在撤出灾区人员、保证自身安全的前提下,采取稳定风流、控制火势发展、防止人员中毒和预防瓦斯或煤尘爆炸的措施,并随时保持与地面指挥部的联系,根据指挥部的命令行事。

(4) 见到火或突然接到火警通知时,需要立即撤退人员,要在判明灾情和自己实际处境以及应采取的应急措施的前提下采取行动。

七、矿井水灾事故避灾自救

矿井发生突水事故时,要根据灾情迅速采取以下有效措施进行紧急避险:

(1) 在突水迅猛、水流急速的情况下,现场人员应立即避开出水口和泄水流,躲避到硐室内、拐弯巷道或其他安全地点。如情况紧急来不及转移躲避时,可抓牢棚梁、棚腿或其他固定物体,防止被涌水冲倒或冲走。

(2) 当老空水涌出,使所在地点有毒有害气体浓度增高时,现场职工应立即佩戴好隔离式自救器。在未确定所在地点空气成分能否保证人员生命安全时,任何人禁止随意摘掉自救器的口具和鼻夹，以避免中毒窒息。

(3) 井下发生突水事故后，决不允许任何人以任何借口在不佩戴防护器具的情况下冒险进入灾区；否则，不仅达不到抢险救灾的目的，反而会造成自身伤亡、扩大事故。

水灾事故
应急避险

(4) 水害事故发生后，现场及附近地点工作的人员在脱离危险后，应迅速观察和判断突水地点、涌水程度、现场被困人员情况等，并立即报告矿调度室。同时，应利用电话或其他联络方式及时向下部水平和其他可能受到威胁区域的人员发出警报通知。

八、顶板事故避灾自救

(1) 迅速撤离。当发现工作地点有即将发生冒顶的征兆而当时又难以采取措施防止顶板冒落时，要迅速离开危险区，撤退到安全地点。

(2) 及时躲避。当冒顶发生又来不及撤至安全地点时，应靠煤帮贴身站立避灾，但要注意煤壁片帮伤人；如靠近木垛，也可撤至木垛处避灾。

(3) 立即求救。冒落基本稳定后，遇险人员应立即采用呼叫、敲打(不要敲打对自己有威胁的支架、物料和岩块)等方法，发出有规律、不间断的求救信号，以便撤离的人员了解灾情，组织力量进行抢救。

(4) 自救和互救。事故发生后，遇险人员要听从灾区班组长和有经验的老工人的指挥，在保证安全的前提下，积极开展自救和互救。正视已发生的灾害，注意保持体力，未受伤和受轻伤人员，要采取切实可行的措施设法营救被掩埋人员，并尽可能脱离险区或转移到较安全地点等待救援。

冒顶事故
应急避险

(5) 配合营救。发生冒顶埋人事故时,被埋压的人员不要惊慌失措,切忌激烈挣扎;被隔堵的人员应在遇险地点保护好自身安全,构筑脱险通道,配合外部的营救工作。

第五节 现场急救

现场急救的关键在于"及时",时间上突出一个"急"字,技术上突出一个"救"字,争取在最短的时间内有效完成急救和安全转运任务。

现场互救必须遵守转运原则:初步止血、骨折简易固定、保证生命体征平稳、医护全程护送、边救边送、就近医院救治。

现场急救必须遵守"三先三后"的原则:

(1) 对窒息(呼吸道完全堵塞)或心跳、呼吸骤停的伤员,必须先进行人工呼吸或心脏复苏后再搬运。

(2) 对出血的伤员,先止血后搬运。

(3) 对骨折的伤员,先固定后搬运。

现场急救的方法包括心肺复苏、止血、创伤包扎、骨折临时固定和伤员的搬运护送等。

一、心肺复苏

煤矿井下每名职工都要掌握急救相关知识。一旦发现有人晕倒应采取如下 4 个步骤措施:第一步判断意识;第二步呼救;第三步翻转体位;第四步胸外心脏按压,如图 4-2 所示。

(一) 胸外心脏按压

胸外心脏按压部位位于胸部正中,乳头连线水平(两乳头连线中点),右手中、食指沿一侧肋弓向内上方滑动至胸骨下端,左手掌根靠紧食指,放于胸骨上,按压频率 100～120 次/分钟,按压深度 5～6 cm,如图 4-3(a)所示。

心肺复苏
操作步骤

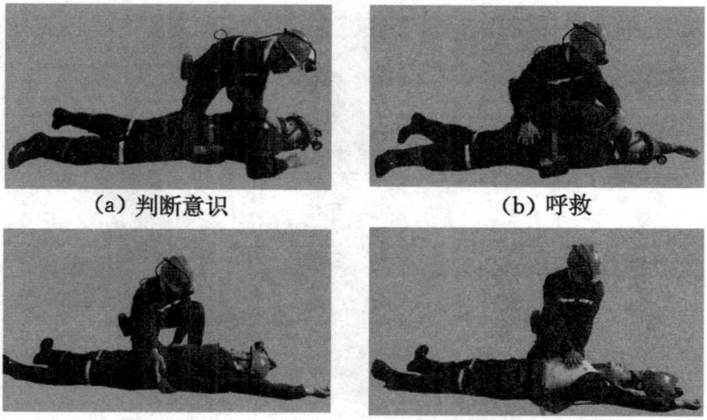

(a) 判断意识　(b) 呼救

(c) 翻转体位　(d) 胸外心脏按压

图 4-2　发现有人晕倒的处理程序

胸外心脏按压操作方法如下：首先使伤员仰卧在木板上或地上，解开其上衣和腰带，脱掉其胶鞋。救护者位于伤员右侧，手掌面与前臂垂直，一手掌面压在另一手掌面上，使双手重叠置于伤员胸骨 1/3 处（其下方为心脏），以双肘和臂肩之力有节奏地、冲击式地向脊柱方向用力按压，使胸骨下陷至少 5～6 cm；按压后，迅速抬手使胸骨复位，以利于心脏的舒张。按压次数以每分钟 100～120 次为宜。按压过快，心脏舒张不够充分，心室内血液不能完全充盈；按压过慢，动脉压力低，效果也不好，如图 4-3(b)所示。

进行胸外心脏按压时的注意事项如下：

(1) 按压的力量应因人而异。对身强力壮的伤员按压力量可大些，对年老体弱的伤员力量宜小些。按压的力量要稳健有力、均匀规则，重力应放在手掌根部，着力仅在胸骨处，切勿在心尖部按压。同时注意用力不能过猛，否则可致肋骨骨折、心包积血或引起气胸等。

(2) 胸外心脏按压与口对口吹气法最好同时施行，无论单人心

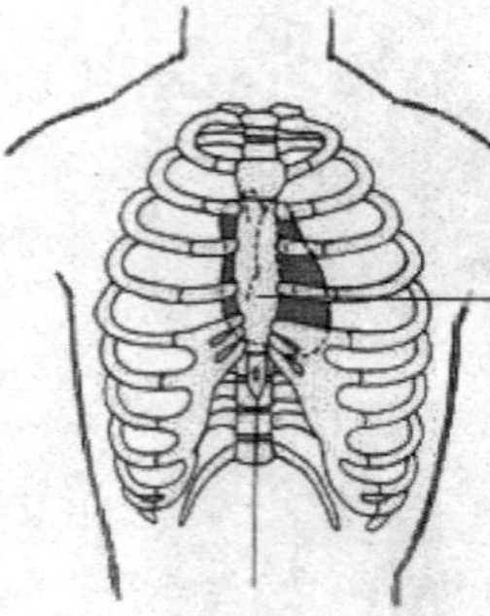

(a) 按压部位

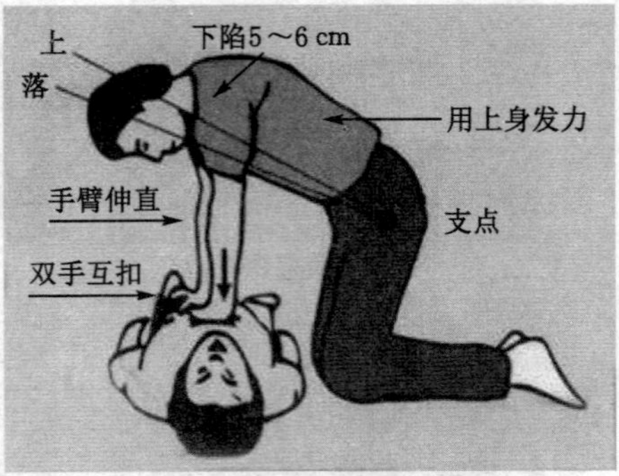

(b) 操作方法

图 4-3　胸外心脏按压示意图

肺复苏还是双人心肺复苏，均为每按压心脏 30 次，做口对口人工呼吸 2 次。

(3) 按压显效时，可摸到颈总动脉、股动脉搏动，散大的瞳孔开始缩小，皮肤转为红润。

(二) 人工呼吸

适用于休克、溺水、有害气体中毒、窒息或外伤窒息等引起的呼吸停止、假死状态者。

在施行人工呼吸前，先将伤员运送到安全、通风良好的地点，然后将伤员领口解开，注意保持体温，腰背部垫上软的衣服等。先清除口中脏物，把舌头拉出或压住，防止堵住喉咙、妨碍呼吸。各种有效的人工呼吸都必须在呼吸道畅通的前提下进行。常用的方法有口对口吹气法、仰卧压胸法和俯卧压背法 3 种。

(1) 口对口吹气法。它是效果最好、操作最简单的一种人工呼吸方法。操作前使伤员仰卧，救护者在其头的一侧，一只手托起伤员下颌，并尽量使其头部后仰，另一只手将其鼻孔捏住，以免吹气时从鼻孔漏气；救护者深吸一口气，紧贴伤员的口将气吹入，使伤员吸气，然后松开捏鼻的手，并用手压其胸部以帮助伤员呼气。如此有节律、均匀地反复进行，每分钟应吹气 14～16 次。注意吹气时切勿过猛、过短，也不宜过长，以占一次呼吸周期的 1/3 为宜。

（2）仰卧压胸法。先让伤员仰卧，救护者跨跪在伤员大腿两侧，两手拇指向内，其余四指向外伸出，平放在其胸部两侧乳头之下，借半身重力压伤员胸部，挤出伤员肺内空气；然后救护者身体后仰，除去压力，伤员胸部依其弹性自然扩张，使空气吸入肺内。如此有节律地进行，要求每分钟压胸 16～20 次。

此方法不适用于胸部外伤或二氧化硫、二氧化氮中毒者，也不能与胸外心脏按压法同时进行。

（3）俯卧压背法。此法与仰卧压胸法操作大致相同，只是伤员俯卧，救护者跨跪在伤员大腿两侧。因为这种方法便于排出肺内水分，因而对溺水者急救较为适合。

二、止血

（一）少量出血的处理

表面伤口和擦伤，应该用干净的水冲洗，用创可贴或干净的纱布、手绢包扎伤口。

（二）严重出血的止血方法

（1）直接压迫止血，如图 4-4 所示。

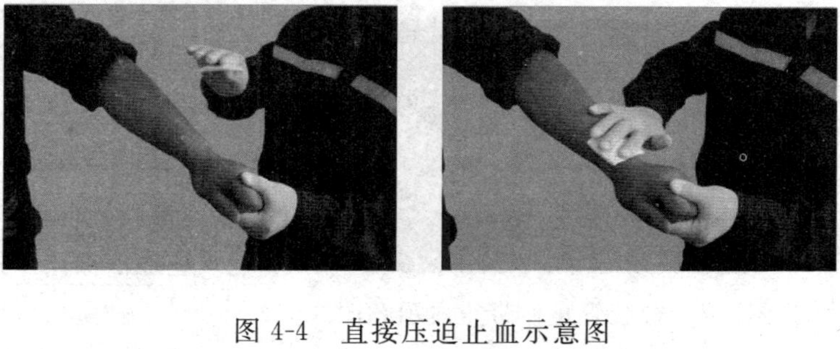

图 4-4　直接压迫止血示意图

(2) 加压包扎止血,如图 4-5 所示。

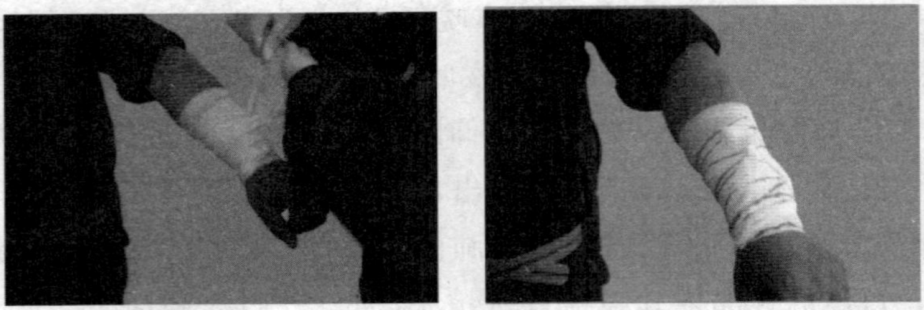

图 4-5　加压包扎止血示意图

(3) 止血带止血。

① 表带式止血带止血,如图 4-6 所示。

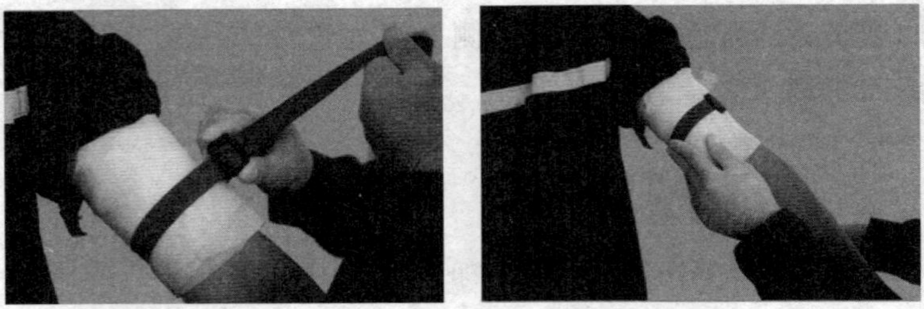

图 4-6　表带式止血带止血示意图

② 橡胶管止血带止血,如图 4-7 所示。

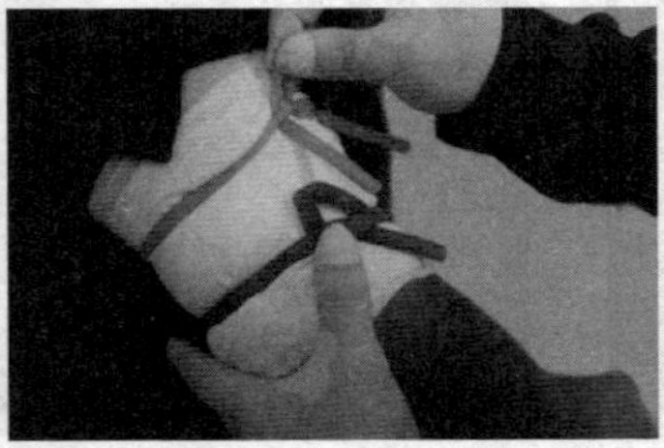

图 4-7　橡胶管止血带止血示意图

橡胶管止血带
止血法操作步骤

(4) 布带止血带止血,如图 4-8 所示。

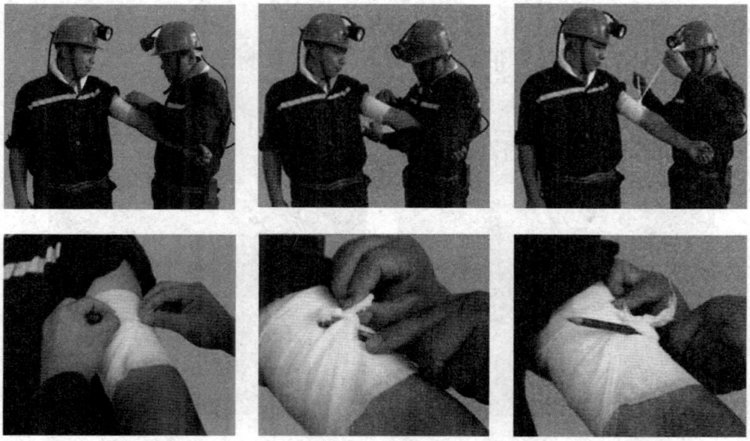

图 4-8　布带止血带止血示意图

使用止血带的注意事项如下：

① 止血带不能直接缠在皮肤上。

② 上肢出血扎在上臂上 1/3 处，下肢出血扎在大腿中上部。

③ 松紧适度。

④ 做好明显标记。

⑤ 每隔 40～50 min 放松一次，每次放松 2～3 min。放松时，应采取指压止血。

⑥ 不能用铁丝、电线、绳索等代替止血带。

⑦ 结扎止血带的时间一般不应超过 2 h。

三、创伤包扎

（一）包扎的目的

止血、保护伤口、防止感染、固定夹板和敷料。

（二）包扎的要求

应先用敷料盖住伤口再包扎，包扎时应紧密贴合、松紧适度，以保护伤口免受进一步损伤和污染。

绷带包扎
操作步骤

(三) 包扎的材料

绷带、三角巾、四头带、多头带或就地取材。

(四) 绷带包扎方法

(1) 环形包扎,如图 4-9 所示。

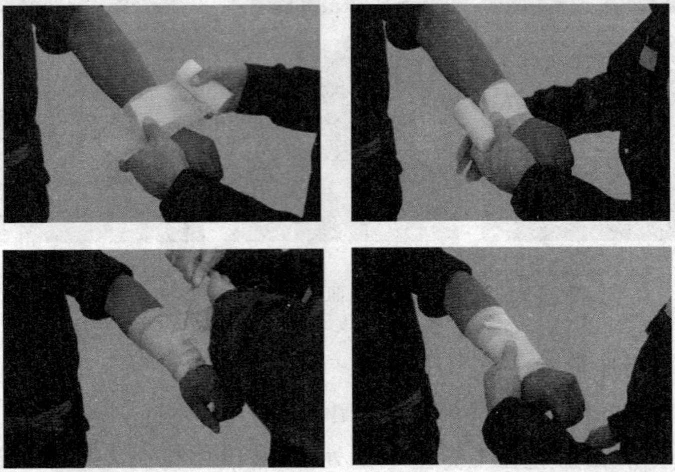

图 4-9 环形包扎示意图

(2) 螺旋包扎,如图 4-10 所示。

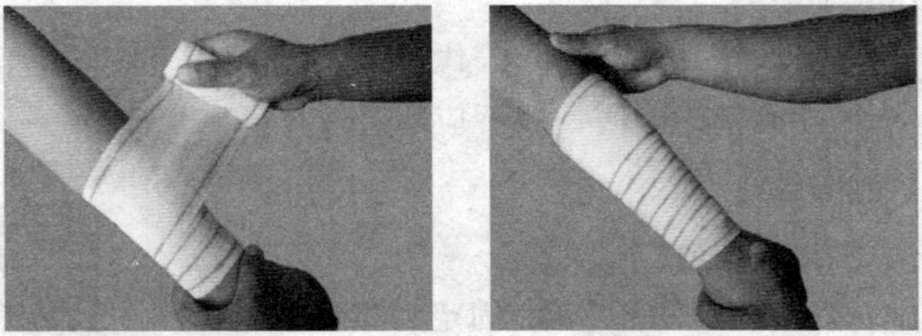

图 4-10 螺旋包扎示意图

(3) 螺旋反折包扎,如图 4-11 所示。

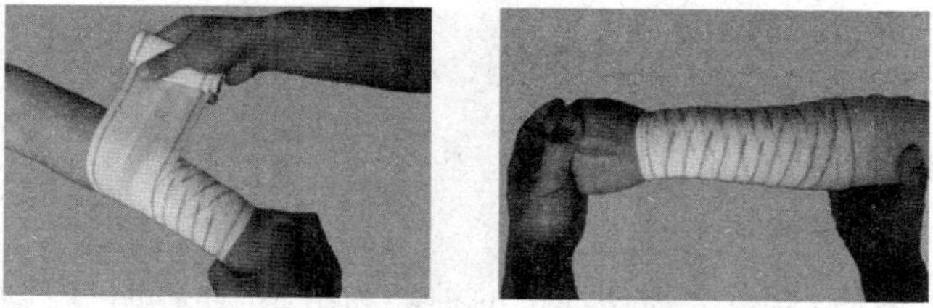

图 4-11　螺旋反折包扎示意图

（4）“8”字包扎，如图 4-12 所示。

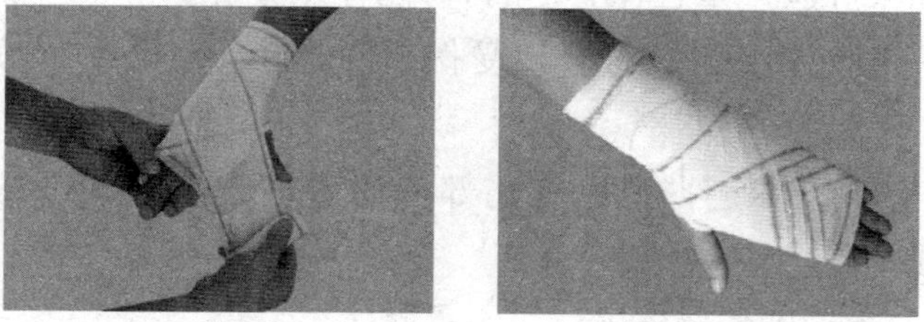

图 4-12　“8”字包扎示意图

（5）三角巾包扎，如图 4-13 所示。

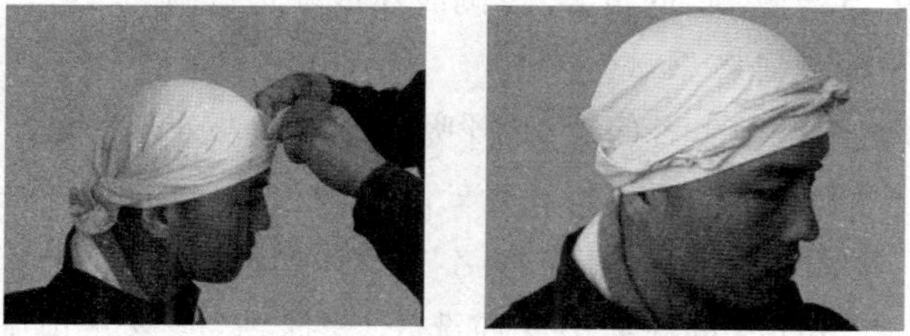

图 4-13　三角巾包扎示意图

三角巾包扎操作步骤

四、骨折临时固定

（一）骨折原因

跌倒、撞击、机械或冒顶挤压等。

（二）骨折的判定

（1）疼痛：骨折会损伤周围的神经和组织，导致明显且剧烈的疼痛，特别是在活动或触碰受伤部位时，疼痛会加剧。

（2）肿胀：受伤后，局部血管可能破裂，血液和组织液渗出，形成肿胀。如果肿胀严重且伴有疼痛，可能存在骨折。

（3）畸形：骨折通常会导致受伤部位的形状发生改变，如肢体弯曲、缩短等。

（4）活动受限：骨折后，受伤部位的活动通常会受到限制，无法正常完成动作。

（三）骨折固定目的

固定受伤部位，避免再次损伤，利于搬运。

（四）骨折固定材料

夹板、充气夹板、固定架、健侧肢体或就地取材。

（五）骨折固定原则

（1）首先检查患者的意识、呼吸、脉搏，以及处理严重出血情况。

（2）夹板的长度应能将骨折处的上下关节一同加以固定。

（3）骨断端暴露，不要拉动，不要送回伤口内。

（4）开放性骨折现场不要冲洗、不要涂药，应该先止血包扎，再固定。

（5）暴露肢体末端，以便观察血液循环情况。

（六）骨折固定方法

（1）锁骨骨折固定方法，如图 4-14 所示。

（2）上肢（上臂）骨折、上臂下段（髁上）骨折固定方法，如图 4-15 所示。

图 4-14　锁骨骨折固定方法

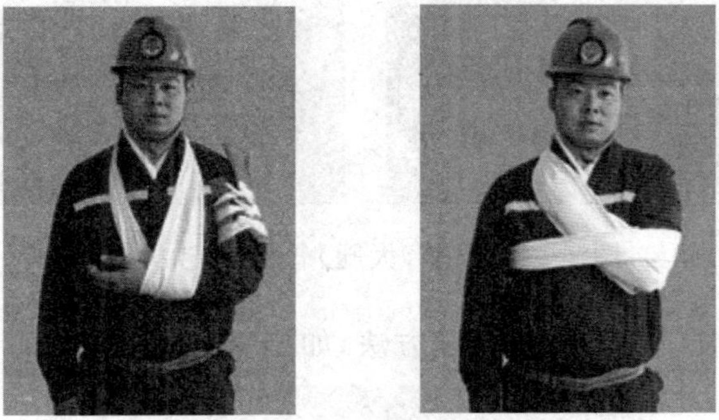

图 4-15　上肢骨折固定方法

上肢骨折固定 操作步骤	大腿骨折固定 操作步骤	小腿骨折固定 操作步骤

(3) 前臂骨折固定方法，如图 4-16 所示。

图 4-16　前臂骨折固定方法

(4) 下肢(大腿)骨折固定方法,如图 4-17 所示。

图 4-17　下肢(大腿)骨折固定方法

(5) 下肢(小腿)骨折固定方法,如图 4-18 所示。

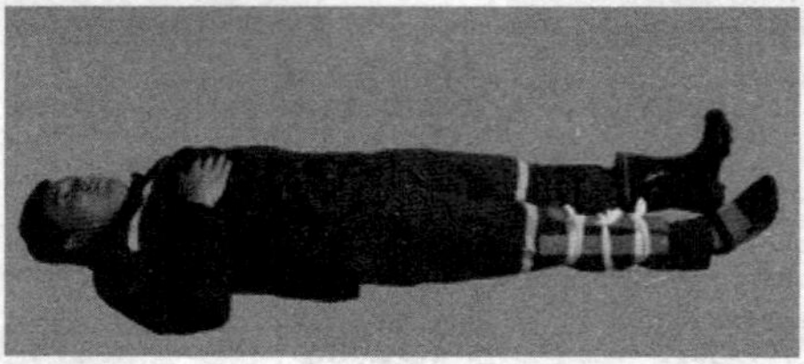

图 4-18　下肢(小腿)骨折固定方法

五、伤员的搬运护送

搬运时应尽量不增加伤员的痛苦,避免造成新的损伤及并发症。

(一) 单人徒手搬运法

(1) 扶行法,如图 4-19 所示。

（2）背负法，如图 4-20 所示。

图 4-19　扶行法

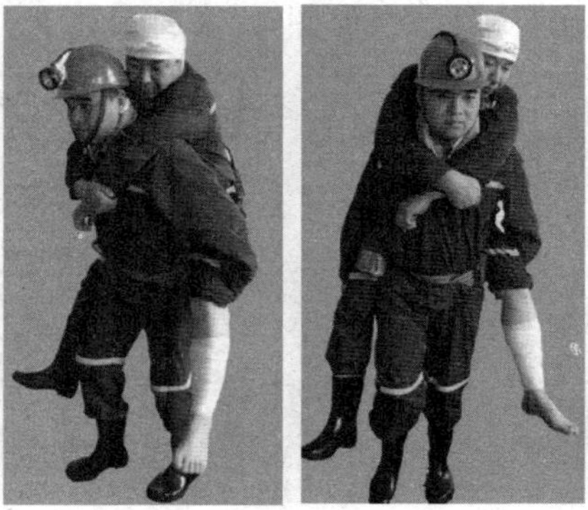

图 4-20　背负法

（3）拖行法（腋下拖行、衣服拖行、毛毯拖行），如图 4-21 所示。

(a) 腋下拖行　　(b) 衣服拖行　　(c) 毛毯拖行

图 4-21　拖行法

（4）爬行法，如图 4-22 所示。

图 4-22　爬行法

单人搬运法

（二）双人徒手搬运法

（1）轿杠式，如图 4-23 所示。

图 4-23　轿杠式

（2）椅拖式，如图 4-24 所示。

图 4-24　椅拖式

双人搬运法	三人搬运法

（三）三人徒手搬运法

三人徒手搬运法如图 4-25 所示。

图 4-25　三人徒手搬运法

（四）四人徒手搬运法

四人徒手搬运法如图 4-26 所示。

图 4-26　四人徒手搬运法

（五）担架搬运

担架搬运如图 4-27 所示。

图 4-27　担架搬运

六、对不同伤员的现场急救

（一）对中毒或窒息人员的急救

（1）立即将伤员从危险区抢运到新鲜风流中，取平卧位。

（2）立即将伤员口、鼻内的黏液、血块、泥土、碎煤等除去，解开其上衣和腰带，脱掉其胶鞋。

（3）用衣服覆盖在伤员身上保暖。

（4）根据心跳、呼吸、瞳孔等特征和伤员的神智情况，初步判定伤情的轻重。

(5) 当伤员出现眼红肿、流泪、畏光、喉痛、咳嗽、胸闷现象时，说明是二氧化硫中毒所致。当出现眼红肿、流泪、喉痛及手指、头发呈黄褐色现象时，说明是二氧化氮中毒。一氧化碳中毒的显著特征是嘴唇呈桃红色，两颊有红斑点。对二氧化硫、二氧化氮的中毒者只能进行口对口的人工呼吸，不能进行压胸或压背法的人工呼吸。

(6) 人工呼吸持续的时间以恢复自主性呼吸或到伤员真正死亡时为止。当救护队来到后，转由救护人员用苏生器苏生。

(二) 对外伤人员的急救

对外伤人员、烧伤人员、出血人员和骨折人员的急救，应分别采用包扎创面、止血和骨折临时固定等急救措施，然后迅速送往地面，到医院救治。

(三) 对溺水者的急救

突水中，人员溺水时，可能造成呼吸困难而窒息死亡。对溺水者应采取如下措施急救：

(1) 转送：把溺水者从水中救出后，立即送到比较温暖和空气流动的地方，松开腰带，脱掉湿衣服，盖上干衣服保暖。

(2) 检查：检查溺水者的口鼻，如果有泥水和污物堵塞，应迅速清除，擦洗干净，以保持呼吸道通畅。

(3) 控水：将溺水者取俯卧位，用木料、衣服等垫在其肚子下面；施救者左腿跪下，把溺水者的腹部放在右侧大腿上，使其头朝下；按压其背部，迫使水从体内流出。

(4) 上述控水效果不理想时，应立即做俯卧压背法人工呼吸或口对口吹气，或胸外心脏按压。

(四) 对触电者的急救

(1) 立即切断电源，或使触电者脱离电源。

(2) 迅速观察伤员有无呼吸和心跳。如发现已停止呼吸或心音微弱，应立即进行人工呼吸或胸外心脏按压。

(3) 若呼吸和心跳都已停止,应同时进行人工呼吸或胸外心脏按压。

(4) 对遭受电击者,若有其他损伤,如跌伤、出血等,应做相应的急救处理。

(五) 对冒顶埋压人员现场急救

(1) 扒伤员时须注意不要损伤其身体。靠近伤员身边时,扒掘动作要轻巧稳重,以免对伤员造成伤害。

(2) 如果确知伤员头部位置,应先扒去其头部煤岩块,以使头部尽早露出。头部扒出后,要立即清除口腔、鼻腔的污物,与此同时扒出身体其他部位。

(3) 此类伤员常常发生骨折,因此在扒掘与抬离时必须十分小心。严禁用手去拖拉伤员双脚或用其他粗鲁动作,以免使伤势加重。

(4) 当伤员呼吸困难或停止呼吸时,可进行口对口人工呼吸。

(5) 有大出血者,应立即止血。

(6) 有骨折者,应用夹板固定。如怀疑有脊柱骨折者,应该用硬板担架转运,千万不能由人扶持或抬运。

(7) 转运时须有医务人员护送,以便对发生的危险情况给予急救。

(六) 对长期被困在井下的人员急救

(1) 严禁用矿灯照射遇险者的眼睛,应用毛巾、衣服、纸张等蒙住其眼睛。

(2) 用棉花或纸张堵住其双耳。

(3) 注意保暖。

(4) 不能立即升井,应将其放在安全地点,使其逐渐适应环境和稳定情绪。待情绪稳定,体温、脉搏、呼吸及血压等稍有好转后,方可升井送医院。

(5) 搬运时要轻抬轻放、缓慢行走,注意伤情变化。

(6) 升井后和治疗初期,劝阻亲属探视,以免伤员因过度兴奋发生意外。

(7) 不能让其吃过量或硬的食物,限量吃一些稀软、易消化的食物,以使肠胃功能逐渐恢复。

第五章　煤矿职业危害及职业病防治

第一节　煤矿职业危害因素及职业病类型

一、职业病及职业危害因素概述

职业病是指企业、事业单位和个体经济组织（以下统称用人单位）的劳动者在职业活动中，因接触粉尘、放射性物质和其他有毒、有害物质等因素而引起的疾病。

职业病危害因素是指在生产过程、劳动过程和生产环境这三项劳动条件中，对从业人员的健康和劳动能力产生有害作用的作业场所的危害因素。职业病危害因素包括：职业活动中存在的各种有害的化学、物理、生物因素，以及在作业过程中产生的其他有害因素。

职业病是由于职业活动而产生的疾病，但并不是所有工作中得的病都是职业病。要构成职业病，必须具备以下四个条件：

（1）患病主体必须是用人单位的劳动者。

（2）必须是在从事职业活动过程中患病的。

（3）必须是因接触粉尘、放射性物质和其他有毒、有害物质等职业病危害因素引起的。

（4）必须是国家公布的职业病分类和目录所列的职业病。

二、煤矿常见职业病危害因素

煤矿生产中主要的职业病危害因素有粉尘、有毒有害气体、噪声和振动、不良气候条件等。

（一）粉尘

粉尘是煤矿的主要职业病危害因素之一。煤矿生产中，采煤、掘进、支护、提升运输、巷道维修等生产环节均会产生粉尘，这些粉尘可能使从业人员患上尘肺病。

（二）有毒有害气体

由于井下爆破、煤氧化、煤中放出等原因，矿井空气中含有甲烷（CH_4）、一氧化碳（CO）、二氧化碳（CO_2）、二氧化氮（NO_2）、硫化氢（H_2S）、二氧化硫（SO_2）、氨气（NH_3）等有毒有害气体，会导致职业中毒。

（三）噪声和振动

煤矿噪声和振动主要来源于井下机械化生产，其危害取决于生产过程、生产工艺和所使用的工具，如风动凿岩机和局部通风机的噪声和振动等。职工长期在噪声下工作，可能造成听力下降，甚至引起耳聋；长期接触振动，可能导致局部疼痛，甚至引起内脏器官损伤。

（四）不良气候条件

煤矿井下的不良气候条件有气温高、湿度大，不同地点风速大小不等和温差大等。长期在潮湿环境下工作的人员易患风湿性关节炎等。此外，劳动强度大、作业姿势不良也是煤矿井下工作的特点，易造成井下从业人员腰腿疼和各种外伤。

三、煤矿常见职业病

（一）硅肺

硅肺是由于职工在生产活动中长期在含游离二氧化硅 10%以上、粉尘浓度大于 2 mg/m^3 或含游离二氧化硅 10%以下、粉尘浓度大于 10 mg/m^3 的环境中工作，吸入含游离二氧化硅的呼吸性粉尘（硅尘）而引起的以肺组织弥漫性纤维化为主的全身性疾病。

尘肺病

（二）煤工尘肺

煤工尘肺是由于职工在煤炭生产活动中长期吸

入煤尘并在肺内滞留而引起的以肺组织弥漫性纤维化为主的全身性疾病。煤工尘肺病是我国煤炭行业累计患病人数、每年发病人数最多,对煤矿工人身体健康危害最大的职业病。

(三) 水泥尘肺

水泥尘肺是由于职工在生产活动中长期吸入较高浓度的水泥粉尘而引起的一种尘肺病。水泥尘肺发病工龄较长,病情进展缓慢,发病工龄多在10～15年。

(四) 职业性噪声聋

职业性噪声聋是由于职工在生产活动中长期接触高噪声而发生的一种进行性的听觉损伤。患者早期会出现听力下降,长期接触后,听力损失不能完全恢复,由功能性改变发展为器质性推行性病变。

四、从业人员和用人单位职业病预防的权利和义务

(一) 从业人员职业卫生保护权利

(1) 获得职业卫生教育、培训。

(2) 获得职业健康检查、职业病诊疗、康复等职业病防治服务。

(3) 了解工作场所产生或者可能产生的职业病危害因素、危害后果和应当采取的职业病防护措施。

(4) 要求用人单位提供符合防治职业病要求的职业病防护设施和个人使用的职业病防护用品,改善工作条件。

(5) 对违反职业病防治法律、法规以及危及生命健康的行为提出批评、检举和控告。

(6) 拒绝违章指挥和强令进行没有职业病防护措施的作业。

(7) 参与用人单位职业卫生工作的民主管理,对职业病防治工作提出意见和建议。

用人单位应当保障劳动者行使上述权利。因劳动者依法行使正当权利而降低其工资、福利等待遇或者解除、终止与其订立的劳

动合同的，其行为无效。

（二）从业人员职业卫生保护义务

劳动者应当学习和掌握相关的职业卫生知识，增强职业病防范意识，遵守职业病防治法律、法规、规章和操作规程，正确使用、维护职业病防护设备和个人使用的职业病防护用品，发现职业病危害事故隐患应当及时报告。劳动者不履行上述规定义务的，用人单位应当对其进行教育。

（三）用人单位职业卫生保护义务

（1）配备防护设施、治理职业危害。

（2）对作业场所职业病危害因素进行评价与管理。

（3）对劳动者进行健康监护（上岗前、在岗中、离岗时）。

（4）按规定用不同的形式将职业病危害因素告知劳动者（合同告知、工作场所警示告知、培训教育）。

（5）建立危害监测和劳动者健康档案。

（6）职业病报告义务。

（7）对患职业病的劳动者救治、安置。

（8）为劳动者依法参加工伤劳动保险。

（9）落实职业危害治理和职业病防治经费。

（10）对未成年工、女工进行保护。

第二节　煤矿主要职业危害因素防治措施

煤矿职业病的防治，坚持“预防为主、防治结合”的方针，遵循三级预防的原则。第一级预防是使劳动者尽可能不接触职业危害因素，即使在职业危害不可避免的情况下，采取措施降低生产环境中职业危害因素浓度或强度，使之达到国家职业卫生标准；第二级预防是通过早期发现职业损害，并及时处理，防止进一步发展；第三级预防是对已患职业病者，及时做出诊断和进行恰当的治疗，防止病情恶化和发生并发症，促进康复。

煤矿生产中主要的职业病危害有粉尘、有毒有害气体、噪声和振动、不良气候条件等，应积极采取防治措施，降低乃至消除煤矿职业病危害因素。煤矿职业病危害因素防治措施主要包括以下内容。

一、粉尘的概念及其浓度限值

煤矿粉尘主要是煤尘、岩尘和水泥尘。煤尘进入人肺使人患煤肺病，岩尘进入人肺使人患硅肺病，水泥尘进入人肺使人患水泥肺病，通称为尘肺病。

《煤矿安全规程》规定，作业场所空气中粉尘（总粉尘、呼吸性粉尘）浓度应当符合表 5-1 的要求。不符合要求的，应当采取有效措施进行处理。

表 5-1　作业场所空气中粉尘浓度要求

粉尘种类	游离二氧化硅含量/%	时间加权平均容许浓度/(mg/m^3)	
		总尘	呼尘
煤尘	<10	4.0	2.5
矽尘	10～50	1.0	0.7
	50～80	0.7	0.3
	≥80	0.5	0.2
水泥尘	<10	4.0	1.5

注：时间加权平均容许浓度是以时间加权数规定的 8 h 工作日、40 h 工作周的平均容许接触浓度。

二、矿尘的防治

井工煤矿必须建立防尘洒水系统。永久性防尘水池容量不得小于 200 m^3，且贮水量不得小于井下连续 2 h 的用水量，备用水池贮水量不得小于永久性防尘水池的50%。防尘管路应当铺设到所有能产生粉尘和沉积粉尘的地点，没有防尘供水管路的采掘工作面不得生产。防尘措施如下：

(1) 减尘措施。减少采掘作业时的粉尘产生量，包括煤层注水、采空区灌水、湿式打眼、水炮泥爆破等措施。

(2) 降尘措施。包括各产尘点设喷雾洒水装置净化风流、转载点封闭、泡沫除尘等。

(3) 通风排尘。调整合适的风速，加强排尘。

三、有毒有害气体的防治

矿井空气中含有甲烷(CH_4)、一氧化碳(CO)、二氧化碳(CO_2)、二氧化氮(NO_2)、硫化氢(H_2S)、二氧化硫(SO_2)、氨气(NH_3)等有毒有害气体，会导致职业中毒。有毒有害气体的防治措施如下：

(1) 消除有毒有害气体。煤矿井下的有毒有害气体主要来源于炮烟和煤氧化、火灾等。由于很多有毒有害气体是易溶于水的，通过加强通风和喷雾洒水可以排除和降低有毒有害气体含量，净化空气，这是消除毒物危害的最根本、最有效的措施。

(2) 加强个人防护。炮烟未散去或作业现场空气质量太差时，不要着急进入工作面，待炮烟散尽、现场空气质量好转时再进入工作面。同时应用好防护服、防护面具、防尘口罩、自救器等。

(3) 提高机体抵抗能力。对于在有害物质场所作业的人员，给予必要的保健待遇，加强营养和锻炼。

(4) 加强对有害物质的监测，掌握有害物质浓度含量，做到心中有数，控制其危害程度。

(5) 对受到危害的人员及时进行健康检查。必要时实行转岗、换岗作业。

(6) 加强有害物质及预防措施的宣传教育工作。建立健全安全生产责任制、卫生责任制和岗位安全责任制。

四、生产性噪声的防护

噪声危害会损害听觉，引起各种病症，引发安全事故。预防噪声危害的措施如下：

(1) 控制噪声传播。隔声：用吸声材料、吸声结构和隔声装置将噪声源封闭，防止噪声传播。消声：用吸声材料铺装室内墙壁或悬挂于室内空间，吸收辐射和反射声能，降低传播中噪声的强度水平。

(2) 采用合理的防护措施。使用耳塞防护，合适的耳塞隔声效果可达 30～40 dB(A)，对高频噪声的阻隔效果较好。

(3) 合理安排劳动制度。工作时间穿插休息时间，休息时间离开噪声环境，限制噪声工作时间，可减轻噪声对人体的危害。

(4) 卫生保健措施。对受到噪声危害的人员定期体检，听力下降者需要及时治疗，严重者调离噪声作业岗位。就业前体检或定期体检中发现有听觉器官疾病、心血管疾病、神经系统器质性疾病者，不得从事噪声环境工作。

五、生产性振动的危害和防护

在生产过程中，按振动作用于人体的方式可分为局部振动和全身振动两种。其中局部振动是最常见的和危害较大的振动。

振动危害的预防措施：

(1) 局部振动的减振措施。改革工艺和设备，改革工作制度，合理使用减振用品，建立合理的劳动制度，限制作业人员接触振动时间。煤矿井下的振动危害主要来自风动凿岩机、综采综掘及其他机械。

(2) 全身振动的减振措施。在有可能产生较大振动的设备周围设置隔离地沟，衬以橡胶、软木等减振材料，以确保振动不能外传。对振动源采取减振措施，如用弹簧等减振阻尼器，减少振动的传递距离。在井下采煤机、掘进机、柴油车等座椅下加泡沫垫等，减弱运行中由于各种原因传来的振动。另外，利用尼龙件代替金属件，可减少机器的振动，及时检修设备，可以防止因零件松动引起的振动。

六、高温作业的防护

高温作业对人体的循环系统、消化系统、泌尿系统、神经系统等都有危害。高温作业的防护措施如下：

(1) 通风降温。加大风速排除热量，合适的风速可使温度降到一定的程度。

(2) 喷雾洒水降温。在工作面喷雾洒水既可以降温又可以降尘。

(3) 保健防护。供给含盐饮料，以补充人体所需水分和盐分。

(4) 发放保健食品。高温环境下作业，人体能量消耗快，应增加蛋白质、热量、维生素等的摄入，以减轻疲劳，提高工作效率。

(5) 个人防护。给工作人员提供结实、耐热、宽大、便于操作的工作服、工作帽、防护眼镜、隔热面具、隔热靴等。

(6) 医疗防护。对高温条件下作业人员进行就业前体检，凡有心血管系统疾病、高血压、溃疡病、肺气肿、肝病、肾病等疾病不宜从事高温作业的人员，不得安排其从事高温作业或调离高温作业。

第三节　职业病诊断、鉴定与职业病患者保障

一、职业病诊断与鉴定

劳动者健康出现损害需要进行职业病诊断、鉴定的，煤矿企业应当如实提供职业病诊断、鉴定所需的劳动者职业史和职业病危害接触史、作业场所职业病危害因素检测结果等资料。

(一) 职业病诊断

职业病诊断必须在职业病诊断机构进行，应选择用人单位所在地、劳动者本人户籍所在地或者经常居住地的职业病诊断机构进行职业病诊断。职业病诊断机构应组织3名以上单数职业病诊断医师

进行集体诊断。职业病诊断医师独立分析、判断并提出诊断意见，任何单位和个人无权干预。职业病诊断机构做出职业病诊断结论后，出具职业病诊断证明书，证明书包括诊断结论和诊断时间。

（二）职业病鉴定

当事人如果对职业病诊断结果或职业病鉴定结论存在异议，可以在接到职业病诊断证明书之日起30日内，向职业病诊断机构所在地设区的市级卫生行政部门申请鉴定。当事人对设区的市级卫生行政部门职业病鉴定结论不服的，可以在接到鉴定书之日起15日内，向原鉴定组织所在地省级卫生行政部门申请再次鉴定。职业病鉴定实行两级鉴定制，省级职业病鉴定为最终鉴定。

（三）职业健康监护档案

煤矿应当为劳动者个人建立职业健康监护档案，并按照有关规定的期限妥善保存。职业健康监护档案应当包括劳动者个人基本情况、劳动者职业史和职业病危害接触史，历次职业健康检查结果及处理情况，职业病诊疗等资料。劳动者离开煤矿时，有权索取本人职业健康监护档案复印件，煤矿必须如实、无偿提供，并在所提供的复印件上签章。

二、职业健康监护

职业健康监护是指以预防为目的，根据劳动者的职业接触史，通过定期或不定期的医学健康检查和健康相关资料的收集，连续监测劳动者的健康状况，分析劳动者健康变化与所接触的职业病危害因素之间的关系，并及时将健康检查和资料分析结果报告给用人单位和劳动者本人，以便及时采取干预措施，保护劳动者健康。

（一）职业健康检查分类

职业健康检查分为上岗前职业健康检查、在岗期间职业健康检查和离岗时职业健康检查。

（二）职业健康检查项目及体检周期

根据《职业健康监护技术规范》(GBZ 188)的基本要求，按照《煤

矿作业场所职业病危害防治规定》,与煤炭行业有关的职业健康检查项目及周期如下:

(1) 游离二氧化硅粉尘,检查周期1年。

(2) 煤尘,检查周期2年。

(3) 水泥尘、电焊烟尘,检查周期2年。

(4) 噪声,检查周期:作业场所噪声8 h等效声级大于等于85 dB(A),1年1次;作业场所噪声8 h等效声级大于等于80 dB(A)且小于85 dB(A),2年1次。

(5) 高温,检查周期1年,应在每年高温季节到来之前进行。

(6) 手传振动,检查周期2年。

(7) 氮氧化物,检查周期1年。

(8) 一氧化碳,检查周期3年。

(9) 硫化氢,检查周期3年。

《煤矿作业场所职业病危害防治规定》中规定:煤矿不得安排未经上岗前职业健康检查的人员从事接触职业病危害的作业;不得安排有职业禁忌的人员从事其所禁忌的作业;不得安排未成年工从事接触职业病危害的作业;不得安排孕期、哺乳期的女职工从事对本人和胎儿、婴儿有危害的作业。劳动者接受职业健康检查应当视同正常出勤,煤矿企业不得以常规健康检查代替职业健康检查。

第二篇　班组管理篇

第六章　班组长应具备的基本素质与能力

第一节　表达与沟通能力

煤矿班组长在口头表达方面常存在如言辞模糊不清、声音低微、语速过快等问题，导致他人难以理解；或者存在词不达意、逻辑混乱等问题，使信息传达产生偏差，或者存在不善于倾听他人意见以及缺乏自信、过于严肃等问题，可能影响沟通效果。

一、口头表达能力

（一）具备良好口头表达能力的作用

班组长既履行普通员工的岗位职责，又承担一定的基层管理职责，而所有权利与职责的履行都离不开良好的口头表达能力。良好口头表达能力的作用如图6-1所示。

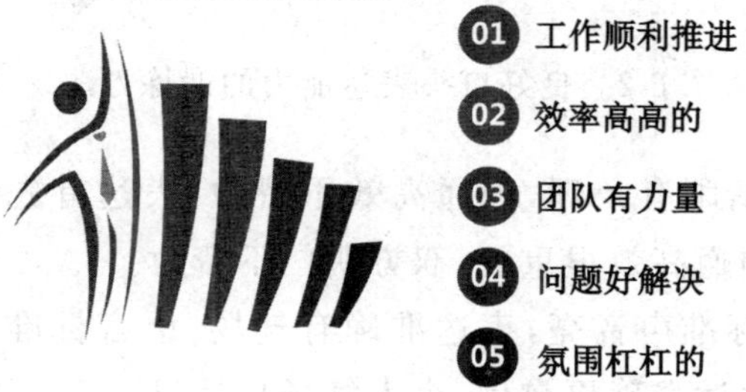

图6-1　良好口头表达能力的作用

（1）工作顺利推进：说话清楚明白，工作指示准确传达，避免误解，工作才能顺利开展。

(2) 效率高高的:减少沟通障碍,避免时间浪费,提高工作效率。

(3) 团队有力量:获得组员信任,增强团队凝聚力。

(4) 问题好解决:协调资源,解决矛盾,保障工作质量。

(5) 氛围杠杠的:积极交流,营造良好的工作氛围,激发大家的干劲。

(二) 良好口头表达能力的锻炼方法

良好口头表达能力的锻炼方法如图 6-2 所示。

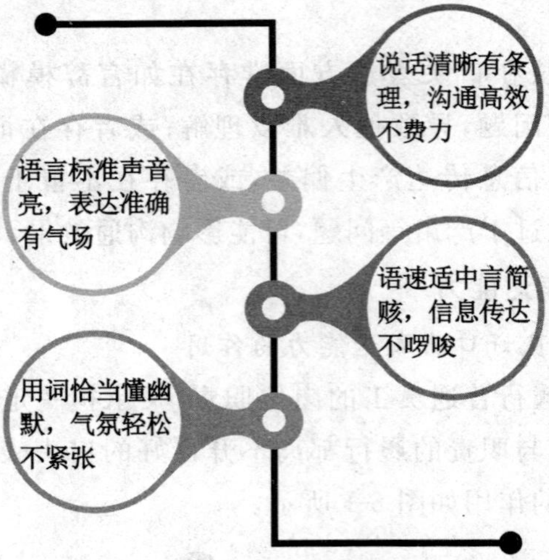

图 6-2　良好口头表达能力的锻炼方法

(1) 说话清晰有条理,沟通高效不费力:表达首先要清晰,说话条理不能乱,沟通高效很重要,双方明白不费力。

(2) 语言标准声音亮,表达准确有气场:语言标准是基础,声音洪亮有底气,表达准确更自信,个人气场自然显。

(3) 语速适中言简赅,信息传达不啰唆:语速适中要注意,言简意赅抓重点,信息传达要清楚,避免啰唆省时间。

(4) 用词恰当懂幽默,气氛轻松不紧张:用词恰当须思考,懂得幽默添趣味,气氛轻松又愉快,交流沟通不紧张。

二、书面表达能力

（一）存在的问题

书面表达能力存在的主要问题见表 6-1。

表 6-1　书面表达能力存在的主要问题

存在的问题	具体表现
术语过多	使用大量专业术语，不易理解
安全意识弱	描述工作流程或措施时，忽略重要细节
数据不准确	报告中的数据错误，影响决策和效率
缺乏图表	复杂情况或数据表达不清
文件不规范	不符合行业或企业的要求，导致执行困难

（二）具备精确书面表达能力的作用

（1）安全保障：精确规定防事故，安全生产有保障。

（2）效率提升：清晰任务提效率，工作轻松又顺利。

（3）凝聚增强：良好沟通促信任，团队凝聚力量大。

（4）管理优化：合理计划与措施，管理升级效果佳。

（5）问题解决：详细记录助改进，问题解决不再难。

（6）专业展示：高质量文件显能力，专业素养人人夸。

（7）信息共享：准确信息促共享，协同工作更顺畅。

（8）经验传承：书面留痕传经验，新人成长速度快。

（三）书面表达能力的改进方法

书面表达能力的改进方法如图 6-3 所示。

（1）深度掌握煤矿知识：全面了解采煤、掘进、通风等专业知识，丰富行业术语，使表达更具专业性。

（2）安全至上原则明确：在书面沟通中，将安全置于首位，用词精准，避免歧义，确保员工清晰理解。

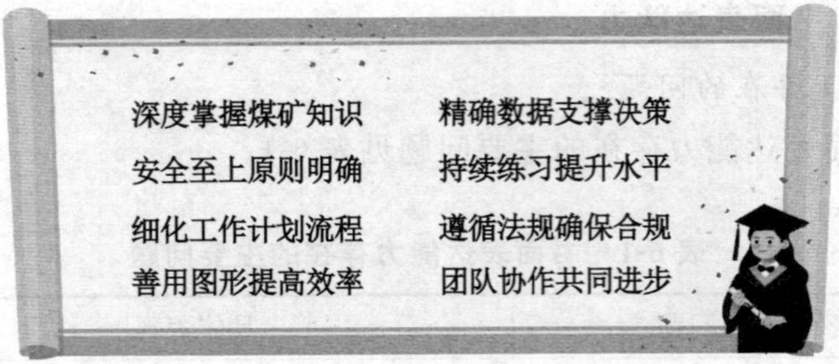

图 6-3　书面表达能力的改进方法

(3) 细化工作计划流程:依据煤矿特殊环境和任务需求,详细制订书面工作计划和操作流程。

(4) 善用图形提高效率:针对复杂情况和数据,巧妙运用图表、示意图等直观展示信息,增强沟通效果。

(5) 精确数据支撑决策:保证书面报告和记录中的数据准确无误,为决策和解决问题提供坚实依据。

(6) 持续练习提升水平:定期进行写作训练,撰写工作总结、报告等,通过实践不断提高书面表达能力。

(7) 遵循法规确保合规:深入学习并严格遵守煤炭行业相关法规和标准,确保书面内容合法合规。

(8) 团队协作共同进步:与同事积极交流写作经验和技巧,相互学习,共同提升精确表达能力。

三、有效沟通技巧

班组长不仅要经常与班组员工进行沟通,达成共识,还要把“沟通”升级为“有效沟通”。在沟通方面存在如下问题:专业术语使用不准确,让组员难以理解;忽视组员情绪,影响团队氛围;不熟悉新技术,导致沟通效率低下;在应急情况下,沟通指挥不畅,影响救援效果。针对这些问题,班组长可以通过学习、培训和实践,提高自身的沟通能力,确保信息准确传递,团队高效协作。

(一) 具备高效沟通技巧的作用

具备高效沟通技巧的作用如图 6-4 所示。

图 6-4　具备高效沟通技巧的作用

(1) 安全无小事:煤矿环境复杂,班组长的“安全大喇叭”得时刻在线,让组员把安全规则牢记心间。

(2) 团队合作要默契:采煤如作战,班组长得是“沟通大师”,让团队紧密协作,战斗力爆表。

(3) 技术更新跟得上:新设备、新工艺不断涌现,班组长要当“科技达人”,给组员传授新技能。

(4) 突发情况不慌张:面对瓦斯突出、顶板事故等“大敌”,班组长要做“冷静指挥官”,把指令传达得明明白白。

(5) 团队氛围要活跃:班组长得是“心灵捕手”,和组员多交流,让团队充满活力。

(二) 高效沟通技巧的锻炼方法

高效沟通技巧的锻炼方法如图 6-5 所示。

(1) 莫急莫慌,心平气和:遇到沟通问题,就像遇到瓦斯超限一样,不能慌,稳住,找出原因所在。

(2) 找准问题,对症下药:就像找煤层一样,仔细分析,追本溯源。

(3) 沟通方式,多种多样:面对面不行,就试试写信、发短信,总

图 6-5　高效沟通技巧的锻炼方法

有一种方法能打通“任督二脉”。

(4) 耳朵张开，嘴巴闭上：多听听组员的“牢骚”，别总是自己说个不停。

(5) 说话简单，别绕圈子：能一句话说清楚的，就别说得那么复杂。

(6) 共同商量，解决问题：大家一起出主意，就像挖煤一样，齐心协力把“沟通大山”挖掉。

(7) 学习进步，天天向上：多看看沟通技巧的书，就像学习煤矿安全知识一样，每天进步一点点。

四、听取反馈能力

班组长在听取反馈时，可能会表现出各种问题。比如，有的像“耳背”一样，对安全隐患和设备故障视而不见；有的则像“火爆”的瓦斯，一点就着，听不进不同意见；还有的就像“挑食”的矿工，只喜欢听好话，对改进建议却置之不理。此外，有些班组长缺乏耐心，心不在焉，或对问题麻木不仁，粗心大意，甚至反应迟钝，对组员的反馈处理缓慢。

（一）具备谦逊听取反馈能力的作用

听取反馈能力的作用如图 6-6 所示。

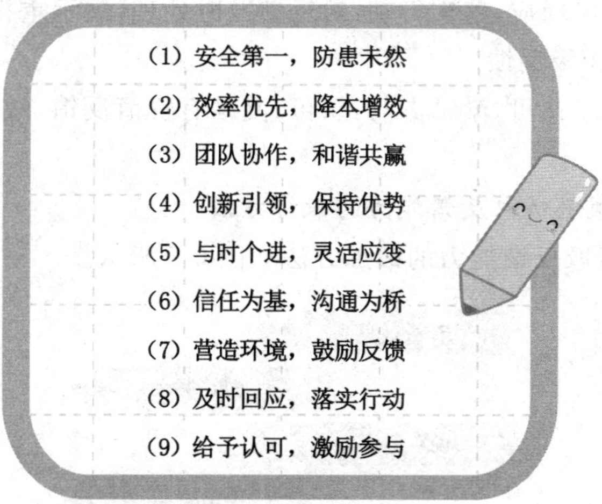

图 6-6　听取反馈能力的作用

（1）安全第一，防患未然：煤矿工作环境复杂，危险因素多，班组长应听取关于安全隐患的反馈，能及时采取措施，确保矿工生命安全。

（2）效率优先，降本增效：采煤等作业过程中，问题影响效率，班组长应倾听流程优化、设备改进等反馈，提高生产效率。

（3）团队协作，和谐共赢：煤矿工作需团队协作，班组长应关注协作问题和个人发展需求反馈，营造和谐团队氛围。

（4）创新引领，保持优势：煤矿行业技术更新快，班组长应鼓励创新和管理改进建议，以利于企业竞争保持优势。

（5）与时俱进，灵活应变：煤矿受市场、政策等因素影响大，班组长应及时了解反馈，更好地适应变化并做出决策。

（6）信任为基，沟通为桥：高风险行业，良好的沟通氛围很重要，班组长应善于倾听反馈，让矿工更信任，工作开展更顺利。

（7）营造环境，鼓励反馈：班组长应建立开放、尊重的氛围，让组员敢反馈、愿反馈。

（8）及时回应，落实行动：对反馈及时处理，展示重视，让组员知其价值，更积极反馈。

（9）给予认可，激励参与：认可、奖励有价值反馈，激励组员继续积极参与。

（二）谦逊听取反馈能力的锻炼方法

谦逊听取反馈能力的锻炼方法如图 6-7 所示。

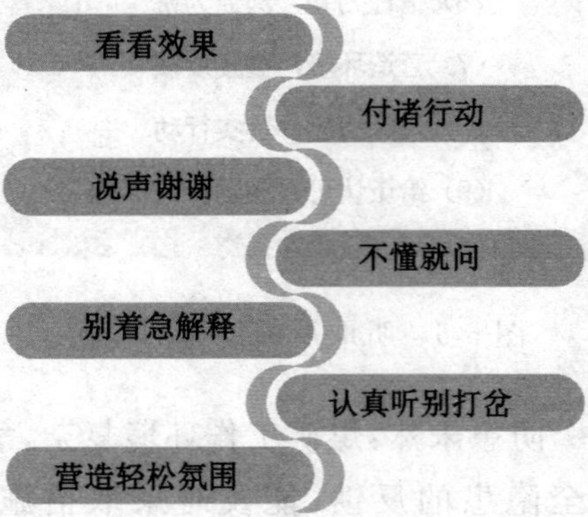

图 6-7　谦逊听取反馈能力的锻炼方法

（1）营造轻松氛围：让大家知道你想听真话，有啥说啥别拘束。

（2）认真听别打岔：别人说话时，别急着插嘴，先听人家说完。

（3）别着急解释：听到不同意见，别急着辩解，换位思考一下。

（4）不懂就问：有不明白的地方，别不好意思，大胆问清楚。

（5）说声谢谢：对给你提意见的人，真诚地说声谢谢。

(6) 付诸行动：有了好建议，别光说不练，得真刀真枪地干。

(7) 看看效果：时不时地检查一下改进的情况，有问题就调整。

第二节　团队建设能力

班组团队建设，大多数基于班组长个人魅力，如做出样子，做出表率，用自己的言行示范去影响班组员工。班组长通过自己的言行示范，让班组员工感受到班组长对人对事的重视，从行到心得到班组员工的认可。这种认可，很容易让班组员工产生心锚。所谓的心锚是一种条件反射，是“触景生情”的一种，用自己的言行示范去影响班组员工，形成合力，从而完成好各项工作任务。但这往往需要班组长有较强的人格魅力，多数班组长停留在“望尘莫及”的边缘。

班组长可能会碰到一些难题。比如说，环境乱糟糟，大家说话听不清，消息传得慢，工作效率不高。不同工种的人一起干活，配合得不好，老有矛盾，活就干得慢了。班组长要是较为软弱，带不好队，活就干不好。该如何破局呢？

一、组建高效团队

（一）组建高效团队的作用

在煤矿作业中，班组长一旦组建了高效团队，简直就有如神助。首先，高效团队能够让工作效率“嗖嗖嗖”地往上涨，产量也可以跟着“蹭蹭蹭”地增加。同时，大家都知道煤矿作业的安全非常重要，一个高效的团队可以大大减少安全事故的发生，真正内化于心实现零死亡甚至零伤亡的目标。

此外，团队成员之间默契十足，不仅会让工作更顺利，还能让每个人都更有干劲。有了高效团队的“神助攻”，班组长管理起来也会更得心应手，就像是有了一群得力助手，工作既轻松又高效。这样的团队，谁能不爱呢？

(二)组建高效团队的方法

组建高效团队的方法如图 6-8 所示。

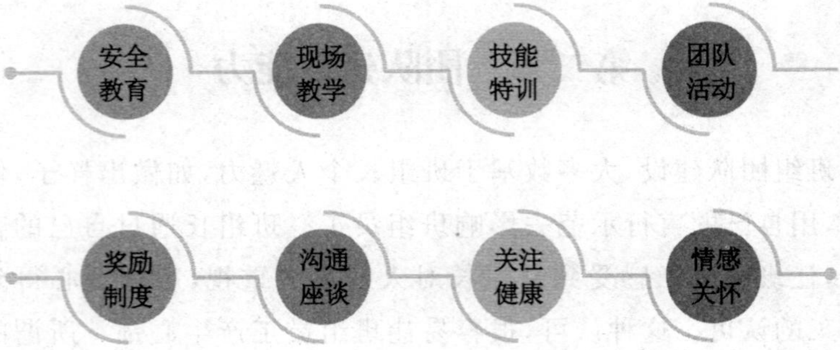

图 6-8 组建高效团队的方法

(1)安全教育:在班前会上,班组长可以分享一些近期的煤矿安全事故案例,尤其是身边人身边事。如未正确使用瓦斯检测仪器而导致的事故,让矿工们时刻保持警惕,明白瓦斯检测的重要性。

(2)现场教学:班组长在井下作业时,亲自示范正确的操作技巧,如采煤机的使用、顶板支护等。在掘进工作面,班组长可以手把手教新员工如何正确使用锚杆钻机,确保支护质量。

(3)技能特训:定期组织技能培训,针对煤矿工作中的特定技能进行讲解和练习,提升学习针对性。比如举办煤机操作培训,让矿工熟悉各种煤机的操作方法和维护要点。

(4)团队活动:组织矿工参加户外拓展活动,增强团队凝聚力。可进行一些团队合作游戏,如搭建矿井模型比赛,让大家在游戏中培养协作精神。

(5)奖励制度:设立奖励制度,对于工作表现出色的矿工给予物质和精神奖励。比如,颁发"安全之星"奖章,或者奖励一些实用的工具和生活用品。

(6)沟通座谈:定期组织矿工座谈会,让大家有机会表达自己的意见和建议。班组长要认真倾听，及时解决矿工反映的问题，改善工作环境。

(7) 关注健康：关注矿工的身体健康，提供必要的防护设备和健康检查。可以组织工间操活动，让矿工在工作之余适当活动身体，预防职业病。

(8) 情感关怀：班组长要学会将心比心，多站在矿工的角度思考问题，站在大局的高度看待问题。遇到问题时，不自作主张，和工友一起协商解决。对受到批评或处罚的人，单独与其谈心，讲明批评或处罚的原因，消除其抵触情绪。

二、培养团队协作精神

在煤矿工作中，班组长注重培养团队协作精神意义重大。通过团队协作，矿工彼此照应，如同安全网一般，为安全生产提供坚实保障。各工种间默契配合，犹如高效运转的机器，大幅提升工作效率。“老带新”的传统使团队整体技能水平不断提高，应对各种挑战更加从容。在面对突发状况时，团队的凝聚力和协同作战能力成为解决问题的关键。此外，紧密团结的团队宛如一个大家庭，共同为煤矿的稳定发展贡献力量。

(一) 培养团队协作精神的作用

培养团队协作精神的作用如图 6-9 所示。

(1) 安全多一道防线：在煤矿工作中，大家相互关照，就像多了一双眼睛，能及时发现隐患，避免事故发生。

(2) 干活儿更利索：采煤、掘进、运输等各个环节紧密配合，就像齿轮一样，转得又快又稳，提高工作效率。

(3) 本事学得快：老师傅带徒弟，徒弟有问题随时问，大家一起进步，整个团队的能力“蹭蹭”往上涨。

(4) 遇事不慌：碰到突发情况，大家一起上，齐心协力解决问题，煤矿生产有保障。

图 6-9　培养团队协作精神的作用

（5）心齐力量大：大家团结一心，就像一家人，有活儿一起干，有困难一起扛。

（二）培养团队协作精神的方法

1. 明确班组长在其中扮演的角色（见图 6-10）

图 6-10　班组长的角色定位

（1）带头大哥：班组长要有带头大哥的气度，把自己班组的矿工当作兄弟，带着兄弟们一起向前冲，为了共同目标一起去努力。

（2）和事佬：大家在工作中难免有摩擦，班组长就是那个能调解矛盾、让大家一团和气的和事佬。

（3）主心骨：遇到困难的时候，班组长得站出来稳定军心，给大家吃下定心丸。

（4）传声筒：班组长要把上面的指示传达给下面的每个组员，也要把下面的情况反映给上面，起到上下沟通的桥梁作用。

（5）老师傅：班组长得有几把刷子，自身专业素质得过硬，把自己的经验和技能教给组员，让大家都能进步。

（6）啦啦队队长：班组长要会给组员加油打气，鼓励大家好好干，提高大家的工作积极性。

（7）大当家的：关键时刻，班组长得果断决策，给大家指明方向，带着大家一起干。

2. 培养团队协作精神的方法（见图 6-11）

以身作则	鼓励分享
组织团建	肯定与奖励
任务分工	关心成员
沟通透明	安全培训
解决矛盾	反馈交流

图 6-11　培养团队协作精神的方法

（1）以身作则：遇到上级安排的急难险重任务时，班组长要带头，起表率作用。

（2）组织团建：比如举办矿工拔河比赛，大家在比赛中齐心协力，增进彼此的感情。

（3）任务分工：班组长根据每个人的强项，安排合适的任务，大家各司其职，提高工作效率。

（4）沟通透明：班前会上，班组长用通俗易懂的语言说明工作任务，让每个人都明白要做什么。

（5）解决矛盾：两个人工作上有分歧，班组长须第一时间去调解，帮他们找到共同点，达成共识，以解决问题。

（6）鼓励分享：在安全培训时，让经验丰富的矿工讲讲自己的窍门，大家互相学习。

（7）肯定与奖励：哪个班组在安全检查中表现得好，就给他们发放一些实用的奖品，或者可以给予适当的休息时间作为激励。

(8) 关心成员：若知道有成员家里存在困难，班组长可组织大家一起帮忙，让他感受到大家的关心。

(9) 安全培训：组织有针对性的培训，本着“缺啥补啥”原则，由专业老师来到现场，用真实的案例告诉大家团队协作对安全的重要性。

(10) 反馈交流：每个月或根据班组实际定期组织谈心谈话会，让大家说说工作中的问题，一起商量怎么解决。

三、激发团队创新力

对于煤矿班组长来说，在煤矿这个高危行业中，班组长就像领头雁，带着大家一块儿动脑筋、想点子。有了创新力，矿工们干活才能更高效、更安全。

（一）激发团队创新力的作用

首先，煤矿工作环境复杂，工作强度大，创新力可以帮助班组长找到更高效、更安全的工作方法，提高工作效率，减轻矿工的工作负担。其次，煤矿工作存在很多安全隐患，创新力可以帮助班组长发现并解决这些隐患，保障矿工的生命安全。与此同时，激发团队创新力可以增强团队的凝聚力和向心力，提高员工的工作满意度，为企业的发展注入新的活力。

（二）激发团队创新力的方法

激发团队创新力的方法如图 6-12 所示。

(1) 沟通开放：鼓励团队成员自由交流，分享想法和经验，让大家感受到尊重和信任。案例：煤矿班组长定期组织团队成员召开“诸葛亮会”，鼓励大家畅所欲言，提出自己的想法和建议。在这个过程中，团队成员可以自由地表达自己的观点，并且不会受到批评和指责。通过这种方式，团队成员之间的信任得到了加强，大家也更加愿意分享自己的想法和经验。

图 6-12　激发团队创新力的方法

(2) 培训学习：组织团队成员参加安全培训和技术培训，让大家掌握最新的安全知识和技术，为创新打下了坚实的基础。案例：购置设备合同中明确了厂家的培训义务，可邀请设备厂家围绕设备原理、结构组成、流程操作等方面，有针对性地开展业务素质培训，帮助班组员工快速适应新生产模式，高效组织生产。

(3) 鼓励尝试：树立“自由畅想，让创意变成现实”的创客理念，鼓励员工提出新的想法和建议，营造创新氛围。案例：班组长鼓励团队成员尝试新的工作方法和技术，并且为他们提供必要的资源和支持。即使有些尝试失败了，班组长也不要轻易批评和指责，而是要帮助团队成员分析原因，总结经验教训。唐口煤业的苏光辉班组通过“采煤机割煤速度分段控制法”“沿空侧采取自最外侧过渡架依次向工作面支架方向放煤，对平巷及上下巷煤柱顶煤回收”“实体侧自中间向端头过渡架放煤”新工艺等创新活动，提高了生产效率。

(4) 奖励创新：认可创新成果，激发积极性。案例：建立了创新奖励机制，对有创新成果的团队成员进行物质奖励和精神奖励。通过这种方式，团队成员的积极性得到了激发，大家更加愿意在工作中创新。

(5) 引入资源:拓宽视野,学习经验。案例:适时邀请行业专家和设备厂家技术员到企业进行交流和分享,让团队成员了解最新的行业动态和技术创新成果。通过这种方式,团队成员的视野得到了拓宽,为创新提供了更多的灵感和思路。

(6) 关注需求:针对性创新,解决问题。案例:关注团队成员对工作环境和福利待遇的需求,组织团队成员进行讨论和协商,制定改善工作环境和提高福利待遇的方案。通过这种方式,团队成员的需求得到了满足,他们的工作积极性和创新动力也得到了提高。

(7) 给予自主:培养能力,适当放手。案例:给予团队成员一定的自主权,让他们在工作中有更多的自主决策空间。例如,在一些具体的工作任务中,团队成员可以根据自己的经验和判断进行决策,并且可以根据实际情况进行调整和优化。通过这种方式,团队成员的创新能力得到了培养,他们也更加愿意在工作中发挥自己的主观能动性。

(8) 以身作则:展示创新精神,树立榜样。案例:煤矿班组长在工作中展现出了创新精神,带领团队成员改进了工作流程和设备,提高了工作效率和安全水平。通过这种方式,为团队成员树立了榜样,激发了大家的创新动力。

四、解决团队冲突与矛盾

对于煤矿班组长来说,解决团队冲突和矛盾就像是他们的“必修课”,非常重要!

(一) 解决团队冲突与矛盾的作用

解决团队冲突与矛盾的作用如图 6-13 所示。

(二) 解决团队冲突与矛盾的方法

解决团队冲突与矛盾的方法如图 6-14 所示。

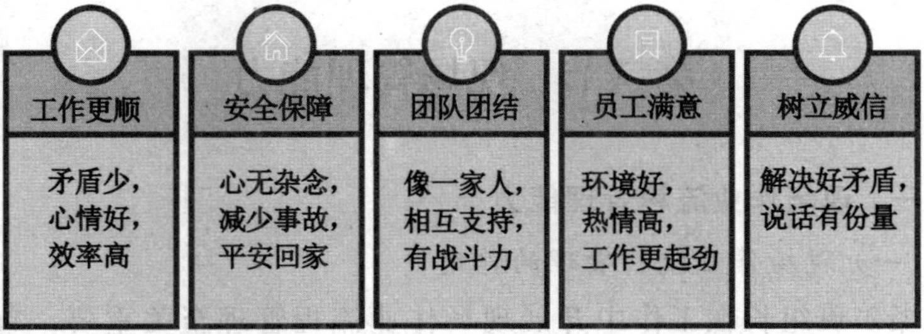

图 6-13　解决团队冲突与矛盾的作用

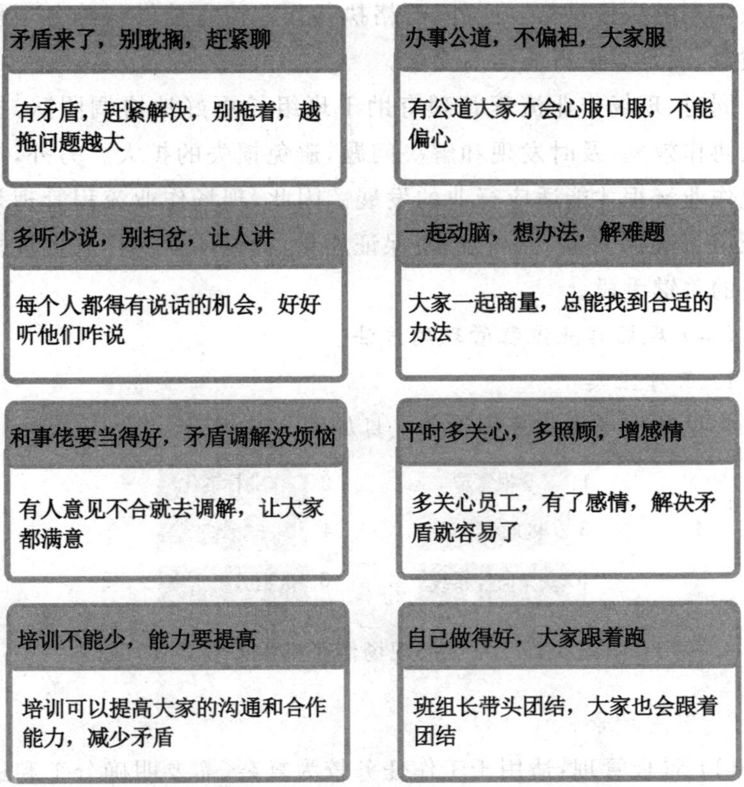

图 6-14　解决团队冲突与矛盾的方法

第三节　现场管理能力

一、现场作业流程管理能力

（一）现场作业流程管理的作用

煤矿班组长在工作中开展现场作业流程管理至关重要。首先，这有助于确保员工在高风险的煤矿环境中遵守安全规定，减少事故发生。其次，通过精细化管理作业流程，班组长可以提高生产效率，保证生产的顺畅进行。此外，严格执行作业流程能够保障各项作业的质量，满足煤矿行业的高要求。

同时，现场作业流程管理有助于班组长更好地协调团队，提高团队协作效率，及时发现和解决问题，避免损失的扩大。另外，持续优化作业流程才能适应行业的发展。因此，现场作业流程管理是煤矿班组长确保安全、提高效率、保证质量、提升团队协作和促进持续改进的关键手段。

（二）现场作业流程管理的方法

1. 管理工具

常见的现场作业流程管理工具如图 6-15 所示。

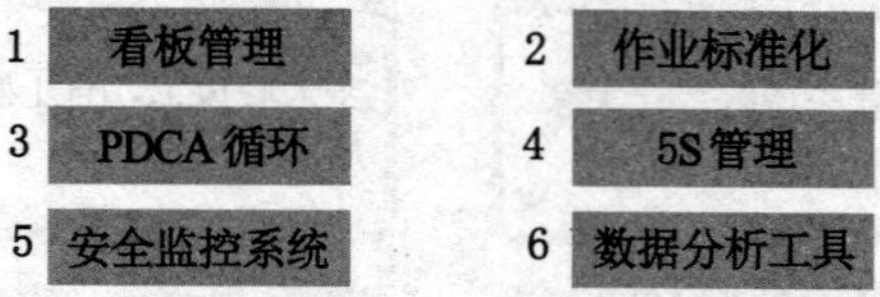

图 6-15　常见的现场作业流程管理工具

2. 应用场景

(1) 看板管理：适用于工作任务较为复杂、需要明确分工和进度跟踪的场景，如采掘工作面、设备维修等。比如采掘工作面，可以设置看板展示当班的工作任务、负责人和完成时间，也可以展示每个采煤小组的采煤区域、采煤进度和预计完成时间，让班组长和员工能够清晰地了解工作进展情况。

（2）作业标准化：适用于操作行为需要规范、重复性较高的场景，如采煤、掘进、运输等作业环节。以采煤作业为例，可以制定标准化的操作步骤，如采煤机启动前的检查、采煤过程中的注意事项等。如制定详细的采煤机操作规程，包括开机前的安全检查、采煤机运行速度、采高控制等，确保员工按照标准操作，提高采煤效率。

（3）PDCA 循环：适用于需要持续改进的场景，如安全管理、生产效率提升等。在安全管理中，可以运用 PDCA 循环改进安全措施。例如，通过定期的安全检查发现隐患，制定整改措施，然后执行整改并进行效果检查，最后总结经验教训，不断完善安全管理制度。

（4）5S 管理：适用于工作环境对安全和效率有较大影响的场景，如井口、巷道、设备存放区等。在设备存放区，实施 5S 管理可以改善工作环境。例如，整理设备存放区域，明确标识设备位置，定期进行清扫和维护，提高设备的可用性和寿命。

（5）安全监控系统：适用于对安全要求较高的场景，如瓦斯监测、顶板管理等。在瓦斯监测中，利用安全监控系统实时监测瓦斯浓度。例如，安装瓦斯传感器，当瓦斯浓度超过设定值时，系统会自动报警，提醒班组长及时采取措施，确保井下作业安全。

（6）数据分析工具：适用于需要通过数据分析来优化作业流程、发现潜在问题的场景，如生产指标分析、设备故障预测等。通过分析设备故障数据，可以发现设备的易损部件和故障频发点。例如，对过去一段时间内设备的故障记录进行统计分析，找出故障发生的规律和原因，为设备维护和更新提供依据。

二、生产计划与调度能力

煤矿班组长在煤矿生产中扮演着关键角色，他们需要具备生产计划与调度能力。面对煤矿生产的复杂环境和不确定性，班组长应通过科学合理的生产计划,确保工作任务的高效执行,并能灵活应对突发状况。同时,有效的调度能力可以协调团队工作,保障生产的连续性和安全性。这些能力是班组长领导团队、实现卓越绩效的重要保障。

(一)考虑的因素

生产计划与调度能力重点要考虑的因素如图 6-16 所示。

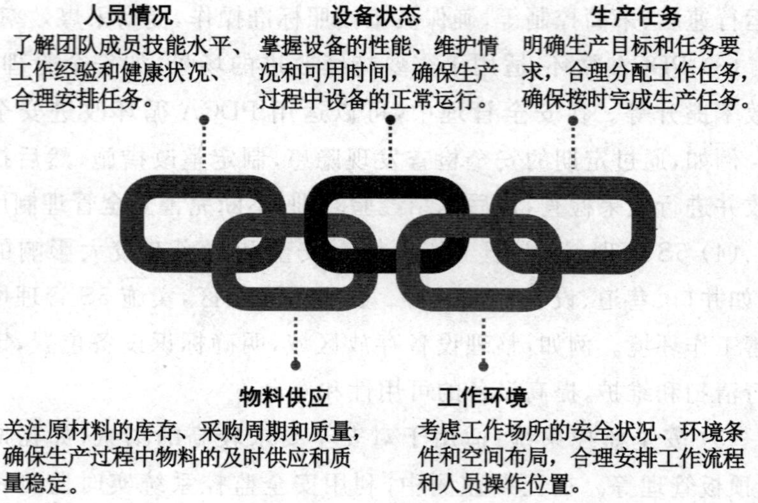

图 6-16　生产计划与调度能力重点要考虑的因素

(二)方法技巧

生产计划与调度能力培养的方法技巧如图 6-17 所示。

三、现场问题解决能力

煤矿班组长须具备现场问题解决能力,原因在于:首先,煤矿环境复杂,安全隐患多,班组长需要迅速解决问题,确保员工安全和生产顺利。其次,生产中问题频出,如设备故障、人员短缺等,班组长需及时处理,提高生产效率。再者,产品质量关乎企业效益和形象,班组长要解决现场问题,保证质量。同时,解决问题时的沟通协作学习培训不能少：参加相关课程，增长知识和技能。
- 实践出真知：工作中积累经验，总结反思要做好。
- 数据分析很重要：用好数据工具，计划调度更合理。
- 沟通协调要加强：和团队、领导、其他部门多交流。
- 注重细节别马虎：考虑周全，计划才能行得通。
- 应变能力要培养：遇到问题能应对，生产才能顺顺利利。
- 学习新技术：跟上行业步伐，应用先进方法。
- 团队协作是关键：打造高效团队，一起努力向前冲。
- 安全意识常在心：生产安全第一位，不能有丝毫松懈。
- 持续改进求进步：不断优化，能力提升更上一层楼。

图 6-17　生产计划与调度能力培养的方法技巧

能增强团队凝聚力，面对突发事件，班组长的快速应对能减少损失。总之，这种能力对保障安全、提高效率、保证质量、增强凝聚力和应对突发事件都至关重要。

（一）实用工具

现场问题解决能力培养的实用工具如图 6-18 所示。

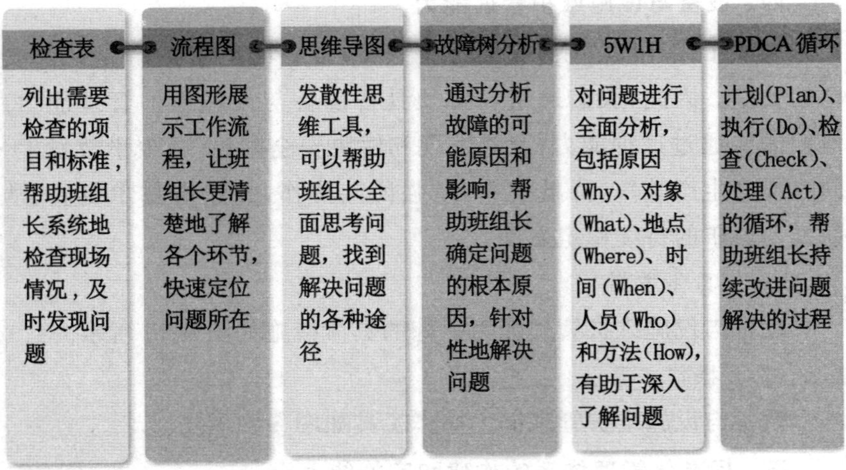

图 6-18　现场问题解决能力培养的实用工具

（二）提高能力的方法

现场问题解决能力提高的办法如图 6-19 所示。

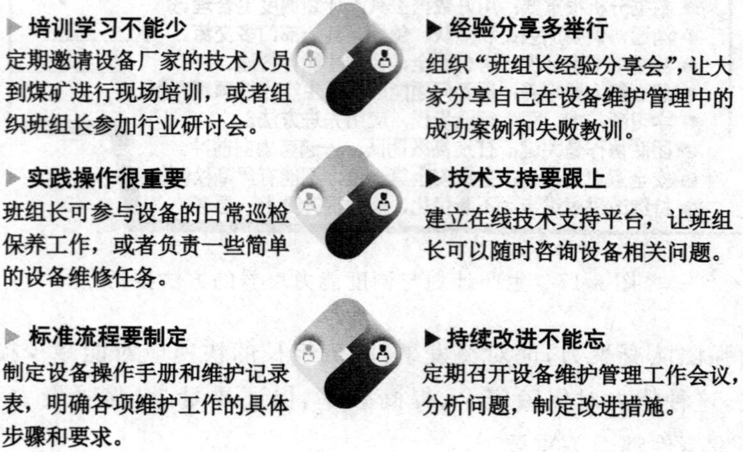

图 6-19　现场问题解决能力提高的办法

四、设备与设施维护管理能力

煤矿工作环境复杂，安全至关重要，设备的正常运行是保障安全的关键。因此，煤矿班组长必须具备设备与设施维护管理能力。他们需要通过这种能力，及时发现和解决安全隐患，减少事故发生，同时提高生产效率，降低成本，增强团队协作，并适应技术更新，从而推动煤矿的持续稳定发展。

（一）具体举措

设备与设施维护管理能力锻炼的具体措施如图 6-20 所示。

（二）操作工具

设备与设施维护管理能力操作工具如图 6-21 所示。

五、标准化管理体系的构建和实施能力

班组建设始于标准、行于标准、成于标准，在煤矿作业中，安全生产是首要任务，而标准化管理体系可以规范操作流程，降低事故

主动学知识

把煤矿的安全规定、操作流程和技术标准搞得明明白白，这是解决问题的基础。

练火眼金睛

在现场得仔细观察环境、设备、人员操作有啥不对劲的，须第一时间识别出来。

沟通要得法

和组员、领导、其他部门打好配合，有问题大家一起解决。

经验靠积累

多深入一线处理问题、解决问题，遇到突发情况就不慌了。

案例多研究

看看别人出过的事，长点记性，别在自己班上犯同样的错。

图 6-20　设备与设施维护管理能力锻炼的具体措施

设备手册和操作指南

提供详细的设备操作步骤、维护要求和常见故障排除方法，帮助班组长快速了解设备。

维护管理软件

用于记录设备维护历史、计划维护任务、提醒保养周期等，方便班组长进行设备管理。

培训视频和在线课程

通过观看视频和参加在线课程，学习设备维护的理论知识和实际操作技巧。

设备健康监测工具

如煤矿粉尘检测仪、无线智能传感器、温振数据接收站等，帮助班组长检测设备运行状况，及时发现潜在问题。

图 6-21　设备与设施维护管理能力操作工具

风险，确保员工的生命安全。同时，标准化管理能够提高生产效率，保证产品质量，增强团队的凝聚力。此外，随着行业标准的不断提升，班组长需要通过实施标准化管理来适应企业、行业变化，培养高素质的员工队伍，以提高企业的竞争力。

（一）适用的工具

标准化管理体系的构建和实施工具如图 6-22 所示。

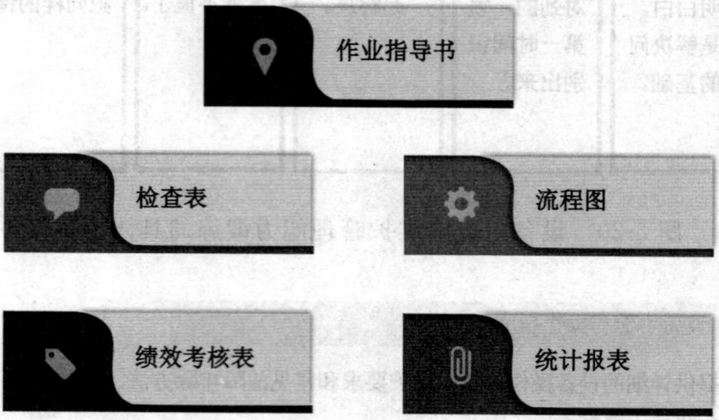

图 6-22　标准化管理体系的构建和实施工具

（1）作业指导书：如针对煤矿采掘工作，制定详细的作业指导书，包括采掘设备的操作步骤、安全注意事项等。

（2）检查表：以煤矿设备检查为例，可以设计检查表，列出设备的各项检查要点，如润滑情况、密封性等。

（3）流程图：以采煤工艺流程为例，绘制流程图，清晰展示各个环节的顺序和关系。

（4）绩效考核表：设定如采煤量、进尺、设备完好率等绩效指标，通过绩效考核表评估班组长和员工的表现。

（5）统计报表：通过统计报表，监测瓦斯浓度、设备运行时间等数据，及时发现异常。

（二）改进的方法

标准化管理体系的构建和实施改进方法如图 6-23 所示。

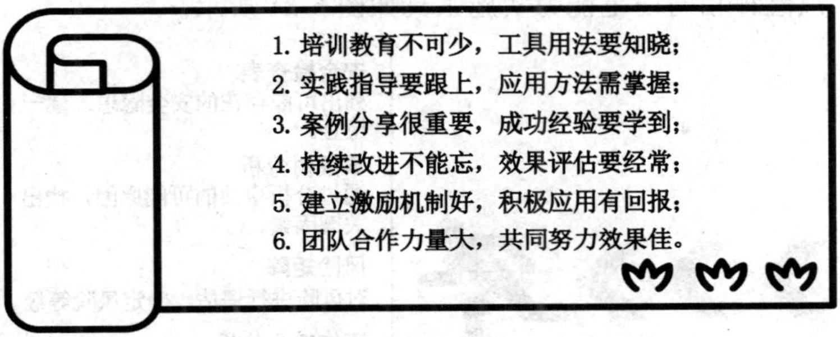

图 6-23　标准化管理体系的构建和实施改进方法

第四节　安全管理能力

一、安全规章制度的掌握与执行能力

（1）多培训：定期给班组长“充电”，把安全规章制度“刻”在脑子里。

（2）编指南：编制详细的安全操作指南，班组长照着做。

（3）召开案例分析会：大家一起讨论实际案例，从中吸取教训。

（4）现场“盯梢”：派人到现场盯着班组长，有问题及时指出，帮助其养成好习惯。

（5）营造安全氛围：让大家都把安全放心上，形成一种文化，就像每天要吃饭一样重要。

（6）定期组织演练：多演练，遇到紧急情况就不会手忙脚乱了。

二、风险评估与防范能力

（一）实施的工具

风险评估与防范能力实施工具如图 6-24 所示。

图 6-24　风险评估与防范能力实施工具

（二）提升的技巧与方法

（1）现场模拟演练：模拟井下可能出现的风险情况，如瓦斯超限、顶板冒落等，让班组长亲身体验并处理。

（2）事故复盘：对以往的煤矿事故进行复盘分析，让班组长从中学到教训，避免类似错误。

（3）安全竞赛：组织安全知识竞赛、技能比武等活动，激发班组长学习和应用风险评估与防范知识的积极性。

（4）与专家互动：邀请安全专家到煤矿举办讲座或进行指导，班组长可以直接与专家交流，解决实际问题。

（5）小组讨论：将班组长分成小组，针对具体的风险场景进行讨论，共同制定防范措施。

（6）可视化管理：使用图表、看板等工具，将风险信息直观地展示出来，方便班组长快速了解和应对。

(7) 定期考核：通过定期的安全考核，检验班组长对风险评估与防范知识的掌握程度，督促其不断提升。

三、应急处理与救援能力

事故现场的前几分钟，被称为“救命的黄金时刻”。班组长作为事故灾难预防现场第一响应者，他们的应急能力是企业整体应急能力的基础，直接决定着事故应对的有效性，间接反映了企业整体应急能力的强弱。

（一）应急物资准备

(1) 应急预案手册：详细记录各种可能发生的紧急情况及应对措施的手册。

(2) 急救包：包含常用的急救药品和器材，如绷带、止血带、夹板等。

(3) 自救器：在缺氧或有害气体环境下提供呼吸保护的设备。

(4) 灭火器：用于扑灭初期火灾的工具。

(5) 检测仪器：如瓦斯检测仪、一氧化碳检测仪等，用于检测井下环境中的危险气体浓度。

(6) 通信设备：如对讲机、卫星电话等，确保班组长在紧急情况下能与外界保持联系。通信设备涉及工具很多，不限于以上，在具备应急处理与救援能力的同时须备好救援物资。

（二）提升的技巧与方法

(1) 定期进行应急演练：组织煤矿班组长参与各种类型的应急演练，如火灾、瓦斯爆炸、顶板事故等，让他们在模拟的紧急情况下实践应对策略。

(2) 加强安全培训：为班组长提供专业的安全培训课程，包括应急处理与救援的理论知识、操作技能等。

(3) 制定详细应急预案：协助班组长制定针对不同灾害的详细

应急预案，明确各成员的职责和行动步骤。

(4) 建立应急通信系统：确保班组长在紧急情况下能够及时与其他人员进行联系，了解现场情况并协调、支持救援工作。

(5) 提供救援装备和工具：配备必要的救援装备和工具，如自救器、灭火器、急救箱等，并让班组长掌握其使用方法。

(6) 案例分析与讨论：定期组织案例分析和讨论会议，分享实际发生的应急事件及处理经验，从中学习。

(7) 与专业救援队伍合作：与专业的救援队伍建立联系，进行联合演练或培训，提高协同救援能力。

四、安全培训与宣传能力

(一) 提升思路

班组长要实施“技能素质提升工程”，提升班组学习力。班组的学习力与职工素质息息相关。把提升班组学习力和职工素质作为班组自主管理上水平的立足点和落脚点，分专业、分岗位制订有针对性的培训计划，采取“主餐＋点餐”“线上＋线下”“理论＋实战”的学习培训模式，培养一专多能的复合型职工。把全员岗位练兵、技术比武下沉到班组，建立学习制度，制订学习计划，不断提升职工的安全素质、技能素质。如开展流程设计比赛，优化综采队班前会流程；开展“班前快餐”活动，通过讲、学、谈等形式，有效解决现场各生产环节遇到的问题。

(二) 自身强化

作为班组长，要想搞好班组培训与宣传工作，必须提高自身的素养，做一名“知识型”班组长，做业务上的权威、技术上的标杆。

(1) 班组长“有目标”：要让班组成员知道“目标是什么”“为什么这样干”“如何干”“如何才能干好”，不断总结，有了明确的结果目标，为结果而战，团队才能全力以赴，而不是尽力而为。

(2) 班组长“有技能”：首先班组长必须要有一定的实力，其次在团队中，班组员工每个人都必须独当一面，只有这样，班组长才能服众，团队里面的每一位员工才能发挥其技能，既能完美完成工作，又能迎难而上解决问题。在班组管理中，尤其是生产一线的班组长，“如何赢得大家的信任”“如何树立自己的威信”是目前现阶段多数班组长所面临的难题。没有过硬的技术、没有一定的文化素养，在班组管理中很难服众。

企业作为班组长的“娘家”，要为班组长遮风挡雨。政治上，为班组长提供成熟成长的空间，赋予班组长更高荣誉和更强动力；学习上，为班组长搭建提升的平台，创造更多学习、培训、历练的机会；经济上，适当向班组长倾斜，让班组长“劳”有所得、“责”有所得、“能”有所得、“勤”有所得、“专”有所得，既有“里子”又有“面子”。

第七章 班组管理重点工作

第一节 开好班前会

班前会是由班组长主持，以班组为单位，在工作开始之前，在指定的地点，班组成员集合在一起召开的工作准备会议，其主要目的是安排当天的生产任务和做好安全预防工作。班前会分为室内班前会和现场班前会。

班前会经常出现的问题是：重要的信息忘了讲，想讲的事情没讲清，自认为讲清楚的事情员工没听懂，讲的事和要干的工作脱节。

班前会的有效召开，是做好当班工作的前提和基础，因此要从以下几个方面展开，组织好班前会活动。

一、班前会是安全生产第一关

班前会是班组每天工作的开端，是煤矿企业日常生产管理的重要组成部分，也是做好安全生产的第一步。同时，班前会是班组长树立个人威信，提高沟通表达能力，进行有效管理、指导和培训员工的重要平台，是员工学习、成长的重要平台，是创新思维的平台，是团队建设的平台，是企业文化塑造的平台……开好班前会，对于确保生产安全、提高生产效率具有重要意义。

班前会对现场管理、团队和班组长的价值如图 7-1 所示。

二、九个目标要落实

(1) 布置生产任务和目标：使员工明确当天的工作任务和目

班前会的价值

- 管理的平台
- 沟通的平台
- 学习的平台
- 创新的平台
- 安全的平台
- 成长的平台
- 快乐的平台
- 团队建设的平台
- 文化塑造的平台
- 创新思维的平台
- ……

图 7-1　班前会对现场管理、团队和班组长的价值

标，包括产量、质量等要求，确保班组成员清楚自己的工作职责和任务。

(2) 提高员工安全素养：班前会是班组安全文化建设的重要平台。通过班前会，可以宣传企业的安全文化理念，弘扬安全生产的先进典型，使班组成员在潜移默化中受到安全教育和熏陶，提高他们的安全素养和安全行为能力；向员工传达安全生产信息，通报近期发生的安全事故，提醒大家引以为戒，增强安全防范意识。

(3) 预防安全事故：班前会上，分析工作环境中的危险源和潜在风险，提醒班组成员注意安全事项，做好防范。查找存在的安全隐患和问题，提出改进措施，确保工作场所的安全，预防安全事故的发生。

(4) 学会处理紧急情况：向班组成员介绍紧急情况下的应急处理方法，确保班组成员能够迅速、正确、有效地应对紧急情况，保障

自身和他人的安全。

(5) 提高员工技能水平：班组长可以安排专业人员对班组成员进行培训和学习，提高工作技能和知识水平。培训、学习内容可以包括操作规程、安全知识、新技术、新材料、新工艺、新装备等，使员工更好地完成生产任务。

(6) 开展团队建设：班前会通过建立“轮值机制、评议机制、分享机制、活力机制”等班组人本管理机制，提高团队成员的参与度和积极性，让每个员工都参与到班组管理中来。可以通过组织一些简短的团队活动，如击掌问好、呼喊口号、高唱队歌、安全问答等，活跃团队气氛。可以通过解决问题研讨会、成功经验分享会，增进员工之间的沟通和交流，加强团队协作。通过设立班组目标，让班组成员了解班组的工作方向和重点，明确每个人的责任和义务，增强团队成员的责任感和使命感，提高团队的凝聚力和向心力。通过班前会，加强团队建设，鼓舞班组成员士气，使员工产生良好的精神风貌，形成良好的工作氛围。

(7) 及时解决问题：鼓励班组成员提出工作中遇到的问题或困难。通过问题反馈，可以及时发现生产过程中的问题，班组长及时解答并提供解决方案，确保安全生产。

(8) 提高管理水平：通过班前会，班组长可以了解一线员工的工作情况，及时发现问题、解决问题，不断提高管理水平。

(9) 落实安全生产责任制：班前会可以明确各级各类人员在安全生产中的职责，落实安全生产责任制，确保安全生产责任到人。

班前会的目标如图 7-2 所示。

三、简短高效提士气

(1) 简短高效：班前会的时间应控制在合理范围内，避免时间过长导致员工疲劳或注意力不集中。会议内容应简明扼要、重点突出，确保每位员工都能迅速了解关键信息。

班前会的目标

- 布置工作、解决问题
- 关注安全、预防事故
- 宣传政策、统一思想
- 沟通信息、传递情感
- 分享经验、总结教训
- 学习技能、提升管理
- 评议差距、落实责任
- 树立威信、提升能力
- 建设团队、凝聚力量

图 7-2 班前会的目标

(2) 互动性强:鼓励员工在班前会中积极参与讨论和提问,分享自己的观点和建议。班前会要充满活力,营造开放、包容、相互尊重的氛围,让员工能够充分表达意见,并最终形成更有创造力的决策。

(3) 激励士气:在班前会中适时给予员工鼓励和认可,肯定他们在工作中的成绩和进步。注意提升员工的士气和自信心,增强团队凝聚力和向心力。

(4) 参与度高:建立轮值机制,通过“人人都是班组长”落实民主、人文管理机制。

班前会的特点如图 7-3 所示。

四、队形站位有讲究

班前会在形式上可分为室内班前会和现场班前会。

(1) 室内班前会为了方便班组长能够看到每一名员工,同时也为了方便员工相互间的沟通交流,应采用“长方形会议桌布局”的

班前会的特点

- 活力班前会
- 士气班前会
- 安全班前会
- 学习班前会
- 创新班前会
- 人人受尊重
- 人人都参与
- 人人都管理
- 人人都收获
- 人人都成长
- ……

图 7-3　班前会的特点

“围桌会议”形式，把桌子排成长方形，大家围着桌子而坐。室内班前会形式如图 7-4 所示。

图 7-4　室内班前会形式

(2) 现场班前会的站队形式可以根据不同的需求和场景选择不同的形式。

① 队列式:所有人员按照一定的顺序排成行,以直线的形式展现出来。这种形式适用于人数不多、场地有限的情况,可以简单明了地展示人员的情况。但队列原则上不允许超过三排。如果人数过多,可以两侧各两排,班长站在中间。队列式的班前会如图 7-5 所示。

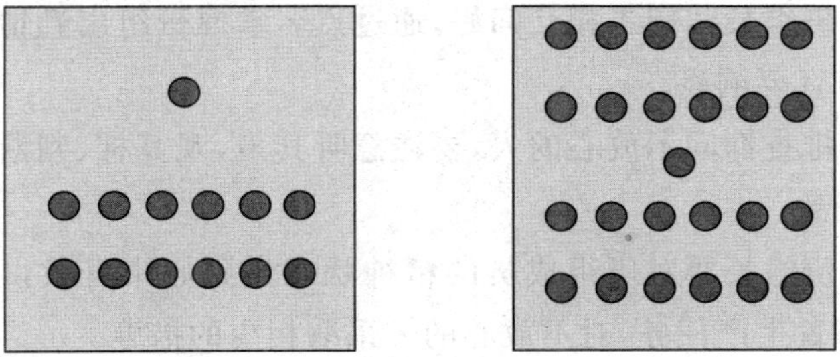

图 7-5 队列式的班前会

② 圆形队列、U 形列队、V 形队列。

圆形队列即所有人站成一个圆圈;U 形队列即所有人围成一个 U 形;V 形队列即所有人围成一个 V 形。这种队形有利于班长看清每一名班组成员,有利于大家互相看到和交流互动。圆形、U 形、V 形队列的班前会如图 7-6 所示。

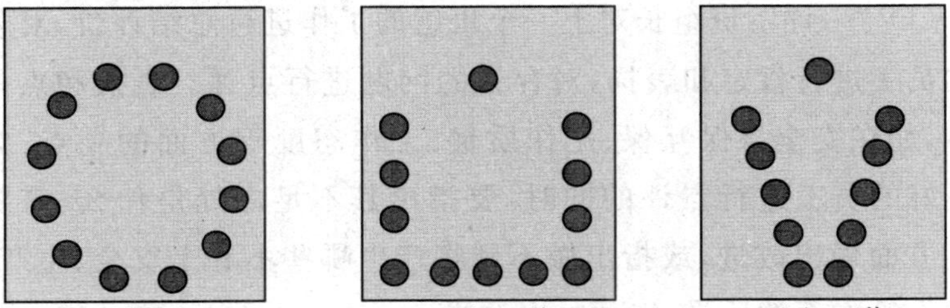

(a) 圆形　(b) U形　(c) V形

图 7-6 圆形、U 形、V 形队列的班前会

不同的班前会站队形式有各自的优缺点，可以根据实际情况选择最合适的形式。同时，站队形式的确定也要考虑到人员之间的交流、互动和组织管理等因素，以便更好地达到班前会的目的。

五、"6＋N"流程管理模式

（一）"6"项内容（必备）

1. 点名问候

（1）班组长与职工相互问好，通过点名掌握班组出勤情况；点名和回答声音要响亮。

（2）排查询问不放心的人，要注意听其声、观其神、判断其状态，观察要细致。

（3）班组长要对班组成员的精神状态做到心中有数，以便有针对性地布置生产任务，对不放心的人采取相应的措施。

2. 激发活力

（1）班长应采用灵活恰当的方式，活跃班组气氛，营造班组相互关心、关爱的温馨氛围。

（2）班组全体员工一齐朗诵口号，调动士气、凝聚人心，激发积极向上的心态。

（3）口号要结合班组实际，简洁明了、朗朗上口。

3. "一评三讲"

（1）"一评"：班组长对上一个班组的工作进行总结评价，对表现好的员工进行肯定和表扬，对存在的问题进行点评。表扬和点评要具体，如在安全自保互保、工作质量、工作态度等方面的亮点；对表现不好的员工进行点评的同时，要指出其不足之处是什么，需要在哪些方面做出改进，或指出做不到将产生哪些不利于安全、生产、团结协作等方面的后果，以便加以改进。

（2）"三讲"：讲工作任务、讲工作标准、讲安全风险。"三讲"中，要做到任务交底、技术交底和安全交底。

① 任务交底：班组长明确向员工传达工作的具体任务、目标和要求，确保员工对自己的工作内容有清晰的认识。

② 技术交底：对于涉及专业技能或特定知识的工作，班组长向员工提供必要的操作指南、工艺流程和技术要求，确保员工能够按照正确的方法进行工作。

③ 安全交底：班组长着重向员工强调工作中的安全注意事项、潜在风险以及预防措施。这包括个人防护装备的使用、应急处理程序、危险源的识别与避免等。安全交底的目的是确保员工在工作过程中始终保持安全意识，并采取必要的措施保护自己和他人的安全。

通过任务交底、技术交底和安全交底的组合，班组长能够确保员工对工作有全面的了解，掌握所需的技术知识，并在工作中始终注重安全。这样可以提高工作效率，减少事故发生的可能性，保障员工的健康和安全。

4. 安全自醒

(1) 针对工作任务采用安全员提问或职工自述的方式进行。

(2) 职工重点针对工作任务讲安全操作注意事项。

(3) 安全员或班长补充评议。

(4) 自醒要全面具体，补充要突出重点。

例如，采煤机司机安全操作注意事项如下：

① 准备作业前，重点确认采煤机机身里帮以及滚筒附近无人。

② 观察周围环境，确认煤壁、顶板及采煤机、支架支护状态完好。

③ 选好安全站位开机，距离采煤机不小于 3 m；开机前发出警示信号，再次确认无人后方可开机。

④ 启动采煤机时，观察油位、截割臂动作等是否正常。

⑤ 操作采煤机时，精力要集中，采煤机运转时严禁做其他事情；

同时注意保持与采煤机的安全距离，发现顶板破碎、有人经过等异常情况时立即停机处理。

⑥ 采煤机到达两端头时提醒作业人员撤离至安全区域。

⑦ 停机时，必须断开电源开关并拉开离合器，同时停掉上一级电源。

⑧ 临时性检修需在煤壁侧作业时，必须先敲帮问顶，站好贴帮柱、护好顶帮后方可作业。

5. 学习分享

(1) 学习和分享要结合实际，说出学习和分享的内容与本岗位、本班或本科队（车间）的关联点。

(2) 要强调重点，杜绝照本宣科。

(3) 要有自己的认识和思考。

(4) 案例的学习分享重点强调应学习的好经验和应吸取的教训等。

(5) 学习要紧扣本职工作，分享要能引起共鸣。

例如，学习“百日安全”活动文件，结合班组实际，至少要分享与本班组密切相关的以下几项内容：① 本班组可能存在的安全风险；② 杜绝“三违”行为，落实好规程措施；③ 开展好安全风险预知和隐患排查整改。

6. 确认总结

(1) 由班组长或跟班队长进行。

(2) 对工作任务安排和风险预控情况进行确认。

(3) 对安全重点和注意事项进行补充和强调。

(4) 班组全员知重点、知任务、知风险、知方法、知形势。

(二)“*N*”项内容（自选）

(1) 轮值评议。

(2) 上情下达。

(3) 问题改善。

(4) 技能培训。

……

注意:"6"项内容为班前会固定项,"N"项内容根据班组建设及管理需要的实际情况进行调整、添加。

六、做好记录很重要

班前会会议记录有以下重要作用:

(1) 准确传递信息:会议记录能够确保会议中的关键信息、决策和分配的任务被准确地记录下来,避免因口头传达而产生误解或遗漏。

(2) 提高工作效率:通过会议记录,员工可以清晰地了解自己的工作任务和职责,快速进入工作状态,减少不必要的沟通和确认时间。

(3) 问题追踪与解决:会议记录是问题追踪和解决的依据。

(4) 持续改进与学习:通过定期回顾会议记录,可以发现流程中存在的问题,不断优化工作流程和提升工作效率。

(5) 增强责任感与归属感:当每个人的发言和贡献都被记录下来时,员工会感受到自己的意见和工作被重视,从而增强对团队的责任感和归属感。

(6) 法律与风险管理:会议记录可能作为法律文件或证据被使用。准确的会议记录有助于在面临法律纠纷或审计时提供有力的支持。

班前会会议记录可参照表7-1。

表 7-1　班前会会议记录表(示例)

会议日期：　　年　月　日　　　　　主持人：　　　　记录人：

<table>
<tr><td>人员签到</td><td colspan="2"></td></tr>
<tr><td>一评</td><td colspan="2">上一班突出存在的问题及解决措施：

上一班业绩突出的同志及有益经验：</td></tr>
<tr><td rowspan="3">三讲</td><td>讲工作</td><td>任务交底：</td></tr>
<tr><td>讲标准</td><td>技术交底：</td></tr>
<tr><td>讲安全</td><td>安全交底：</td></tr>
<tr><td>安全自醒</td><td colspan="2">自醒人：
自醒内容：</td></tr>
<tr><td>学习分享</td><td colspan="2"></td></tr>
<tr><td rowspan="4">“N”项内容</td><td>轮值评议</td><td></td></tr>
<tr><td>上情下达</td><td></td></tr>
<tr><td>问题改善</td><td></td></tr>
<tr><td>技能培训</td><td></td></tr>
<tr><td>确认总结</td><td colspan="2"></td></tr>
</table>

第二节　做好井口宣誓

一、井口宣誓——安全生产的庄严承诺

宣誓是在一定的仪式下当众说出表示决心的话。宣誓的过程既是一种教育、一种警戒，又是一种约束。通过宣誓，人们可以更加明确自己的职责和目标，同时激发起内心的力量，为实现自己的承诺而努力奋斗。这也是保障煤矿安全生产、降低事故风险的有效措施之一。

井口宣誓对安全生产有着重要的作用和意义：

(1) 增强安全意识：井口宣誓是一种仪式化的活动，通过这种形式，员工能够在进入工作区域前集中精神，提醒自己始终保持对安全的关注。这种反复地强调有助于员工形成条件反射，从而在实际工作中更加注意安全。

(2) 强化安全责任：通过井口宣誓，员工能够明确自己的安全责任，意识到自己在保障煤矿安全方面的重要作用。这种责任感的提升有助于员工更加积极地参与安全管理，及时发现和报告潜在的安全隐患。

(3) 营造安全氛围：井口宣誓是一种集体性的活动，所有员工共同参与，有助于营造一种积极向上的安全氛围。在这种氛围中，员工之间会相互监督、相互提醒，共同维护煤矿的安全生产。

(4) 传递安全文化：井口宣誓不仅是员工个人的行为，更是企业安全文化的一种体现。通过这种形式，企业能够将安全理念、安全规章制度等传递给每一名员工，从而在企业内部形成统一的安全价值观和行为准则。

井口宣誓的意义如图 7-7 所示。

图 7-7 井口宣誓的意义

二、井口宣誓要庄重并富有仪式感

(一) 对领誓人的要求

宣誓领誓人在井口宣誓活动中扮演着重要的角色,他们不仅引领着整个宣誓过程,还代表着所有宣誓人的形象,为所有宣誓人发声。因此,领誓人需要注意以下几个方面:

(1) 熟悉誓词:领誓人应事先对誓词进行充分熟悉和理解,确保在宣誓过程中能够准确、流畅地领诵誓词。避免出现犹豫、停顿或错误的情况,以免影响宣誓的庄重性和严肃性。

(2) 声音清晰:领誓人在宣誓时声音要清晰、洪亮,确保每个宣誓人都能听清楚誓词内容。语速适中,不要过快或过慢,让所有人都能跟上节奏。

(3) 姿势端正:领誓人在领诵誓词时应保持良好的站立姿势,面向宣誓人群,背部挺直,双脚并拢或稍微分开。右手举拳的动作要标准、有力,体现出对誓言的坚定和自信。

(4) 控制节奏:领誓人需要掌握好整个宣誓过程的节奏和速度,确保每个人都能在适当的时间内完成宣誓。在需要停顿或强调的地方给予明确的指示和引导，使宣誓过程更加有序和统一。

（5）表达情感：领誓不仅仅是诵读文字，更重要的是传递一种情感和氛围。领誓人应通过声音、表情和肢体语言等方式表达出对誓言的敬畏、庄重和决心，从而激发所有宣誓人的共鸣和参与感。

井口宣誓对领誓人的要求如图 7-8 所示。

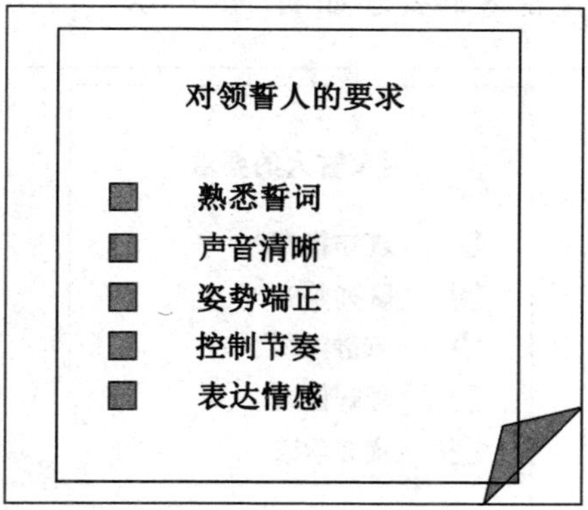

图 7-8　井口宣誓对领誓人的要求

（二）对宣誓人的要求

（1）遵守指挥：在宣誓过程中，应有专人指挥队列的排列和移动。宣誓人员应严格遵守指挥，确保队列的整齐和有序。

（2）队列整齐：宣誓人员应按照身高或职务等顺序排列，保持队形整齐。队伍之间的距离和间隔也应保持一致，以展现团队的统一性和纪律性。在排队时，宣誓人员之间应保持适当的间距，以确保每个人都能够清晰地听到誓词并进行宣誓。同时，间距也不宜过大，以免影响队伍的紧凑性和整体效果。

（3）安静肃穆：在队列中，宣誓人员应保持安静，在宣誓过程中，要站立端正、保持安静，不得交头接耳或做其他不严肃的动作。

(4) 理解誓词:在宣誓前,员工应充分理解誓词的含义和重要性。只有真正理解了誓词,才能更好地履行自己的承诺,确保安全生产。

(5) 遵守承诺:宣誓不仅仅是一种形式,更是一种承诺。员工在宣誓后,应切实遵守自己的承诺,将安全生产放在首位,时刻保持警觉,确保自身和他人的安全。

井口宣誓对宣誓人的要求如图 7-9 所示。

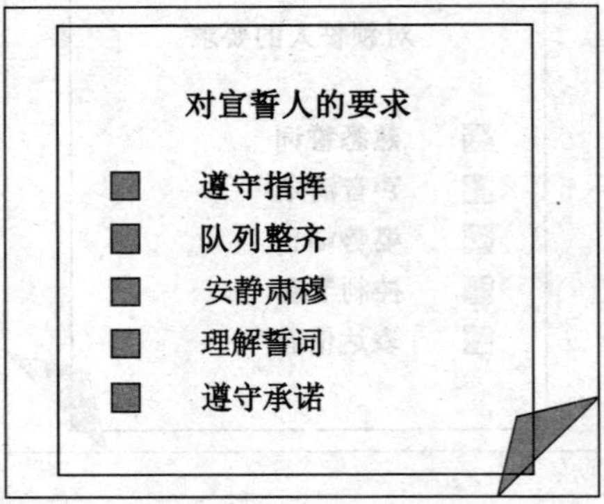

图 7-9 井口宣誓对宣誓人的要求

(三) 井口宣誓誓词示例

为了自己和他人的生命安全,为了家庭的幸福平安,为了企业的稳定发展,我宣誓:牢记安全责任,牢记亲人嘱托,严守安全规章,严守操作规程,永做安全人,誓为安全生产做贡献!

第三节 做好安全生产现场管理

现场管理是安全生产最重要的环节,对于安全生产至关重要。通过严格管理,可以及时发现和消除现场潜在的安全隐患,降低事故发生的风险，有效预防事故；通过严格的管理，可以确保员工在工作过程中遵循安全规定和操作流程，减少意外伤害的发生，保障员工安全；通过严格的管理，可以创造安全的工作环境，提高员工的工作效率和工作质量，减少因事故导致的停工和延误，提高生产效率；通过严格的管理，可以帮助企业遵守相关的安全法规和标准，避免法律责任和罚款，使企业生产工作符合法规要求，维护企业形象；通过对现场管理的监控和评估，可以发现问题并及时采取改进措施，不断提高安全生产水平，促进安全生产工作持续改进。

一、做好交接班

现场管理，首先要做好交接班工作。交接班时要重点关注以下事项：

(1) 准确掌握上一班的工作进度及完成情况，核对生产进度情况，包括生产数据、采掘量、能耗等。

(2) 确认现场安全情况，检查是否存在安全隐患和问题，并及时处理和报告。

(3) 检查工具与设备情况，检查内容包括设备外观、运行状态、安全防护装置等。确认现场的工具、设备是否运行正常、有无故障发生，以及故障的处理情况。对于关键设备和重点区域，班长应亲自检查，一般设备可由班组岗位人员各自检查。

(4) 对特殊情况进行处理，对于存在安全隐患或问题的环节，需要进行特别说明和处理的，由交接双方共同确认和处理。

(5) 交接重要任务、临时工作及变更情况。填报交接事项清单，逐项确认需要交接的事项是否完成。

(6) 保持沟通，确保两班之间顺畅过渡。

交接班的要求如图 7-10 所示。

交接班时应坚持以下基本原则：

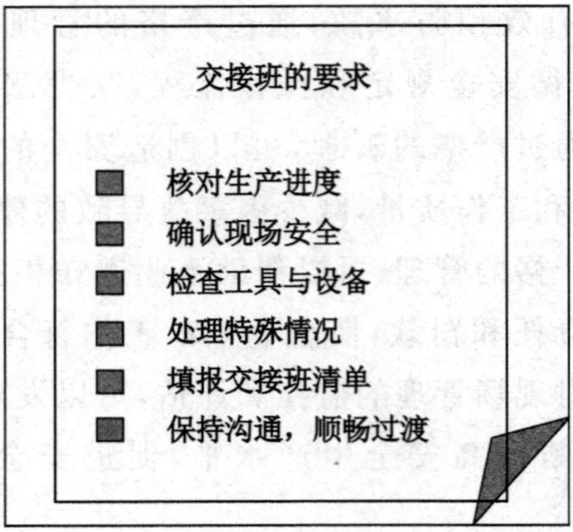

图 7-10　交接班的要求

(1) 下一班的准备工作未做好不交接。

(2) 当班发生异常现象，或设备有故障未处理好，或记录交代不清不交接。

(3) 公用工具、资料（有关专用工具、技术措施等）不齐全不交接。

(4) 清洁工作未按规定范围和要求做不交接。

(5) 上级命令通知意图不清楚不交接。

二、把握现场管理的核心六要素

影响现场安全生产管理的六个核心内容：人、机、料、法、环、管，也被叫作“5M1E”，每个要素的具体含义如下。

人(man)：指参与生产过程的人员，包括员工的技能、培训、工作态度和安全意识等。

机(machine)：指用于生产的设备、机器和工具，包括设备的维护、保养和操作规范等。

料(material)：指生产所使用的原材料、零部件和半成品等，包括材料的质量、供应和库存管理等。

法(method):指生产过程中采用的方法、工艺和操作流程,包括作业指导书、标准操作程序等。

环(environment):指生产环境,包括工作场所的温度、湿度、清洁度、噪声等因素,以及对环境的保护和管理。

管(management):指对生产过程的管理和控制,包括生产计划、质量控制、安全管理、人员组织等。

(一)人:做好现场人员管理

(1)关注员工的安全意识和技能水平,采取培训、演练、考核等方式增强员工的安全意识和操作技能。

(2)建立良好的沟通渠道,了解员工的需求和问题,并及时给予反馈和支持。

(3)实施有效的激励机制,鼓励员工积极参与安全管理工作。

(4)现场巡视时,关注员工的精神状况、身体状况、站位及操作情况,及时解决存在的安全隐患。

(二)机:做好机器设备管理

(1)检查机器设备的运转情况及维护保养情况,确保设备正常运行。

(2)检查机器设备的防护装置、警示标识等安全设施,降低设备的安全风险。

(3)检查机器设备标识,关注设备的使用周期和时限。

(4)检查人员操作情况,确保员工正确操作机器设备。

(5)设备开机必须点检到位。

设备的状态不是静止的,而是可变的,受到很多方面的影响,比如存放场所环境因素的影响、使用人的影响、设备自身寿命的影响等。多方面的影响会给设备的安全状态带来诸多不安全的因素,最怕的就是存在错误的思想认识,如“昨天操作设备都没什么事,今天操作设备也不会有什么事”。

（三）料：做好材料管理使用

（1）严格控制材料质量，确保材料的安全性和可靠性，避免使用劣质材料。

（2）采取合理的储存和运输方式，避免材料损坏或污染。

（3）对材料进行合理存储和标识，防止混用和误用。

（4）控制材料的使用量，避免浪费和过度使用。

（5）完善管理制度，明确材料验收、保管、发放等环节的责任和要求。

（四）法：落实各项规程制度

（1）做好安全规程、作业规程、操作规程的三大规程交底工作。制定详细的安全管理制度，确保员工严格按照规程、制度操作。

（2）加强安全宣传教育，增强员工的安全意识和责任感。

（3）建立安全检查和监督机制，及时发现和消除安全隐患。

（4）鼓励员工提出改进建议，不断优化工作方法。

（5）对关键工序进行监控和评估，并及时发现和解决问题。

（6）及时识别生产过程中的变化，包括新设备、新工艺、新人员等，并评估变化对安全的影响，做到有安全变更必跟踪到位。

在安全工作落实过程中，必然会存在诸多变化的因素，比如人员的变化、设备的变化、物料的变化、方法的变化、要求的变化、场所的变化等，有变化就必然会产生新的风险，就必然会出现新的隐患。因此，对于变化的情况，务必要在变化实施前辨识危险源、评估风险、调整完善管控措施，并与实施变化的人员进行安全交底，同时要在变化实施过程中跟踪监督到位。

（五）环：关注改善环境因素

（1）建立环境管理制度，明确生产环境管理的责任和要求。

（2）加强温度、湿度、照明、噪声、粉尘等方面的监测和控制，创造一个良好的工作环境。

(3) 保持工作环境的整洁和安全,及时清理杂物和废弃物。

(六) 管:做好综合管理工作

(1) 建立健全安全管理体系,明确各级管理人员在安全生产中的责任和义务。

(2) 建立安全隐患排查治理制度,及时发现和消除安全隐患。

(3) 建立数据记录和分析机制,持续改进管理措施。

(4) 与其他部门进行沟通和协调,共同推动安全生产工作。

(5) 建立奖惩机制,明确价值导向,引导和塑造员工行为,促使员工遵守规则和标准。

现场管理的核心六要素如图 7-11 所示。

现场管理的核心六要素

- 人:做好现场人员管理
- 机:做好机器设备管理
- 料:做好材料管理使用
- 法:落实各项规程制度
- 环:关注改善环境因素
- 管:做好综合管理工作

图 7-11　现场管理的核心六要素

三、构建双重预防机制

2016 年 1 月,习近平总书记在中共中央政治局常务委员会会议上发表重要讲话,提出必须坚定不移保障安全发展,狠抓安全生产责任制落实。要强化"党政同责,一岗双责,失职追责",必须坚决遏制重特大事故频发势头,对一些重特大事故的行业领域,采取风险分级管控、隐患排查治理双重预防性工作机制,推动安全生产关口前移。加强应急救援工作,最大限度减少人员伤亡和财产损失。安全生产双重预防机制的意义在于抓住辨识管控重大风险（风险分级管控）、排查治理重大隐患（隐患排查治理）两个关键，不断完善工作机制，深化安全专项整治，推动各项标准、制度和措施落实到位。

矿山、金属冶炼、建筑施工、船舶修造、船舶拆解和危险物品的生产、经营、储存、装卸单位，以及涉爆粉尘、涉氨制冷等行业、领域生产经营单位，应当建立并实施安全生产班前会制度，由班组长或者交班人员在班前会上向当班作业人员提示安全风险，讲解岗位安全操作要点等。

（一）风险分级管控与隐患排查治理

构建风险分级管控与隐患排查治理双重预防机制就是要将安全风险逐一识别并建档入账，采取风险分级管控、隐患排查治理双重预防性工作机制，构筑防范生产安全事故的两重防火墙，防止事故的发生。

风险分级管控：通过管控责任划分，明确责任，解决“没人管”“谁来管”的问题。

隐患排查治理：通过全员、全过程、全方位的排查治理，解决“管不好”“怎么管”的问题。

风险、隐患、事故三者的关系如图 7-12 所示。

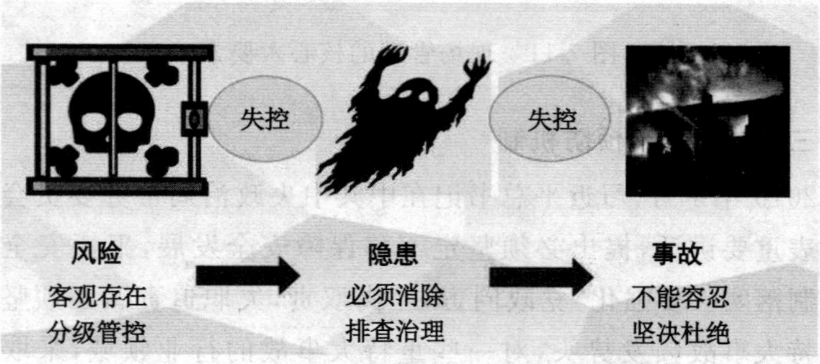

图 7-12　风险、隐患、事故三者的关系

（二）内外因事故致因理论

事故的发生是内外两方面因素共同作用的结果。内因主要指事故现场存在能量或有毒有害物。外因则涵盖了各种管理或技术缺陷：① 管理缺陷，包括安全规章制度不健全、执行不到位、安全教育培训不足、监督缺失等内部管理因素，这些均属于组织结构和管理系统层面的内因。② 人的不安全行为，如违章操作、疲劳作业、缺乏必要的安全知识和技能、心理素质低下等。③ 设备设施自身的不安全状态，如机械设备的设计缺陷、老化失效、维护不当等。④ 自然环境因素，如恶劣天气、地理条件等自然条件对安全生产的影响。

内外因事故致因理论主张只有当内外部不利条件耦合时，才会触发事故的发生。因此，预防事故不仅需要关注个体行为和设施设备的状态，还必须结合改善外部环境条件和社会管理体系来共同降低事故风险。内外因事故致因理论如图 7-13 所示。

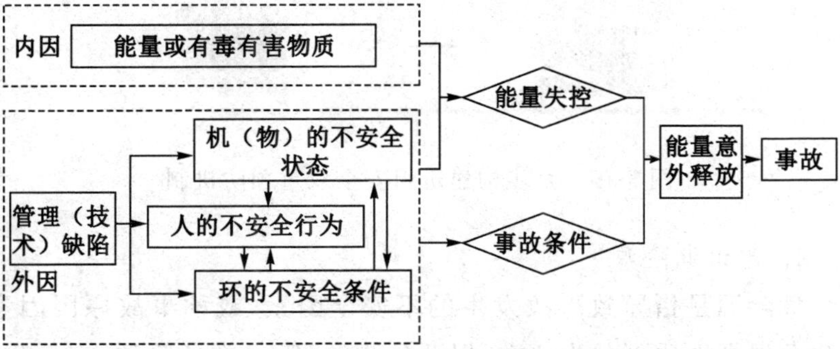

图 7-13 内外因事故致因理论

风险分级管控与隐患排查治理形成安全生产两道防火墙，如图 7-14 所示。

（三）六步构建班组安全双重预防机制。

六步构建班组安全双重预防机制如图 7-15 所示。

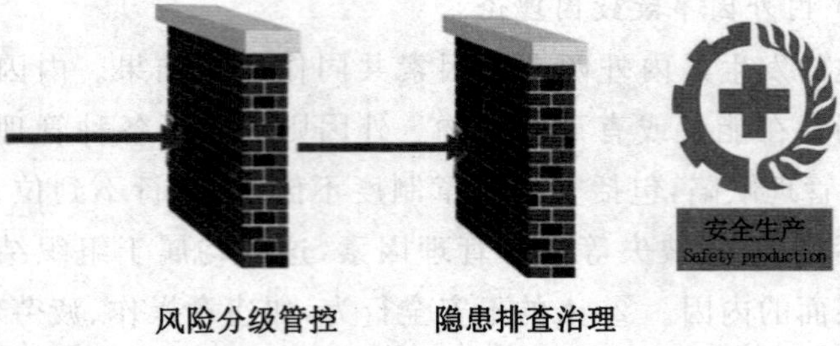

图 7-14　安全生产防火墙

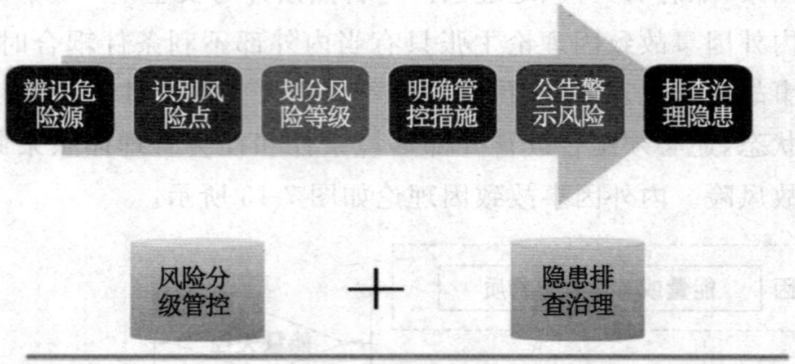

图 7-15　六步构建班组安全双重预防机制

1. 辨识危险源

危险源是指导致事故发生的不安全因素，或称事故原因因素。危险源根据性质可分为两类：根源危险源（第一类危险源，包括物理性危险和有害因素，化学性危险和有害因素，生物性危险和有害因素，心理、生理性危险和有害因素）和状态危险源（第二类危险源，包括人的不安全行为、物的不安全状态、环境的不安全因素、管理上的缺陷）。全面识别危险源，是有效安全管理的基石，如果没有识别出危险源，那么就无法制定措施和消除风险。

第一类危险源如图 7-16 所示。

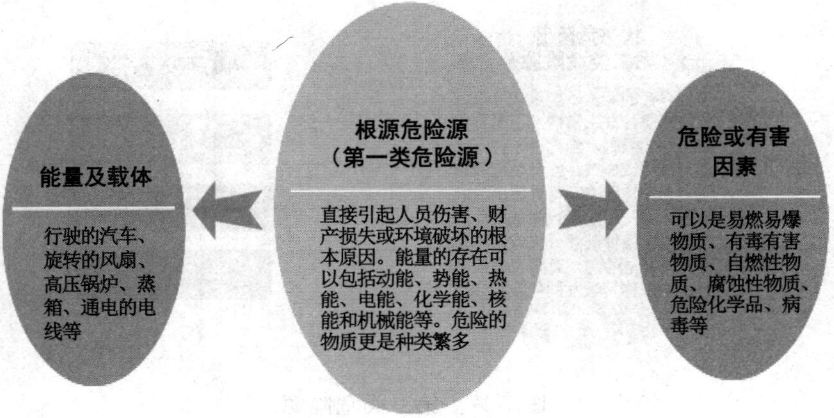

图 7-16　第一类危险源

常见的第一类危险源分类如表 7-2 所示。

表 7-2　常见的第一类危险源分类

物理性危险和有害因素	电危害、噪声危害、电磁辐射、运动物危害、明火、粉尘危害、标志缺陷、警示缺陷、设备缺陷、设施缺陷、防护缺陷
化学性危险和有害因素	易燃性物质、易爆性物质、自燃性物质、有毒物质、腐蚀性物质、其他化学性危险和有害因素
生物性危险和有害因素	病毒、致病微生物、传染病媒介物、致害动物、致害植物
心理、生理性危险和有害因素	工作生活压力大、心理异常、辨识功能缺陷、人际关系紧张、健康异常

第二类危险源如图 7-17 所示。

2. 识别风险点

风险点是指存在危险源的设备、部位、设施、场所和区域，以及

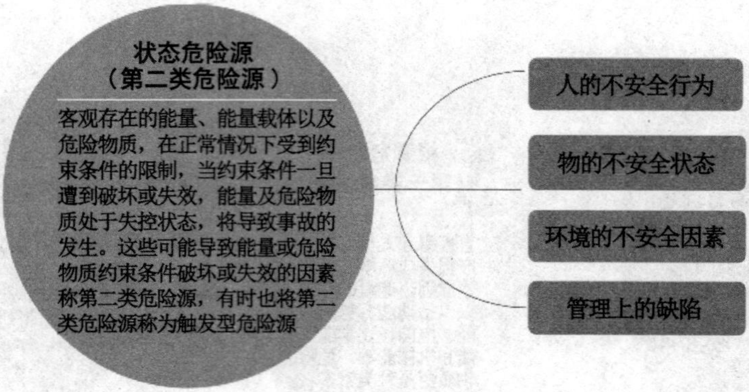

图 7-17　第二类危险源

在特定部位、设施、场所和区域实施的伴随风险的作业过程，或以上两者的组合。例如，炸药、瓦斯、顶板、运转的设备等是危险源，炸药库、工作面、设备运转区域等场所和区域是风险点；在罐区进行倒罐作业、防火区域内进行动火作业等也是风险点。对于风险点的划分，应按工作流程的阶段、场所、装置、设施、作业活动或上述几种方式的结合进行风险点排查，并建立风险点清单。风险点清单＝作业活动清单＋设备设施清单，如图 7-18 所示。

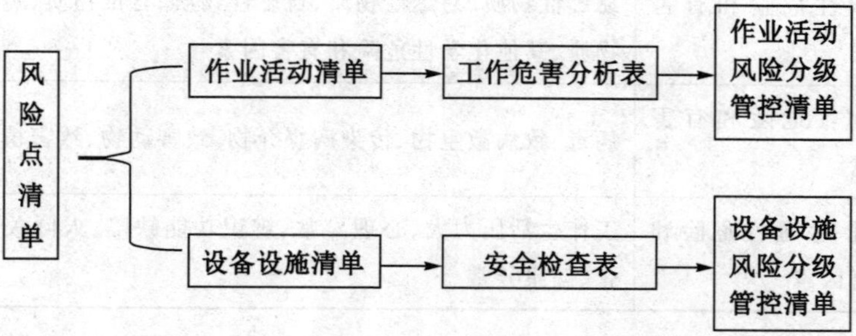

图 7-18　建立风险点清单

3. 划分风险等级

根据风险等级划分原则，对辨识出来的危险逐一进行风险评价，列出风险清单，制定管控措施，并将管控责任根据管理机构机制情况、岗位职责和风险程度高低责任到岗、到人。上一级负责管控的风险，下一级必须同时负责管控，并逐级落实具体措施。对每位员工进行岗位风险告知、培训，制作“岗位风险告知及应急处置卡”并发放至每位岗位员工。对岗位存在的风险，要在醒目的位置进行公示。

对排查出来的风险点进行分级。先确定风险类别（泄漏、火灾、爆炸、中毒、坍塌、坠落等危险因素和高温、粉尘、有毒物质等有害因素），然后按照危险程度及可能造成后果的严重性，将风险分为一、二、三、四4级。

风险分级标准如图7-19所示。

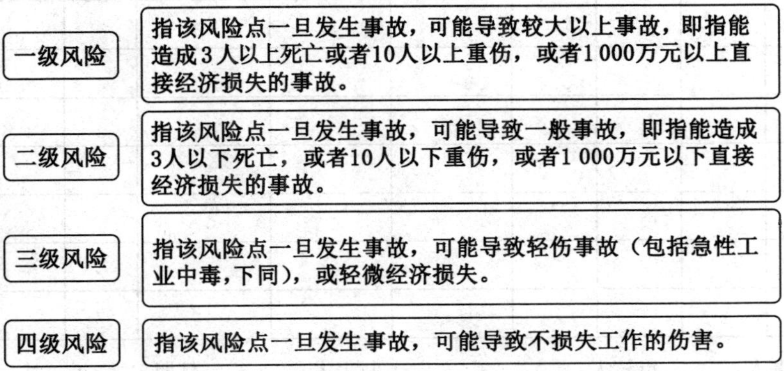

图7-19　风险分级标准

4. 明确风险管控措施

风险管控措施包括但不限于以下内容：建立完善安全管理规章制度和安全操作规程，并采取有效措施保证其得到执行；建立健全安全监测体系，并保证其有效性和可靠性；明确关键装置、重点部位的责任人和责任部门，并定期对安全生产状态进行检查，及时消除事故隐患；在工作场所或岗位设置明显的安全风险告知卡和警示标志；以岗位风险、防控措施和应急处置方法为重点，强化员工风险教育和技能培训。

根据风险分析的结果，制订风险管理计划，包括风险类型、等级、应对策略、责任人、时间表和资源需求等。风险控制措施的原则是按以下顺序考虑降低风险：① 消除；② 替代；③ 隔离；④ 工程技术控制措施；⑤ 标志、警告；⑥ 管理控制措施；⑦ 个体防护装备。

风险管控表如表 7-3 所示。

表 7-3　风险管控表

序号	风险点	第一类危险源	第二类危险源	可能发生事故类型	事故风险等级	管控措施及落实时间	所需资源	责任人

负责人：　　审核人：　　制表人：　　日期：　年　月　日

5. 公告警示风险

制作风险警示牌、风险告知卡，明确标识风险名称、等级、控制措施等信息，张贴在显眼位置或下发给员工。

6. 排查治理隐患

定期开展隐患排查工作，包括日常巡查、专项检查等。排查内容包括设备设施、作业环境、人员操作等方面。对排查出的隐患及时进行整改，采取有效措施消除隐患，确保生产安全。对于不能立即整改的隐患，应制定整改方案，并加强监测与预警。隐患整改完成后，应进行验收，确保整改效果。建立隐患排查治理档案，实现闭环管理，防止类似隐患再次出现。

隐患治理要满足以下要求：在识别和评估安全风险的基础上，对排查出的安全隐患进行及时、有效的治理，以防止其演变成安全事故。

四、做好危险作业的管理

班组长应特别注意，进行爆破作业、吊装作业、高处作业、有限（受限）空间作业、临近油气输送管道作业、临近高压输电线路作业、建筑物和构筑物拆除作业、大型检修作业，以及涉及危险物品的场所动火和临时用电等危险作业时，应当执行有关危险作业管理制度，并遵守下列规定：

(1) 对作业安全风险进行评估，确认现场作业条件符合安全作业要求。

(2) 根据安全风险明确安全防范措施和现场应急处置措施。

(3) 确认作业人员的上岗资格，以及劳动防护用品的配备、使用符合安全作业要求。

(4) 配备相应的安全设施和应急救援器材，设置作业现场的安全区域，确定专人现场统一指挥和监督。

(5) 在危险作业前向作业人员告知危险因素、作业安全要求和现场应急处置措施，并经双方现场签字确认。

(6) 发现直接危及人身安全的紧急情况时，按照现场应急处置措施停止作业、撤出人员。

(7) 实现危险作业申请、预约、审查、安全条件确认、许可、监护、验收全流程管理。

五、做好应急管理及应急演练

应急管理是指政府、企业以及其他公共组织，为了保护公众生命财产安全，维护公共安全、环境安全和社会秩序，在突发事件事前、事发、事中、事后所进行的预防、响应、处置、恢复等活动的总称。

应急管理的特征可以概括为以下三点：

(1) 应急管理贯穿于突发事件的事前、事发、事中、事后的全过程。

(2) 应急管理是事前、事后的管理和事发、事中的应急的有机统一。

(3) 应急管理不是"应急的"管理，而是管理的"应急"。

班组应从以下几方面做好应急管理工作：

(1) 制定全面的应急预案。应急预案的目的：一是在突发事件发生后迅速有效控制和处理，尽力减轻突发事件对社会的影响；二是采取预防措施使突发事件控制在局部，消除蔓延条件，防止突发性重大或连锁事件发生。

班组根据实际情况和可能面临的风险，制定全面的应急预案，明确应急组织、应急流程、资源调配和使用等方面的要求。现场处置方案要重点规范事故风险描述、应急工作职责、应急处置措施和注意事项，应体现自救互救、信息报告和先期处置的特点。

(2) 组织培训。对班组成员进行应急预案的培训，确保每个成员都了解自己在应急响应中的角色和职责。

(3) 定期组织应急演练。模拟突发事件的发生，让班组成员熟悉应急流程和操作，提高应急响应能力。通过应急演练实现检验预案、锻炼队伍、磨合机制、宣传教育、完善准备的目的。

应急演练应遵循以下原则：① 符合相关规定，即按照国家相关法律法规、标准及有关规定组织开展演练；② 依据预案演练，即结合生产面临的风险及事故特点，依据应急预案组织开展演练；③ 注重能力提高，即突出以提高指挥协调能力、应急处置能力和应急准备能力组织开展演练；④ 确保安全有序，即在保证参演人员、设备设施及演练场所安全的条件下组织开展演练。

应急演练实施基本流程包括计划、准备、实施、评估总结、持续改进五个阶段。

（4）应急预案评估。通过演练，对应急预案和演练过程进行评估，总结经验教训，发现问题并及时改进。评估主要内容包括：演练的执行情况，应急预案的实用性和可操作性，指挥协调和应急联动机制运行情况，应急人员的处置情况，演练所用设备装备的适用性，对完善应急预案、应急准备、应急机制、应急措施等方面的意见和建议等。

班组应当建立应急预案定期评估制度，对预案内容的针对性和实用性进行分析，并对应急预案是否需要修订作出结论。

应急预案定期评估是应急预案管理工作的重要环节。通过评估，可以检验预案的针对性、实用性和可操作性，实现应急预案的动态优化和科学规范管理。

（5）完善应急预案。根据演练评估结果，提出对现有应急预案的改进建议，不断完善应急预案。

（6）修订应急预案。有下列情形之一的，应当及时修订相关预案：

① 制定预案所依据的法律、法规、规章、标准发生重大变化；

② 应急指挥机构及其职责发生调整；

③ 安全生产面临的风险发生重大变化；

④ 重要应急资源发生重大变化；

⑤ 在预案演练或者应急救援中发现需要修订预案的重大问题；

⑥ 其他应当修订的情形。

班组应急管理及应急演练的主要工作如图 7-20 所示。

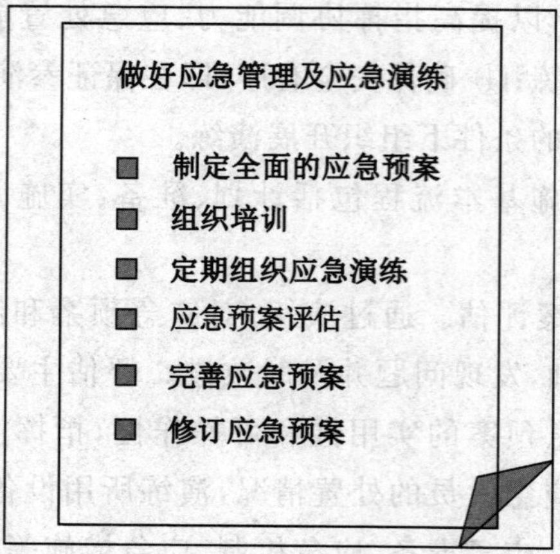

图 7-20　班组应急管理及应急演练的主要工作

第八章　煤矿优秀班组建设经验选编

第一节　白国周班组管理法

中国平煤神马集团七矿开拓四队白国周班组2009—2014年，职工人数一般保持在16～19人，平均年龄35～38岁，大专学历2人，担负着矿井开拓进尺任务。白国周班组在班组长白国周的带领下，先后获得集团先进班组、全国“五一劳动奖章”等荣誉称号。班组长白国周先后荣获全国“五一劳动奖章”、全国“劳动模范”、“中华技能大奖”等荣誉。以白国周命名的“白国周班组管理法”得到党和国家多位领导人的称赞，原国家安全生产监督管理总局、国务院国有资产监督管理委员会等国家五部委联合下文，要求全国煤矿企业可推广使用。

一、白国周班组管理法的精髓是用心干事、爱心待人和恒心坚持

白国周班组管理法的精髓是用心做事、爱心待人、恒心坚持，体现出了极为强烈的领导者人格魅力和团队氛围。

(1) 用心做事。白国周是一名煤矿井下的普通班组长、一名只有初中学历的农民工，但他却在工作中始终做到用心学习、用心工作、用心思考、用心总结，探索并总结出了“六个三”管理法，解决了长期困扰煤矿现场安全管理的“大难题”。

(2) 爱心待人。白国周始终坚持以人为本、善念待人的工作理念，及时给予困难工友无私的关怀和帮助。他创造的“三必谈”“六个三”等理念，以爱心待人的主旋律丰富着白国周班组管理法的内

容,使他成为做思想政治工作的行家里手,成为全班人的老大哥、主心骨,照亮了别人,成就了自己。

(3) 恒心坚持。白国周在班组管理上,始终坚持做到"六个三",把实现安全生产和班组和谐作为积德行善的永恒追求。这是白国周班组管理法得以弘扬的基础。多年来,他把枯燥、单调的事情做得有声有色,在平凡的工作中创造了煤矿班组安全管理的奇迹。

白国周班组管理法简单、易学,拿来管用,关键在用心、爱心、恒心(简称"三心"),这是白国周班组管理法的灵魂,而"严细实"的工作作风则是该管理法落地生效的根本保障。如果说,"六个三"是白国周班组管理体系中的一种方法,那么,"三心"和"严细实"就是"六个三"的统帅,起到了倍数、叠加和放大效应。这三者构成了白国周班组管理法的完整体系。

二、白国周班组管理法的实用方法是"六个三"

白国周班组坚持采用以"六个三"为主要内容的班组管理法,其主要内容包括三勤、三细、三到位、三不少、三必谈、三提高。

(一)三勤:勤动脑、勤汇报、勤沟通

勤动脑:勤于思考,总结规律,擅于寻找解决办法,以便在出现安全问题时,能够迅速处理,避免事态恶化。

勤汇报:对生产过程中发现的隐患和问题,及时向领导汇报,以便领导及时了解情况,迅速采取应对处置办法。

勤沟通:经常与队领导沟通,了解队里的措施要求;与上一班和下一班的班组长沟通,了解施工进度和施工过程中出现的问题;与工友沟通,了解和掌握工友工作和生活情况,及时化解可能对生产安全构成危险的影响因素。

(二)三细:心细、安排工作细、抓工程质量细

心细:从开班前会开始,针对当班出勤状况,分析岗位人员配置,做到心中有数,尤其仔细观察特殊岗位人员的精神状态。

安排工作细：认真考虑，量才使用，发挥长处，提高效率，减少个人因素可能带来的隐患。

抓工程质量细：严格按照施工要求、操作规程和安全技术措施施工，严把工程质量关。

(三)“三到位”：布置工作到位、检查工作到位、隐患处理到位

布置工作到位：交代清楚工作任务、安全措施、上班遗留的问题等。

检查工作到位：对每个环节、每个设施设备都及时检查，不放过任何一个潜在的隐患点。

隐患处理到位：对于隐患和问题，能处理的及时处理掉，当时处理不了的就采取措施，指令人员处理。

(四)“三不少”：班前检查不能少、班中排查不能少、班后复查不能少

班前检查不能少：接班前对工作环境及各个环节、设备依次认真检查，排查现场隐患，确认上班遗留问题，指定专人整改。

班中排查不能少：坚持每班对各个工作点进行巡回排查，重点排查在岗职工精神状况、班前隐患整改情况和生产过程中的动态隐患。

班后复查不能少：当班结束后，对安排的工作进行详细复查，重点复查工程质量和隐患整改情况，发现问题及时处理，处理不了的现场交接清楚，并及时汇报。

(五)“三必谈”：发现情绪不正常的人必谈、对受到批评的人必谈、每月必须召开一次谈心会

发现情绪不正常的人必谈：注重观察工友在工作中的思想情绪，有问题及时交流，弄清原因，因势利导，消除不良情绪，提高安全生产注意力。

对受到批评的人必谈：对受到批评或处罚的人，单独与其谈心，

讲明原因，消除抵触情绪。

每月必须召开一次谈心会：每月至少召开一次谈心会，工友聚在一起，谈安全工作经验，反思存在的问题和不足，互学互帮、共同提高。

（六）“三提高”：提高安全意识、提高岗位技能、提高团队凝聚力和战斗力

提高安全意识：引导职工牢固树立“安全第一”理念，通过各种方式教导工友时刻绷紧“安全”这根弦，时刻把安全放在心上，坚决做到不安全不生产。

提高岗位技能：经常和工友一起学习、研究各工种的工作原理和操作技术，讨论生产和现场管理中出现的问题，提高业务水平和综合素质。

提高团队凝聚力和战斗力：充分调动工友积极性，耐心指导，不让任何一名班组成员掉队，要求大家做文明人、行文明事。

三、白国周班组的“五种信念”是激励班组成员的行动指南

白国周班组管理法虽然是一种方法，但其内在却潜藏着令人折服的精神光芒，有着鲜明的时代特点和精神追求。

（1）坚决做到不安全不生产。白国周说安全第一，可不仅是嘴上说说而已，在实践中他确实就是这么做的。他上班的第一天就给自己立下了一个誓言：“我这一辈子绝不违章”。22 年的工作实践中，他不仅自己没有一次违章，而且还主动帮助工友增加安全意识。有一次，他的工友祁某上午在老家收完麦子，下午就急匆匆地赶回了矿上，为了拿到保勤奖，他准备上 4 点的班。开班前会时，白国周发现他连打哈欠，精神疲倦，一问才知道他刚从老家赶回，当时就决定让他马上回家休息，这个班决不允许他上。在安全管理上，白国周更是严格执行标准。一次班后复查，白国周发现一根锚杆打得不合格，要求返工，需要到附近的三分队去借工具，来回需要半个多小

时。工友劝他，一根锚杆也坏不了多大事，而且喷进去后谁也看不到，就别再费事了。白国周说正是因为看不到，产生的安全隐患才更可怕。不得已，工友只得借了工具重新打锚杆，直到达到要求才升井。

(2) 生产过程中注重质量，盯住细节。白国周说："质量是企业的生命，同样也是安全的保证，质量搞不好就不可能搞好安全。"他带领团队在施工过程中，始终坚持追求最优的质量等级，22 年来他所在班组掘进、维修井下巷道近万米，工程质量全部达到了优良标准。不仅保证了安全，而且提高了效益，增加了职工的收入。他和他的工友确确实实尝到了质量优良所带来的甜头。盯住细节和勤于检查是白国周同志现场管理的又一重要手段。每天开完班前会到达井下现场后，从风门、绞车、轨道、耙斗机到工作面他都依次认真检查一遍，不放过任何一个细节。有一次，他发现绞车一边的滚筒处两根螺丝松动，就把问题写在一旁较为醒目的位置，要求绞车司机到位后及时与小班机电工联系，问题不处理坚决不能开动绞车。一个班结束后，他还要进行详细的复查，能处理的及时处理，不能处理就做到口传口、手交手，进行严格的交接班。多年来，在白国周科学严谨的管理下，许多隐患都被消灭在萌芽状态，安全生产的各项规章制度得到了很好的贯彻落实。

(3) 共同成长。白国周同志非常注重自身的学习和素质的提高。他从一个仅有初中文化的农民工起步，通过自学和实践锻炼，系统地掌握了绞车、电车、耙斗机等 10 多种设备的工作原理和操作要领，一个人拿到了 5 个特殊工种的上岗证，成为知识型、安全型、技能型、创新型的新时期产业工人优秀代表，先后多次获得中平能化集团"技术状元""首席技工"等光荣称号，2009 年 4 月获得了全国"五一劳动奖章"。同时，他还带领班组员工共同学习进步，通过言传身教、签订特殊师徒合同等多种办法帮助工友学习本领、提高技能，把许多工友都培养成了技术骨干。现在白国周的班组共有15名矿工，个个都是一把好手。几年来，在公司组织的技术比武中，该班组有7人次夺得前三名。班组的开拓进尺、安全质量、成本效益等多项指标始终处于公司前列。白国周班组多次被公司评为“和谐班组”和“先进班组”。

（4）把每个工友都当成亲兄弟。白国周同志常说：“把每个工友都当成亲兄弟，这个班就一定能搞好”，“把大家的方法凑到一块儿，就是最好的方法”。他坚持公正透明的工资分配办法，激励工友的劳动热情，坚持亲情管理，维护班组的和谐团结，在班组管理中产生了重要作用。每月大家倒松班的时候，白国周都要组织班组的工友们一起聚会，谈工作、聊家庭，气氛十分融洽。通过聊天，白国周对班组每一名职工的家庭住址、家庭成员等情况都有了详细了解，甚至连工友家人的生日他都能记住。逢年过节，他都要组织班组职工一起聚会；还经常组织为工友们及其家人过生日。班里谁家有人生病，大家都主动去探望。哪个工友有怨气，白国周就主动找他谈心，晓之以理，动之以情。长期的交往使全班组十几个小家庭形成了一个和谐温暖的大家庭。多年来，白国周班组的工友们像亲兄弟一样抱成团儿，心往一处想，劲往一处使，生活上互相关心、工作上互相帮助，不仅每月都圆满完成了生产任务，而且还结下了深厚的友谊。

（5）专注而执着。白国周对煤矿因了解而热爱，因热爱而执着，因执着而尽责，这是他22年始终如一、不懈追求的动力源泉。开拓四队党支部书记石峰说：“白国周并没有因为是农民工就不把自己当主人看，而是深深地爱着自己的岗位，像爱护自己的家一样守护着矿山的安全”。做一件事并不难，难的是20多年持之以恒。白国周坚持“三勤”“三细”跑现场，“三到位”抓落实，“三不少”查隐患，“三必谈”聚亲情，“三提高”塑团队，持之以恒地学技术、提技能，把枯燥、单调的事情做得有声有色，在平凡的工作中创造了煤矿班组安全管理的奇迹。

四、白国周班组管理法既是工作方法、工作作风，更是工作态度

白国周班组管理法既是一种工作方法，也是一种工作作风，更是一种工作态度。是有效实用的管理方法与精神特点的有机结合，既体现了“严细实”的工作作风，又体现了用心做事、爱心待人、恒心坚持的工作态度。

（一）白国周班组管理法是一种有效的工作方法

白国周同志通过多年的实践证明，“六个三”在加强班组建设、发挥班组职能作用、强化班组现场安全管理等方面具有重要的作用。白国周同志运用这套方法，不仅实现了自己所带班组20多年安全无事故，而且融合了班组职工的感情，提升了班组职工的素质，化解了班组职工的思想矛盾，使整个班组始终保持为一个安全稳定、团结互助、亲善和睦的大家庭。从白国周班组里走出的13名班组长，运用同样的方法也取得了同样的效果。

实践证明，白国周班组管理法之所以能创下那么好的“安全纪录”，很重要的一点就在于该方法通俗易懂、便于操作。白国周20多年来，通过运用“六个三”中的“三勤”“三细”“三到位”工作法，在煤矿现场工作的标准上，把烦琐的作业标准化、制度化，让安全生产的观念植根于每一个职工的心中，让安全生产的要求体现在每个职工的具体行动上；通过“三不少”“三必谈”“三提高”等办法，从道理上和情感上把抽象的要求具体化，从而使安全生产变成每一个职工的自觉行动。

（二）白国周班组管理法是一种“严细实”的工作作风

白国周同志的“六个三”实质上是对工作的从严要求，是一种“严细实”工作作风的体现。白国周参加工作以来，始终坚持对工作要求严、要求细、要求实，在任何时候都遵守“安全第一”的理念，都把安全生产放在第一位。他严格执行规章制度，做到规章制度面前

人人平等。工作中不仅自己不违章,也不允许违章发生在自己的监控范围。他严格隐患排查,在工作中始终做到“三不少”“三细”,并对查出的各种隐患严格落实“五个到位”;“三细”体现了他做事的细致程度。每天开完班前会到达井下后,他都认真检查所需的每一件物品,一个班结束后,还要详细复查,进行严格的交接班,把许多隐患消灭在萌芽状态,22 年来他带领的团队所施工的工程质量全部达到了优良。

（三）白国周班组管理法是一种务实的工作态度

白国周班组管理法是白国周同志 20 多年来一种务实的工作态度,主要体现在他用心做事、爱心待人、恒心坚持方面。

用心做事。“认真做事能把事做完,用心做事能把事做好”。凡事用心就不难。白国周同志不是学者,不是专家,也不是工程技术人员,他只是一名煤矿井下的普通班组长,一名只有初中学历的农民工。但他却在工作中始终做到用心学习、用心工作、用心思考、用心总结,探索并总结了“六个三”管理法。他的工作方法看似简单,却解决了长期困扰煤矿现场安全管理的“大难题”。白国周同志认为,凡事都要三思而后行,干工作就要把工作干好,必须认真对待,用心去做,讲究工作方法,全身心地投入,只有这样才能把工作做到位。20 多年来,白国周同志始终这样要求自己,并身体力行地去践行。

爱心待人。多年来,白国周同志始终坚持以人为本、善念待人的工作理念,他关心企业、关心工友、关心家人。每当工友有困难的时候,他总是及时出现,给予无私的关怀和帮助。他创造的“三必谈”,诠释了以人为本的理念,也使他成为做思想政治工作的行家里手,成为全班组工友的老大哥、主心骨。在白国周班组管理法的内容里,始终高扬着爱心待人的主旋律。“六个三”管理法把对工友的爱、对工友家人的责任,以及工友的生命安全放在突出的位置。

恒心坚持:俗话说,做一件好事容易,难的是,一辈子做好事。白国周在班组管理上,坚持把实现安全生产和班组和谐作为一种积德行善的追求,22 年持之以恒、尽职尽责、无怨无悔,这是白国周班组管理法得以弘扬的基础。在班组管理上,白国周始终坚持做到“六个三”,20 多年来,他把枯燥、单调、重复的事情做得有声有色,在平凡的工作中创造了煤矿班组安全管理的奇迹。

白国周班组管理法简单、易学,拿来管用,关键在用心、在爱心、在恒心,在“严细实”的工作作风。没有用心、爱心、恒心的工作态度,白国周班组管理法就失去了灵魂,就是一纸空文;没有“严细实”的工作作风,白国周班组管理法就很难得到有效的落实。多年来,企业探索制定了不少有效的制度,关键在于落实不够、执行不力。白国周同志 22 年始终坚持用“三心”治理班组、管理安全、对待工作、融合团队,打造出了一支技术过硬的班组。如果说,“六个三”是白国周班组管理体系里的一种方法,那么,“三心”和“严细实”则对“六个三”起着统帅的作用。“六个三”中每种方法都体现了“三心”的工作态度和“严细实”的工作作风。“三心”的工作态度和“严细实”的工作作风在“六个三”中起到了倍数效应、叠加效应和放大效应,是对白国周班组管理法“六个三”功能的放大。“六个三”“严细实”和“三心”构成了白国周班组管理法的完整体系。

第二节 “人人都是班组长”全员自主管理班组模式

“人人都是班组长”全员自主管理班组模式由中煤大同能源有限责任公司塔山矿提出并组织实施。

一、建立一个轮值体系中心,打通全员管理路径,构建班组全员自主管理体制

设立由一名轮值班组长和分别负责安全、学习、和谐、士气的四

名轮值委员组成的轮值班委会。四名轮值班委一起辅助正式班组长管理班组，人数较多的班组增设由轮值班委领导的轮值管理小组，全班组成员按一定周期轮流任职轮值班组长和轮值班委。班组轮值管理体制依托班组长、轮值班组长、轮值班委三方，打通了从依靠个人管理到依靠全员管理的路径，构建形成了以“三有三无”为核心的班组自主安全管理体系。在轮值过程中，班组成员通过体验班组长角色，都有了参与班组管理的平台和机会，最大限度地激发了每位员工的内在动力，实现了由被管理者向管理者的角色转变，充分提高了管理和运作效能。

二、搭建三大班组管理平台，完善班组全员管理载体，推动班组基础管理水平提升

为逐步实现“人人都是班组长”全员管理，保证人人参与轮值管理，打造班组管理平台是必要的条件，按照班组人员素质和管理状况，可先建立三个平台：例会平台——区分班前、班后会作用与重点，规范流程、丰富内容，不断提升班组例会的质量和价值；案例平台——发动全员编写、讲述案例，提高员工管理参与度，增强其对问题的敏感性和安全意识；看板平台——将看板更新周期与实际管理行为周期结合，与轮值人员职责结合，多载体设计、多形式展示，以达到时时提醒、时时对标、时时激励的效果。在条件成熟时，逐步建立其他平台，达到充分发挥各载体的作用。

三、以“三标三控”为抓手，企业安全生产标准化落地到班组、落地到现场

为实现企业全员、全方位、全过程安全管理目标，把企业、行业安全生产标准化体系落地到班组、落地到现场，以“一岗一标＋一人一控、一事一标＋一事一控、动态达标＋班组联控”为抓手，通过对“现岗、现人、现事”的管控，将安全生产管理责任的具体要求落地到“每岗、每人、每事、每班”，实现岗位操作达标、班组作业达标及现场动态达标，为企业安全生产强本固基。

四、打造五大组织赋能技术，增强班组团队建设

（一）教练赋能

让员工遇到最好的自己。在“人人都是班组长”全员自主管理班组模式中，班组长管理角色、管理风格发生转变，由“工头”变成了“教练”，工作中发现每一位员工的特点、特长，帮助每一位员工成长，完成对员工的专业技能、安全绩效赋能，激发员工的工作热情和工作潜能。促进了员工间关系再造，提升了员工的技能水平和对班组建设的整体认知水平。

（二）文化赋能

打造班组命运共同体。当一个班组无愿景、无使命、无宗旨、无目标、无共同遵守的原则、无群体意识时，易被外在负能量干扰，造成员工情绪不稳定、班组安全工作无根基的状态。文化赋能是通过对照信念、对照目标、对照标杆等方式让人时刻唤醒内心，排除干扰，激发热情的一种内省机制。各班组应结合本班组的工作目标、工作要求、工作特点，制定本班组特色的文化理念，通过开展人人都讲一小课、人人都讲一案例、人人担当一责任、人人都做一分享、人人都做一创新、人人都有一绝活等立标、对标、超标、创标相关活动，以多种方式宣传落实，并形成文字材料留存。促进班组全员反思、高效反馈，最终建立了自组织、自驱动、自修复、自涌现、自赋能的新型民主管理班组。

（三）关系赋能

实现班组一家亲。人不仅仅是“经济人”，还是“社会人”，都渴望建立良好的人际关系，渴望被尊重、被重视。关系赋能致力打造一个让每个人被关注、被发现、被激励、被尊重、被爱戴的管理环境，开展员工沟通“六必访、七必谈”“早接班、早安全、早回家”等活动营造一个互敬、互帮、互促的良好人际关系氛围，化解劳资关系、干群

关系、人与组织的关系冲突，让人在团队中感受到安全感、温暖感、归属感，有效稳定员工情绪，改善员工积极性，最终实现班组一家亲。

（四）制度赋能

制度赋能是指在公司、部门制度的统一要求下，依据合理、特定的流程，由班组全员讨论的方式制定班组制度，凡是班组职权范围之内的，皆可采用制度公约化的方式，经全员签字确认，确保制度的全面性和可执行性，将班组的各项制度内化于心、外化于行，形成员工全员参与、推动全员自主管理的组织行为。

（五）活力赋能

活力赋能是指通过自主分配、赛场、活动、娱乐、游戏、可视化管理等方式激活场域中的活力因素，使人们放松自我，解放思想。比如，为员工搭建赛场，开展赛安全、赛创新、赛节约、赛技术、赛学习等活动，争做班组的安全之星、质量之星、学习之星、创新之星。活力赋能充分调动了班组成员的干劲，提升了班组整体战斗力，加强了班组成员之间的互动，激发了班组的精气神。

五、施行七大人本机制，激活员工潜能，改善员工心智模式

这七大机制分别是活力机制、轮值机制、赛马机制、分享机制、评议机制、荣誉机制、连锁机制。

（一）活力机制

活力机制就是营造一种氛围，塑造一种环境，激发员工潜能，调动员工积极性，缓解员工工作压力，提高团队的战斗力，打造和谐团队。

班组的活力机制建设关系到班组建设的成败，关系到班组管理的效能，是新班组建设与发展必不可少的关键驱动力。

1. 构建活力机制的作用

(1) 提振士气。活力机制有助于调动班组成员的士气和干劲，提升班组整体战斗力。

(2) 缓解压力。活力机制加强了班组成员之间的互动,为每天繁重的劳动增添了乐趣,可以让班组成员释放激情,缓解情绪,高高兴兴上班,快快乐乐下班。

(3) 激发潜能。活力机制可以提升每个班组成员的精气神,激发班组团队潜能。

2. 活力机制的操作原则

(1) 人人参与。班组每个成员都应参与班组调情活动,在展现自己的同时也给班组成员带来快乐。

(2) 形式多样。活力内容和方式不必拘泥于形式,可由班组成员根据自己的兴趣爱好自由发挥。

3. 活力机制的实践应用

(1) 班会活力仪式:通过班前/班后会"调情"活动,如讲笑话、讲故事、唱歌、喊口号等方式提升班组的活力。

(2) 班组集体活动:通过开展班组集体活动,如体育活动、娱乐活动、聚餐活动、拓展活动、郊游活动等,增强团队士气和活力。

4. 活力机制的常见误区提示

(1) 活力机制在运用过程中,有可能会出现僵化运用的情况,如活力"调情"的内容太固定,天天重复,失去新鲜感。

(2) 活力机制引导班组成员形成积极向上的价值观和团队文化,如果对活力机制理解不到位,可能会因活力内容较为低俗而产生负面影响。

(二) 轮值机制

轮值机制即在一定周期内赋予班组成员特定的责任和权利,使其在相关岗位上承担责任、行使权利、履行义务。员工参与轮值管理,是全员管理思想的延伸和具体体现,也是现代企业管理中正在探索和实践的新型管理模式。

轮值机制是创造性体验和责任塑造最便捷、最高效的途径，同时体现了管理中的平等、透明与民主。轮值机制的导入既能让轮值者在体验中获得经验和技能的提升，又实现了管理中的角色体验与换位思考，便于班组成员之间的相互理解及和谐氛围的营造。

1. 轮值机制的作用

(1) 换位思考。把普通班员放在班组管理者的位置上，使其了解班组管理的繁杂性和重要性，才能真正做到换位思考、提高认识、转变思想，对自身的责任和义务有更深入、更透彻、更全面的认知。

(2) 才干展示。轮值机制赋予每一个班组成员相同的、平等的机会，使其在管理者岗位上展示自己的优势和才干，便于优秀人才的选拔和培养。

(3) 锻炼提升。轮值机制培养每一个班组成员以管理者的思维和认知去解决实际问题，使班组成员的能力得到全方位锻炼，综合素质也得到不断提升。

(4) 增进和谐。轮值机制赋予每一个班组成员机会、权利、责任，使其在管理者岗位上产生内心体验和感受，便于班组成员之间形成相互理解、相互包容的和谐氛围。

2. 轮值机制的操作原则

(1) 全员参与。除部分特殊岗位因工作性质、特点不参与轮值外，其他班组成员均参与轮值管理活动。

(2) 权责明确。在轮值管理中，应明确轮值管理人员的角色分配、职责权利和责任义务，使轮值管理人员能够各尽其责，明确自身的工作目标和工作任务。

(3) 制度规范。各班组应根据自身工作性质及人员素质等实际情况，设立本班组轮值管理规范和制度，使班组轮值管理活动能够有序进行。

(4) 循序渐进。在轮值管理中，各班组应根据自身工作性质、特点及人员的素质等综合情况，对轮值管理人员进行适当放权，对轮值管理的适用范围进行适当限制，确保轮值人员能够在适度的压力和动力中得到能力的锻炼和提升。

3. 轮值机制的实践应用

(1) 轮值班长。在各班组开展“人人都是班组长”的全员轮值管理模式，让每一个班组成员体验班组长的管理角色。

(2) 轮值班委。在各班组内部，根据自身特色，开展“班委会”轮值，如轮值安全委员、轮值学习委员、轮值士气委员、轮值质量委员、轮值和谐委员等。

4. 轮值机制的常见误区提示

(1) 如果赋予轮值管理人员的权责过大，可能会有部分员工因能力素质较差而无法承担轮值过程中的责任，不能确保轮值期间的管理效果。

(2) 如果对轮值管理人员的权、责、利界定不清楚，可能会引发管理冲突，不利于班组正常生产活动的顺利进行。

(3) 如果轮值管理周期太短，可能会导致轮值只是“走过场”，起不到应有的作用；如果轮值周期太长，可能导致部分班组成员在长时间内未有轮值锻炼机会。

(三) 赛马机制

俗话说，相马不如赛马，择人不如认人。赛马机制通过搭建赛台和价值展现平台，以比赛和竞争的方式，实现对人的深度激活，发掘人的内在潜能，激发人的工作热情和进取心，促进人的自我价值实现。

赛马一方面是“赛”的过程，一方面是“练”的过程。“赛”提供了公平竞争、展示能力的机会，“练”提供了以赛代练、不断提升的平台。二者都是班组人才培养中不可或缺的环节。因此，赛马机制的本质不是为“赛”而“赛”，而是在于锻炼人、培育人、塑造人。

1. 赛马机制的作用

(1) 激发潜能。通过搭赛场、摆擂台,调动班组成员的激情和热情,激发其内在潜能。

(2) 提升技能。以"赛"促"练",不断提升班组成员的专业知识技能和综合职业素质。

(3) 选拔人才。"赛"提供了能力展示和公平竞争的机会,是一种人才选拔的有效方式。

(4) 推动发展。"赛"强化了班组成员自我发展的动力和压力,从而推动班组整体发展。

2. 赛马机制的操作原则

(1) 在"赛"的内容上,应与班组工作特点、工作性质、工作内容等实际情况相结合,切忌与实际工作相脱节,起不到以"赛"促"练"的效果。

(2) 在"赛"的形式上,应将个人竞赛和小组竞赛相结合,在提升个人技能的基础上不断增强整个班组的战斗力和凝聚力。

(3) 在"赛"的过程中,应明确竞赛细节和评判标准,将物质激励和精神激励相结合,并将激励幅度和激励方法控制在适当可行的范围内。

3. 赛马机制的实践应用

(1) 岗位练兵。在班组内开展各种竞赛,如赛安全、赛生产、赛质量、赛创新、赛学习等,通过"赛"营造"比学赶帮超"的良性竞争环境,内强素质,外塑形象。

(2) 技术比武。在各班组内开展各类岗位技术竞赛,赛技术、赛本领、赛内功、赛绝活等,不断提升班组成员的岗位技能。

4. 赛马机制的常见误区提示

(1) 如果对赛马机制理解不当,可能会导致为"赛"而"赛",竞赛内容和竞赛方式脱离实际工作,流于形式,缺乏实效。

(2) 如果在“赛”的过程中，由于竞赛标准不明、激励措施不当，可能会引发班组成员之间、小组与小组之间、班组与班组之间的矛盾，削弱组织的凝聚力。

(四) 分享机制

分享机制可以提供班组成员与他人互动、与环境互动的机会，实现班组内部思想、知识、经验、成果的交流与共享。其实质是通过信息的传递与反馈，使分享者从体验性实践中实现心理和行动上的双重提升。

1. 分享机制的作用

(1) 信息传递。班组内的分享活动为班组内新思想、新知识、新技能、新经验、新动向的快速传播提供平台支持。

(2) 提升能力。在分享中，通过信息的传递与反馈，使分享者个人的心理素质、沟通能力、呈现能力得到有效提升。

(3) 增进和谐。在分享中，班组成员通过思想交流、智慧激荡、情感融合，使团队文化和价值观得到进一步的整合，保证了班组的和谐和融洽。

(4) 价值实现。分享是一个互动交流的过程，分享者不仅从体验性实践中获得心理和行动上的双重提升，也从反馈中获得自我价值的实现。

2. 分享机制的操作原则

(1) 全员参与。对于案例分享、绝活分享等，要求全员参与，每一个班组成员都应积极思考和参与分享。

(2) 互动反馈。在分享过程中，应重视信息的传递和反馈，如案例分享可采用问答式、讨论式等，在互动中不断进行思想的碰撞和观点的交汇。

(3) 有序实效。每一次正式的分享活动，都应确立分享主题、内容，分享时间、地点，分享参与人员等，确保分享过程的有序性和实效性。

3. 分享机制的实践应用

(1) 案例分享。案例分享是一种最有效的分享形式。通过每日案例的学习、讨论和分享,发现案例的价值点、借鉴点、启发点、改善点等,不断提升员工的安全意识、业务水平、思维能力和解决问题的能力。

(2) 绝活分享。如在班组内部、班组之间开展绝活交流会,分享好的经验、好的技术、好的方法、好的创意等。

(3) 非正式分享。如班组成员可在茶余饭后分享工作的感受和心得,在班组聚餐活动、生日聚会等非正式场合中分享生活感言和日常趣事等。

4. 分享机制的常见误区提示

(1) 如果对于分享的主题和内容没有明确的范围,会导致分享过程处于无序状态,分享就会变成一场"开开口、张张嘴、讲讲话"的无意义的闲聊,分享参与人会无所收获。

(2) 如果分享过程中缺乏必要的反馈和互动,分享就会变成分享者个人的"独角戏",分享参与者的内心体验感不强,不利于团队思想的融合。

(五) 评议机制

评议机制是指鼓励团队成员通过一件事或一个案例进行相互学习和分享评议,交流其中的经验,借鉴成功点,发现其中的不足,避免同样的错误,从而客观认识每个人的优势和劣势,继而强化优势,弥补能力缺陷。

评议机制不同于评价机制,更不同于考核机制,评议强调的不是"评"的结果,而是"议"的过程。通过"议"有所"感",在"感"中评议双方都获得提升和融合,是一个互为借鉴、双向互补的过程。

1. 评议机制的作用

(1) 激励鞭策。通过评议明晰每个班组成员的成绩和价值,从而激励先进、鞭策后进。

(2) 思想融合。通过对一件事或一个案例的分享评议，促进班组成员之间的思想融合。

(3) 增进信任。通过“评”和“议”，了解班组成员的所思所感，增进彼此间的信任。

(4) 优势互补。通过评议借鉴成功点、剖析不足点，从而进一步强化优势、弥补不足。

2. 评议机制的操作原则

(1) 全员参与。除非有特殊情况，所有班组成员均应参与班组任何一项评议活动。

(2) 自由开放。班组评议活动中，应鼓励所有班组成员讲真话、说实情、谈实感。

(3) 即时点评。班组评议中，应对事对人进行即时点评，及时发现问题点和改善点。

(4) 即时激励。对于班组评议中值得肯定的成绩和优点，应对当事人进行即时激励。

3. 评议机制的实践应用

(1) 工作绩效评价。如在班后会上，结合当日工作目标和工作计划的完成情况，以班组集体评议的方法开展员工工作绩效评价。

(2) 案例分享评议。如班前、班后会上，通过对具体案例的分析讨论，评议案例的价值点、借鉴点、启发点、改善点等，提升员工的思维能力和解决问题的能力。

(3) 班组之星评选。通过班组成员集体评议的方式，确立班组之星的具体名称、评星标准、评星程序、激励措施等，提升员工公平感，增强班组凝聚力。

(4) 员工之间工作互评。如班组成员可以对轮值班长、轮值班委在轮值期间的工作表现进行集体评议，分享优点，指出不足，激励其不断成长。

4. 评议机制的常见误区提示

（1）如果班组成员对评议机制的价值和作用认识不充分、参与度不高，评议过程可能会变成班组长“一言堂”，导致评议结果缺乏公正性，从而引发班组内部矛盾。

（2）由于评议是一个自由发言的过程，可能因班组内部观点不同、意见不同、利益不同而引发班组成员之间的争议和冲突，弱化班组凝聚力。因此，在班组评议中应本着“尊重、包容、互信”的理念，确保在“评”中改进，在“议”中提升。

（六）荣誉机制

人天生具有对荣誉以及自我实现的渴求，荣誉是人最高阶段的需求，也是激励的最高层次。荣誉机制的设立正是基于对人价值实现需求的研究和把握，对人心理动机的满足。班组建设中荣誉的赋予，能够激发人持续的能动性和自我实现感，用荣誉激励行动，用荣誉创造价值，用荣誉塑造品格，用荣誉产出绩效。

荣誉机制不同于常规的激励机制，激励侧重于对个体的引导和触发，荣誉机制则侧重于对群体的感染和影响。同时，荣誉机制强调正向激励，弱化负向刺激。

1. 荣誉机制的作用

（1）正向激励。通过赋予荣誉，实现对班组成员的人本激活，从而起到积极的激励作用。

（2）塑造文化。在班组内设置荣誉的过程，就是引导班组成员思维方式和行为方式的过程，也是塑造班组品格和班组文化的过程。

2. 荣誉机制的操作原则

（1）公开原则。在优秀班组和“班组之星”评选过程中，应坚持公开的原则，杜绝暗箱操作。

（2）公正原则。在优秀班组和“班组之星”评选过程中，应有明确的评选标准和评选规则，确保评选结果的客观性和公正性。

（3）公平原则。每一个班组、每一个班组成员拥有同等的机会参与评选，拥有同等的权利参与评议及评选过程。

（4）即时原则。将班组文化看板作为荣誉机制的显性载体，即时展现、即时激励、即时分享、即时传播。

3. 荣誉机制的实践应用

（1）“班组之星”评选。如根据各班组自身特点，在班组内评选每日之星、安全之星、质量之星、学习之星、创新之星、质量之星、和谐之星、快乐之星等。

（2）以员工名字命名创新技术成果。如以某项技术创新发明者的名字命名该项技术成果。

（3）优秀班组评选。如在各区队内开展班组评选活动，并授予优秀班组的荣誉称号。

4. 荣誉机制的常见误区提示

（1）如果“班组之星”设置不合理，不符合班组自身的实际情况，可能导致“班组之星”评选流于形式，丧失有效的激励作用。

（2）如果在优秀班组和“班组之星”评选时，没有明确的标准和规则，违反“三公”原则，可能导致评选结果的认可度较低，挫伤部门班组及班组成员的积极性，破坏班组和谐氛围。

（3）如果对于优秀班组和“班组之星”的奖励措施不合理，可能会引发班组之间、班组成员之间的矛盾，削弱班组凝聚力。

（七）连锁机制

连锁机制是“自保、互保、联保”三位一体的安全管理机制，具体指一人违章或发生安全事故，身边工作的人员共同承担责任，整个班组受损失。

连锁机制的目的是进一步提高员工的安全意识，增强全矿安全生产管理，积极消除各类安全隐患和“三违”行为。

1. 连锁机制的作用

(1) 减少安全隐患。“自保、互保、联保”三位一体的安全责任，促使班组成员增强安全意识，减少安全隐患。

(2) 增强团队意识。连锁机制通过责任共担的方式，促使班组成员之间相互提醒、相互监督、相互帮助，增强团队意识。

2. 连锁机制的操作原则

(1) 责任共担。一人违章或发生安全事故，身边工作的人员及班组管理人员共同承担连带责任，且责任界定应有明确的制度规范。

(2) 安全互保。班组成员之间有安全提醒的责任和义务，对于危险作业有安全监护的责任和义务。

3. 连锁机制的实践应用

(1) “三违”责任共担。如班组成员出现“三违”，班组长、轮值班组长、同一作业区的工友共同承担连带责任。

(2) 安全事故责任共担。班组成员发生安全事故，所有班组成员共同承担连带责任。

(3) 危险作业监护。进行危险作业时，同一作业区的工友有安全监护的责任和义务。

4. 连锁机制的常见误区提示

(1) 连锁机制的目的重在防范安全事故和“三违”行为，防止因错用连锁机制而挫伤班组成员的积极性。

(2) 连锁机制如果没有明确的制度规范，相关责任人及责任程度不明确，则起不到应有的作用。

六、推行七大保障措施，夯实班组安全建设基础，确保班组安全效果

(1) 安全文化入人心：班组安全建设、文化引领、班组员工的安全文化意识建设是安全管理的重中之重。各班组可通过全员讨论建立起班组的安全文化理念，通过班会安全宣誓、安全亲情寄语、安全演讲比赛、安全环境建设等多种方式，营造班组的安全氛围，将安全文化内化于心、外化于行。

(2) 制度健全保安全：明确班组成员的安全管理责任，制定奖惩清晰的安全管理制度，以制度保障安全。

(3) 安全技能天天学：安全建设以提升班组员工安全技能和素养为核心，为了提升基层人员的安全意识，各区队应开展“每日一题”学习，开展各岗位的经验绝活交流。从原本每天由技术员给大家讲课，转变为由大家轮值来讲课，在讲课的过程中再学习、再强化。

(4) 安全案例天天分析：安全意识怎么提高？说教太空洞，案例分析是个好方法。班前、班后会上轮值安全委员应提出安全案例，人人讲安全案例、分析安全案例。同时，将案例贴在班组的目视化看板里，许多班组成员用五颜六色的小纸条“跟帖”，发表感言，自我警示，自我教育。在近一年的时间里，仅综采区由班组员工自行编写、讨论的安全案例已经达到了600余份，班组员工安全意识大大提高。

(5) 风险预控人人参与：将风险预控管理与班前、班后会结合，风险预控每个煤矿都在抓，但是塔山煤矿风险预控的特点在于全员参与，每一条风险点都是大家集思广益、日积月累形成的。如综采区检修班组全体员工根据检修班五大工种的工作程序进行了分析，制定了风险预控管理表和管理制度。在检修过程中，有效遏制了一切可能发生的事故。检修班今年以来没有发生过一次破皮伤，得到了区队和煤矿领导的高度认可。

(6) 安全提醒人人参与：每天下井前的安全提醒、安全宣誓，应从原来的区队长、班组长组织变成由轮值班长、轮值安全委员来组织;每天上井后的安全总结、分析点评也由轮值人员来主持,变被动安全为主动安全。

(7) 互保联保自主管理:充分利用连锁机制,让班组成员两人或三人签订“自保、互保、联保”责任书,形成相互监督、相互约束的自主管理小组,有效杜绝“三违”。

第三节 “四五六”班组管理新模式

国家能源集团宁夏煤业有限责任公司(以下简称宁煤公司)成立于 2002 年 12 月,是国家能源集团控股子公司,也是宁夏回族自治区龙头骨干企业,至 2010 年底资产总额为 637 亿元,煤炭生产能力超过 6 000 万吨,实现利润 50 亿元。自全国煤矿班组安全建设推进会召开以来,宁煤公司结合企业发展实际,创新求实,系统梳理总结了建企以来班组建设的好传统、好经验、好做法,并进一步解放思想,更新理念,强化执行,形成了一套“定位清晰、体系健全、载体丰富、管理到位、民主科学”的“四五六”班组建设管理新模式,整体推进了班组建设工作,收到了十分明显的效果。

一、宁煤公司“四五六”班组建设模式与特点

“四五六”班组建设管理新模式,坚持安全、工作、学习、活动“四位一体”的原则,以创建学习、安全、创新、专业、和谐“五型”班组为核心,以构建班组建设组织、制度保障、现场安全风险管控、教育培训、文化引领、考核评价六大体系为支撑,紧紧围绕科学发展、安全发展这个主题,始终把加强班组建设作为深化“双基”建设、全面加强安全生产管理的重要抓手,文化引领,持续改进,不断创新,努力将各类班组建设成为安全文明高效、培养凝聚人才、开拓进取创新、团结学习和谐的健康细胞,为职工搭建起不断提升技能素质、充分展示自身能力和抱负的平台,把班组长培养成为政治强、业务精、懂

技术、会管理和具有现代意识的基层管理者，把班组员工培育成有理想、有道德、有纪律、有文化，以及敬业、勤奋、创新、踏实、热爱本职岗位的劳动者。

（一）从战略高度定位班组建设，推行全员全过程管理

（1）班组安全管理的定位。宁煤公司班组建设始终坚持“安全高于一切，安全重于一切，安全先于一切，安全影响一切”的安全理念，以“人员无失误、系统无缺陷、设备无故障、管理无漏洞”为目标，安全管理无缝衔接、闭环相扣。公司大力推行班组成员安全动态互保联保制度，做到互相提醒、互相照顾、互相关心、互相监督、互相检查、互相保证，使班组员工真正做到不伤害自己、不伤害别人、不被别人伤害，实现班组安全生产。

（2）班组工作的定位。强化安全是第一责任，完成任务是第一要务，保质保量是第一原则，确保进度是第一目标，创造绩效是第一要义，做到事事有人管，管事凭制度，管人凭考核，奖惩看业绩，这是宁煤公司班组建设工作的根本和基石。同时，积极引入先进管理理念、先进管理方法、先进管理手段、先进信息技术，大力推进精益管理、班组核算、班组文化和团队建设。

（3）班组学习的定位。公司积极开展“创建学习型班组、争做知识型员工”活动，加大基层区队图书馆、阅览室的投入和建设，建成覆盖全员的班组学习室，做到全员学习、终身学习，工作学习化，学习工作化。

（4）班组活动的定位。践行文化、健康、文明、向上的班组活动定位。集团公司广泛开展读书竞赛、岗位练兵、技术比武、“安康杯”竞赛活动，广泛开展安全竞赛、劳动竞赛、业绩竞赛活动，“合理化建议”、班组生活会活动，小改小革、技术革新、科技攻关、修旧利废活动，以及广场文化、团队建设、体育健身活动，让员工在快乐中工作，在工作中成长。

（二）以“五型”班组创建为核心，实施全方位标杆班组工程

（1）全力打造学习型班组。随着宁煤公司生产设备、工艺、技术的不断更新，以及信息技术、计算机网络技术的广泛运用，公司班组建设不断创新管理理念、方法和手段，做到与时俱进、快速应变，在不断学习中求创新，在不断创新中做贡献，不断提升班组管理水平和管理效能，满足企业发展对班组建设的需要。按照“干什么，学什么；缺什么，补什么；练什么，精什么”的基本原则，争做一专多能、知识型、技能型、专家型的复合型人才。

（2）全力打造创新型班组。调动和激发班组员工的首创精神，激励员工自觉、自愿、自动地去发现问题、解决问题、改进方法、提高效率。通过建立攻关团队、创新小组等形式进行技术革新、专利发明等，增强员工创新意识，激发员工创新激情，提升班组管理的效能和效率。

（3）全力打造安全型班组。严格执行“三不生产”和“四不开工”原则。即不安全不生产、不文明不生产、不标准不生产；危险源辨识不清不开工、管控措施不到位不开工、作业能力达不到不开工、隐患不排除不开工。推进安全质量标准化建设，推行作业现场精细化管理，不断强化员工的标准化意识，做到上标准岗、干标准活，实现现场制度落实达标、环境安全达标、设备完好达标、操作程序达标、工程质量达标。深入推进“手指口述”和“准军事化”管理，提高各级、各岗位人员的执行力。

（4）全力打造专业型班组。宁煤公司将班组员工队伍建设纳入公司整体人才开发体系和人才强企战略。加强对班组员工职业生涯的规划，建立科学的班组岗位竞争机制和绩效考核机制。根据安全生产需求，遵循生产工艺化、对象专业化、合作效益化原则，本着有利于生产、有利于安全、有利于提高劳动效率、有利于提高经济效益、有利于管理和适应协作原则，在班组建设的目标、内容、要求、方

式方法上紧密结合实际，使每位班组员工都成为行家里手，把班组建成专家团队。

(5) 全力打造和谐型班组。宁煤公司大力弘扬和传承以“特别能吃苦、特别能战斗”“厚德载物”等为核心的企业精神，努力打造符合时代特点的先进班组团队文化，用先进团队文化凝聚力量，引导班组建设。紧紧围绕建设“四有”员工队伍目标，抓好员工政治理论、企业精神和职业道德教育，开展好工会小组活动及各类有益的文体活动、社会公益活动，教育员工遵纪守法。建立班组员工家庭档案和困难员工档案，积极开展送温暖活动。及时掌握班组成员思想动态，做好谈心家访工作。随时调解班组员工纠纷，搞好班组治安防范、职业健康、劳动保护等工作，确保班组的和谐稳定。

(三) 体系保障，提升班组建设的层次和水平

宁煤公司把班组建设纳入企业安全发展规划，纳入年度“五型”企业考核之中，出台了 20 余项班组建设管理制度，不断健全完善党政工团齐抓共管的班组建设组织体系、制度保障体系、现场安全风险管控体系、教育培训体系、文化引领体系和考核评价体系，构建了班组建设长效机制。集团公司把班组建设作为一把手工程、细胞工程、精品工程、和谐工程和企业长治久安的生命工程强力推进；各职能部门根据班组建设的总体要求，按照具体分工，负责各项推进措施的制定、检查和考核工作。各基层单位党政负责人都把班组建设作为提高核心竞争力、事关集团公司发展战略的全局性、基础性工作来考虑，纳入本单位战略发展整体规划来布置，定期召开联席会议听取班组建设工作汇报，及时发现问题、解决问题，确保班组建设工作稳步推进和班组建设水平的稳步提升。

二、宁煤公司班组安全建设的成绩与效果

(1) 安全管理再创新水平。强化了班组现场危险源辨识和风险预控措施落实，员工的安全意识明显增强，安全生产工作持续平稳

发展。2009 年和 2010 年，在原煤产量不断攀升的情况下，宁煤公司连续 2 年实现了原煤生产百万吨死亡率为零的突破，2010 年还消灭了重伤以上事故，2011 年以来又消灭了轻伤以上事故。公司涌现了一批安全生产 5 000 天的煤矿和安全生产近 50 年、40 年、30 年的先进区队、优秀班组。其中，红梁公司掘进队实现连续 48 年安全生产无事故，在全国煤矿中树立了安全发展的典范。

(2) 生产效率大幅提高。通过大力开展班组劳动竞赛，2010 年原煤综合单产同比提高 18%，原煤生产劳动效率同比提高 25.8%。其中：羊场湾煤矿综采一队以日产 4.8 万 t、月产 107 万 t、季产 285 万 t，再次刷新了宁夏煤炭行业原煤日产、月产、季产纪录；枣泉煤矿综掘队全年掘进进尺突破万米大关，生产一班以单班日进尺 25 m、月进尺 520 m，创造了集团公司班组单进新水平。

(3) 员工技能素质全面提升。集团公司先后涌现出“全国巾帼标兵”“五一劳动奖章”获得者张玉梅，“中央企业技能状元”“自治区首席工人技师”马洪涛，“中央企业技术能手”梁元元等一大批杰出技术人才，有 51 人荣获“自治区技术能手”称号，119 人荣获“自治区青年岗位能手”称号；采煤机和综掘机司机 2 个工种获得神华集团技能大赛第一名。

(4) 创新创效成果显著。集团公司 2 868 个班组全面开展合理化建议、小改小革、修旧利废及“五个一”创新创效活动，形成了“钱卫循环轨道”“吴磊综掘机截割部安全保护罩”“徐建华护板”“陶玉田超前液压控制阀”等一大批以班组员工命名的技术创新成果。2010 年，全集团公司共提出合理化建议近 5 万条，完成技术革新项目 400 余项，直接创造经济效益 1.46 亿元。

(5) 特色班组建设成绩喜人。集团公司羊场湾煤矿综采一队生产一班荣获“全国煤矿优秀班组”称号，枣泉煤矿综掘队检修班荣获“全国工人先锋号班组”称号，汝箕沟矿准备队生产一班、焦煤公司综采队采煤一班等 6 个班组荣获全国“安康杯”优秀班组称号，涌现出全国煤矿“十佳”班组长张宁喜、全国优秀班组长盛光前等一批先进个人。

三、“宁煤经验”的重要启示

班组是企业最基本、最基础的组织，班组建设的好坏直接关系到企业的稳固和发展。宁煤公司全面推进“四五六”班组建设管理新模式，走出了一条有思路、有亮点、有特色、有成效的班组建设之路，总结该集团公司班组安全建设的经验做法，对于全国煤矿进一步搞好班组建设具有十分重要的启示。

（1）健全完善的制度体系是推进班组建设的根本保障。宁煤公司高度重视班组建设工作，在集团公司、各基层单位均成立了班组建设领导小组，形成了党政统一领导，分管领导主要抓，工会牵头抓，其他部门各司其职、通力合作的工作机制。并在实践中提出了“基础要夯实、安全要保障、产量要上去、质量要一流、效益要提高、成本要下降、班组要和谐”的班组建设规划和目标，班组建设呈现出创建载体多样化、安全生产标准化、动态达标制度化、班组管理民主化的良好局面。

（2）公推直选是选好班组长的民主途径。该集团公司借鉴基层党委公推直选的先进经验，引入了公推直选班组长的选举机制，把选好、用好班组长作为抓好区队班组建设和安全工作的关键，把技术过硬、作风扎实、管理严格作为合格班组长的基本条件，按照其岗位必须具备的专业技能、安全管理、成本理念、发现问题、解决问题、现场组织、协调和谐、民主意识八种能力要求，通过民主选举产生班组长。2009 年，集团公司基层单位共公推直选出员工信任、大家拥护、工作能力强的 1 065 名班组长。2010 年，全集团公司 2 868 个班组的 3 007 名班组长全部实现了公推直选，有效推动了基层民主政治建设。

(3) 有效激励是抓好班组建设的关键举措。突出正面引导,加大奖惩力度,物质上有实惠、精神上有动力,极大地调动了班组长抓安全、促生产、提效益的工作积极性和主动性。宁煤公司在政治、经济和福利待遇上对班组长给予倾斜,各单位每季度进行一次班组建设评议考核,对评出的优秀班组长给予奖励;对连续四个季度都被评为优秀班组长的,作为矿厂先进个人给予表彰;连续两年被评为矿厂先进个人的,直接进入劳模评选行列;连续两年进入劳模行列的班组长,作为矿厂的中层后备干部进行重点培养。对连续两年被评为"十佳"班组长的个人给予重奖,该举措在企业内引起了极大反响,进一步营造了争做"十佳"班组长的浓厚氛围。

(4) 持续创新是激发班组活力的不竭源泉。大力开展学习型、安全型、创新型、专业型、和谐型"五型"班组创建,引导和激励员工围绕安全生产、成本控制、精细管理、创新创效,不断提升班组建设质量。通过持续开展各矿厂之间班组建设交流观摩活动,进一步提升了认识水平,交流了经验,营造了氛围,推动了集团公司班组建设整体水平的提升。2010 年,集团公司先进班组比例达到了 51.5%,合格班组比例为 48.5%,没有不合格班组。

(5) 文化引领是推动班组建设的强大动力。以文化育人,以文化塑人,深入开展了企业文化理念宣传贯彻和安全文化渗透、亲情文化辐射、感恩文化培育等系列主题实践活动,切实增强了员工的使命感和主人翁意识,提高了员工的工作积极性和主动性。

(6) 丰富载体是推动班组建设创水平、上台阶的重要抓手。宁煤公司各煤矿区队班组牢牢把握"安全生产、成本控制、精细化管理"三大主题,生产一线班组围绕"安全、单产单进"创特色,生产辅助班组围绕"设备三率、安全运行、系统顺畅"创特色,地面班组围绕"服务一线、环境美化"创特色,煤化工班组围绕"安、稳、长、满、优"创特色。深入开展"五型"班组、安全明星班组、最佳班组、优胜班组、金牌员工、“三无一创”班组（无轻伤、无重伤、无“三违”，创本企业班组日产日进、月产月进最高水平）和“九比”劳动竞赛（比安全、比出勤、比进尺、比干劲、比质量、比产量、比节约、比效率、比开机率）、“三和一星”竞赛（和谐车间、和谐部室、和谐班组、员工之星）、“评级挂星”竞赛等活动，深化班长实战课堂、班组拓展训练等众多建设载体，取得了明显效果，集团公司班组建设呈现出百花齐放、百花争艳的工作新局面。

经过多年的实践和探索，宁煤公司建立了一整套具有宁煤特色的“四五六”班组建设管理新模式，为加强煤矿基层和基础管理，推进企业科学发展、安全发展、和谐发展发挥了重要作用，为全国煤矿班组安全建设提供了较为成熟的成功经验，具有很强的实用性、可操作性和指导性，值得有关单位学习借鉴。

第四节　打造“四好”先锋班组，激活高质量发展“新动能”

一、班组建设概况

陕西小保当矿业有限公司（以下简称公司）隶属于世界500强企业陕西煤业化工集团有限责任公司。公司井田位于榆神矿区三期规划区，按照“一公司两矿”的模式建设，一、二号煤矿核定产能分别为2 000万t/a和1 300万t/a，先后于2020年6月、2022年2月通过竣工验收，进入生产矿井序列。两矿井下生产系统相互独立，地面设施共用。

公司现有班组60个，班组长104名，在册员工2 020名。

为适应企业高质量发展的新形势和新要求，不断提升班组建设管理水平，公司始终把加强班组建设作为推动中心任务的着力点，以打造安全管理好、创新创效好、基础工作好、团队建设好的“四好”

先锋班组为目标，推动班组建设提档升级。所属班组先后荣获省能源化学地质系统“模范职工小家”“工人先锋号”“梦桃式”班组等荣誉称号。

二、主要工作开展情况

公司坚持把班组作为安全生产的“前沿阵地”，围绕打造“四好”班组建设目标，从制度建设、基础管理、安全管理、创新创效等方面重点发力，推动班组建设持续稳中向好。

（一）强化精细管理，打造安全班组

紧扣公司“4334”安全精细化管理模式，制定《班组安全建设实施办法》，构建“1234”班组安全网络管理体系，修订 293 个岗位安全生产责任制和“一岗一清单”，签订全员安全承诺书，制定不安全行为标准 114 条，针对班组操作人员建立全员安全联责抵押制度，参与人员 1 300 余人次，全员安全联责、联保意识有效提升。开展全员“手指口述”安全确认作业法，构建设备全生命周期管理体系，建成井下“千眼”视频智能安全监控系统，持续改善作业环境，加强职业病危害因素监测治理，按期足额发放劳保用品，提升全员体检标准。

（二）强化创新管理，打造创新班组

完善创新评价激励制度，鼓励员工立足岗位实践开展技术创新，深入开展工器具革命和全员“双创”活动进班组活动，发挥技术创新在安全生产、降本增效等方面的重要作用。2023 年以来，征集一线员工技术创新项目 233 项，新获授权实用新型专利 47 项，推广转化 16 项，累计创造经济效益 8 900 余万元，职工技术创新项目“半煤岩快掘工作面除尘系统优化设计与示范应用”“隔爆兼本安型交直流多功能可移动变电装置”等 48 项成果获得煤矿企业“五小”技术创新成果奖、陕西省企业“三新三小”创新竞赛奖等。

（三）强化基础管理，打造规范班组

根据班组特点梳理班组标准体系，建立健全相关技术作业标

准、岗位工作标准、管理标准及班组制度29个，根据班组人员情况和工作性质，按照专岗专责要求对各岗位的工作项目逐条细化，明确每个班组成员的工作职责及内容、标准，使每个班组成员都更加清楚各自所辖工作范围和业务边界，进一步规范了班组员工的工作行为，引导员工做到“上标准岗、干标准活”。对班组管理资料进行优化，分层分类8大管理项目，使班组管理工作更加清晰。

（四）强化民主管理，打造团结班组

每月定期征集职工意见，设置“董事长信箱”“工会主席直通车”等载体，引导鼓励员工围绕如何高效完成班组作业任务集思广益，建言献策，讨论和制定班组各项规章制度，民主评选和民主推荐先进模范人物，民主评议班组长工作和民主选举班组长。同时严格执行“十公开十上墙”制度，对班组员工当日的工分、工资分配情况实时公开，当月的绩效考核分配办法、考勤表、全员岗位能力评价、个人绩效系数定期公开。每月开展厂务公开专项检查，切实保障职工群众的参与权和监督权。

三、亮点做法及成效

公司坚持“服务职工、服务企业、服务生产”的班组建设理念，结合企业实际全方位、多维度推进班组建设，不断增强班组竞争力、品牌力和战斗力，让班组成为企业高质量发展和追赶超越的尖刀连。

（一）月度例会推进，解难题、学经验，激活班组竞争力

开展“先锋班组”建设行动，每月召开由一名公司主要领导牵头，所有分管领导参加的班组建设推进会暨“先锋班组”表彰会，授予“先锋班组”流动红旗，优秀班组长上台分享班组管理经验；开展现场意见征集，建立“领导现场解决、部门跟踪落实”工作机制，逐项销号反馈，保证问题整改率达95%以上。截至目前，班组推进会共征集意见表170余份，经过筛查汇总，形成55条工作意见，逐项按照“五落实”原则将问题清单变成责任清单，全面督促机关各部门严格

按照时间期限抓落实，目前丰富班中餐菜品、配置浴室饮水机、提供工衣缝补等问题已全部得到解决。根据解决情况按季度开展满意度调研，满意率均达到98%以上。

2023年至今，举办班组推进会暨班组表彰会14期，共表彰了35个班组并授予“先锋班组”流动红旗，35名先锋班组代表上台分享班组管理经验，有效促进班组之间形成“比、学、赶、帮、超”的良好氛围。2023年公司在煤炭市场整体下滑的情况下，产量同比提升10%，成本同比下降10%，持续创造出利润百亿的好水平。

（二）年度折线管理，树标杆、强品牌，提升班组品牌力

构建“三层四类”考核体系，根据全年月度班组建设考核排名，绘制班组建设管理数据折线图，并编制《班组建设工作汇编》工作手册，对连续三个月排名倒数的班组实施包保提升，对先锋品牌班组进行表彰推广，进一步提升班组建设品牌力。截至目前形成了一号煤矿掘进二队胶运检修班“‘四强化’，推动班组建设稳步发展”、一号煤矿机电运输队检车班“‘严、细、实、恒’打造先锋班组”、二号煤矿综采一队检修班“念好‘三字经’，激活班组建设‘一池春水’”、二号煤矿通风维护队监测监控班“念好班组‘安全经’，保障高质量‘发展路’”等54个独具特色的班组品牌，同时加大总结提炼班组特色亮点，利用各区队学习阵地、宣传橱窗等全面宣传，为推动公司高质量发展持续赋能聚力。

定期开展劳动竞赛，按月度对区队、班组回采工效、掘进工效、吨煤成本等七项指标进行考核，多次刷新单班产量和进尺纪录，2024年一季度向破纪录班组进行贺信表彰5次并奖励54万元。全国首套450 m超长智能综采关键技术及成套装备在二号煤矿综采一队投用，刷新中厚煤层单井单面开采纪录，获得省科技进步一等奖；全国首套2 000万t中厚煤层工作面柔性生产系统成套装备在一号煤矿综采二队建成使用，产能提升50%以上。

（三）全员素质提升，强思想、增能力，提升班组战斗力

建立健全班组常态化学习制度，围绕思想建设，通过理论宣讲、主题阅读、演讲比赛、知识竞赛等方式，把“大学习”的课堂搬到生产一线，让新时代党的创新理论更好地走近职工身边、走进职工心里。加大“金牌班组长”培养力度，按照职位设定、资格培训、反“三违”情况等进行核查，（解）聘任班组长117名，开展公司班组长素质提升班3期103人次。同时紧扣班组技能人才需求，落实班组“师带徒”制度，利用“114种子”计划，以及周二周五学思大讲堂、班组业务小课堂、劳模创新工作室等载体开展多元立体化培训，形成“每日小课堂学、每周大讲堂学、每月岗位练兵学、每年技能比武学”闭环机制，举办4届技能大赛，人均每年业务学习时长58 h。

2023年以来，各班组653人技能操作人员职级获得纵向晋升，现有高级工以上技能人才314人，40余名高技能人才在省级及以上各类技能大赛中脱颖而出，其中获得一、二等奖的有16人次；先后有3名员工被评为“陕西省技术能手”，5名员工被评为“全国煤炭行业技能大师”。

第五节　发挥班组技术优势，打造创新型安全高效班组

“发挥班组技术优势，打造创新型安全高效班组”活动由开滦能源化工股份有限公司范各庄矿业分公司刘少辉电工班组提出并实施。

一、完善创新机制，筑牢班组建设基础

一方面，利用新媒体教育手段，实行“线上＋线下”同步学习模式，改进和丰富培训方式方法，建立“创新辅导站”，通过微信交流群、休息室学习园地等载体，面向职工征集疑难问题；开设“创新辅

导课”，组织高技能人才利用丰富多样的形式，分享创新经验、交流创新心得、推介创新成果、演示创新技法，让职工学习掌握煤矿最新技术发展动态。另一方面，根据生产实际细化月份、季度、年度创新计划，发动全员围绕关键环节开展技术攻关，破解制约生产的瓶颈；持续完善考评小组成员职责，明确考核和奖惩标准，形成“创新无处不在”的良性循环。

二、务实六项举措，彰显班组创新特色

(1) 每日一题。每日班前围绕行业标准、操作规范、法律法规、专业技能等方面进行提问，对回答准确的职工予以鼓励，对回答有误或回答不出的职工进行详细解答。

(2) 每周一案例。利用班前会、班组会、安全例会、职工学习日的时间，对案例进行深入细致的分析；邀请有多年工作经验的老师傅讲述自己的亲身经历或亲眼看见的安全事故，找出事故原因，提出避免类似事故的方法。

(3) 每旬一课堂。选拔具有高级技师职称以及班组长为现场培训教练员开展实战演练，在工作现场手把手传授绝招绝技绝活。在此基础上，依托“刘少辉创新工作室”等资源优势，组织职工学习创新成果的创新亮点、创新思路和应用情况，引导职工树立创新就在身边、人人都可创新的意识。

(4) 每月一考试。刘少辉电工班组采取理论考试和实践比武两种方式进行。理论考试内容包括岗位应知应会、安全法律法规、应急处理技巧、创新思路谋划、理论学习心得等；实践比武以现场为考试场地，车间管技人员模拟故障问题，现场考查职工处理问题的能力。对综合测评成绩排名前三、进步最快的职工予以奖励，有效激发全员学理论、练技术的积极性和主动性。

(5) 每人一技改。对不同技术等级人员设定不同的创新目标，提升职工技改创新能力，定期对职工完成的创新项目进行综合评定，对立项准、思路新、方法活、效果优、价值高的创新项目，组织职工进行经验推广学习交流。

(6) 每季一评比。刘少辉电工班组制定了《班组职工技能素质评比考核办法》，每季度末最后一个月，根据职工技能等级，从理论知识掌握、现场工作实践、技改项目完成和日常表现、团队协作情况等方面，进行季度分组评比考核。

三、把准两个命脉，确保班组安全高效运转

(1) 当好职工技能提升的好导师。刘少辉总结提炼了"双四"学习法、"看、问、测、听"故障排除法、PLC 培训六步法等学习方法，主编《矿井提升机电控系统工作原理及故障分析》一书，并出版社出版发行，为进一步提高职工专业素质提供了帮助。在刘少辉的言传身教下，班组职工整体技能素质显著提高。

(2) 当好技术创新工作的排头兵。刘少辉坚持以问题为导向，勇于创新、敢于探索，围绕制约矿井提升的安全生产实际问题积极开展攻关创新活动，解决一批影响安全生产的疑难问题，实现保安全、创效益的目标，研制出"矿井主提升机盘形闸空动时间检测装置"，可自主检测提升机闸瓦空动时间，且检测精度可精确到 0.01 s。该装置获得国家新型实用专利。

第六节　千淘万漉煤海深处创智能，拼搏奋斗绽放最美青春

"千淘万漉煤海深处创智能，拼搏奋斗绽放最美青春"班组管理模式由陕西煤业化工集团有限责任公司红柳林矿业公司李永刚班组提出并组织实施。

一、"横纵并进"的本安型班组

李永刚班组在本安型班组创建过程中，一是牢固树立"安全第

一”的理念，充分利用每周二、周五学习时间组织全员学习各项安全操作规程、观看事故案例，使班组成员从“要我安全”到“我要安全、我会安全”转变。二是始终坚持“安全第一、预防为主、综合治理”的工作方针，强化过程控制，从细节入手，树立零违章理念，坚持教育与惩处相结合，不断健全班组安全管理制度。三是开展岗位应知应会及“红线”“三违”抽查背诵等安全活动，长期坚持入井安全确认、安全宣誓、正确穿戴劳动防护用具、班长带队集体进入工作岗位、现场排查隐患、班中巡回检查和收工集体升井等一整套自我保安、集体保安的安全管理模式。四是针对当天生产作业实际情况进行事故超前预测，指出可能影响安全的因素，并提出预防措施和要求。

二、“学以致用”的学习型班组

李永刚班组在学习型班组创建过程中，一是在班前、班后会和周二、周五学习会上组织班组成员进行思想政治理论、设备维护和操作中涉及的相关知识进行系统学习，端正思想，了解各系统的组成、设备设施的原理及构造，并对学习笔记进行月度考核。二是有针对性地开展多种培训，在智能化综采工作面建设期间，多次组织学习自动化，积极向厂家技术人员询问、讨论。培训结束后将所学技能投入生产实际中，优化和改进设备程序，大大提高了劳动效率、改善了学习效果。

三、“求索不止”的创新型班组

李永刚班组在创新型班组创建过程中，一是成立了以公司“创客能手”“创新能手”为组长的创客小组，带领班组成员大胆提建议，不断挖掘自身潜力，对实际工作中需要改进之处建言献策。二是开展班组事项创新项目和“金点子”创新竞赛，对每个可以实际应用并对井下设备维护起到积极作用的创新进行积分，分值越高，收益越大，极大地调动了职工参与创新的积极性，为企业区队带来了巨大的经济效益。

四、"薪尽火传"的技能型班组

李永刚班组虽然成立时间短，大部分都是年轻职工，但是他们的职业技能水平却没有输给轻车熟路的老工人。这正是整个班组把打造技能型班组作为工作的一项重要内容的结果。一是班组积极开展与其他班组的技能交流活动，并鼓励班组成员参与技能等级鉴定培训，提升职工的职业技能综合水平。二是班组每季度分工种开展一次职业技术比武，邀请公司的技能大师作为评委，评选出各工种之间操作技能"最优秀的员工"和"进步最大的员工"，如"金牌采煤司机""金牌液压支架工"等。同时，通过每月开展一次的"岗位描述"和"手指口述"技能学习活动，练本领、学技能，大幅增强了班组成员在工作中力争上游的劲头。三是技术比武竞赛结束后，班组长根据每位员工在岗位技能上的强项和弱项，开展"一对一帮扶""结对子"等活动，"三人行，必有我师"，大家在工作中通过学习别人的强项来弥补自己的弱项，形成共同进步、共同成长的员工技能培训模式。四是针对每年新入职员工操作技能不熟悉、自保意识不强的情况，在了解新员工对各岗位工种兴趣的基础上，积极开展"师带徒"活动，在实习期间对师傅和徒弟进行全过程考核，提高班组新入职员工的操作技术水平，为班组的后续技术力量培养打下了坚实的基础。

五、"人人参与"的节约型班组

要真正建立节约型班组，必须建立起长效机制。李永刚班组在节约型班组建设过程中，着眼于长效机制的建立，以"人人参与"为主线展开工作。一是分别建立了地面物资管理机制和井下物资管理机制，制定了材料管理各项规定和岗位责任制，把降低能耗、节约开支与每位班组成员的自身利益紧密结合起来，提高每位成员的节约意识。二是成立了以班组长为组长的材料管理小组，积极推行精细化管理办法，确保班组生产管理科学、安全、高效，优化工时利用，对每个工作环节和工种的任务进行认真分析研究，准确计算、定量考核，增加平行作业度，减少等待、无效劳动等浪费。三是切实做到材料节约人人参与、人人考核。建立材料台账，班组记录当天公布，每月末召开一次材料分析会，统计本月材料使用是否超支，如超支则查出原因，并调整下月材料使用安排。四是班组大力开展修旧利废活动，节约从一点一滴做起，树立“地面一张纸，井下一颗螺丝钉”的节约理念，使得材料回收率大大提高。

六、“公开透明”的和谐型班组

李永刚班组在和谐型班组创建过程中，一是对班务公开、劳动纪律、绩效考核、工资奖金分配、考核等方面都做出了明确的规定，提高班组管理的透明度、公正性和员工的满意度。二是实行民主管理，调动了职工的积极性，使班组员工增强参与意识和管理意识，自觉带着责任上岗。三是积极组织开展文体活动，大大提高了职工的幸福感。

第七节　其他优秀班组建设经验精编

一、刘金贵班“创新班组管理‘八法’打造安全高效团队”

华亭煤业集团有限责任公司新窑煤矿公司综掘一队刘金贵班组现有职工 15 人，主要承担着矿井煤巷及岩巷的掘进任务，经过多年的探索与实践，班组长刘金贵总结提炼并完善了班组管理“八法”，在实现班组安全生产、提质增效、标准化作业、员工素质提升和凝心聚力等方面发挥了巨大作用，成为华亭煤业集团有限责任公司唯一一个以人名命名的管理方法，即刘金贵班组管理法。

(一)“三三”标准整治法

“三三”标准整治法是新窑煤矿公司综掘一队区队班组管理“八法”中的首法，也是作业现场安全生产管理的主要方法，主要是指井下生产现场班组中管理人员的构成、职责以及他们之间的联动运行方式。他们之间既有分工，又有联合，既独立，又制约，环环相扣，使生产现场井然有序，达到了标准化作业和安全生产、文明生产的目的。

（二）班清控制法

班清控制法是刘金贵班组根据"日清日结"管理法理论，在"按质论价，按利计奖"核算体系基础上，以班组核算为手段，以指标层层分解，责任落实到人为保证措施，达到成本的超前控制和职工的有效激励，实现各生产要素的合理配置，确保"效益型"班组建设取得实效。

（三）"四述"标准操作法

"四述"标准操作法是刘金贵班组针对煤矿高危行业及其作业步骤复杂、环境条件多变等特点，以煤矿企业岗位标准化作业标准为重点，依据煤矿安全规程、操作规程和作业规程，按照各岗位工种精细化管理的要求，制定的涵盖班组职工现场工作全过程的标准。

（四）"五达标"质量管理法

"五达标"质量管理法是指生产现场人、机、环等各生产环节都达到安全生产标准的管理方法，也是刘金贵班组班前、班中、班后的检查验收标准。"五达标"即现场制度达标、环境安全达标、设备完好达标、操作程序达标、工程质量达标。

（五）"ABC"动态考核法

"ABC"动态考核法是指当班组长根据"A＋6S"［安全（A），整理、清洁、准时、节俭、素养、学习（6S）］员工行为考核标准，对职工各分项标准的执行情况和工作现场实际表现进行的综合评价，从源头上杜绝"跑冒滴漏"和"大料小用、弃旧用新"等浪费现象，有效控制了成本，提高了经济效益。

（六）优质高效竞赛法

优质高效竞赛法是班组工程质量、安全质量的综合考核评价体系，是刘金贵班组根据工程质量竞赛标准和安全质量标准要求，每班对职工工作质量考核评定，由班组长、质量验收员进行全面验收，根据职工的工作质量进行打分，同当天工资挂钩，并在工资分配台账上公布，提高职工安全生产意识，达到以班组安全保区队安全的目的。

多年来，刘金贵班组不断应用新装备、学习新技术，在提升支护强度和工程质量的同时，降低了劳动强度，提高了工作效率。2006 年至今，刘金贵班组工程质量优良率达到 91%，合格率达到 100%，机电设备完好率保持在 95%以上。

刘金贵班组以打造“学习型、安全型、技能型、效益型、和谐型”班组为目标，不断加强班组基础建设，创新班组管理方法，持续开展了比安全、比质量、比工效、比进尺的劳动竞赛。自 2004 年刘金贵担任班长以来，该班组圆满完成了 15 个工作面的巷道掘进任务，累计掘进巷道3 000 多米，实现连续安全生产 5 000 多天。

二、大柳塔煤矿班组建设先进经验

大柳塔煤矿班组建设先进经验体现在班组管理的方方面面，比如：对班组长的考核、班组文化建设、班组团队建设、班组安全建设等。本书重点选编几条煤矿班组管理中容易忽视的问题。

(1) 班组奖罚执行“罚款返还”激励体制。班组建设月度考核中，集体罚款额度超过 3 000 元、个人罚款额度超过 300 元，在下月检查考核中较上月每进步 1 个名次，则返还罚款额度的 20%，连续 3 个月进步的单位，则返还剩余所有罚款额度。

(2) 班组开展工作任务风险管控评价体系。班组内推行工作任务清单、作业风险问询观察等管理措施。要求班组每班作业前编写工作任务清单，井下 2 人以上小组作业前进行风险问询并对措施落实情况进行抽查考核，有效管控了工作任务中可能存在的风险。要求编制基于危险源辨识和标准作业流程的安全技术措施，增强了安全技术措施的规范性和针对性。

(3) 班组开展“特色降本增效”考核评价体系。在累计材料消耗节约5%以上的区队、班组中，根据全年经营综合得分取平均分，结合活动各个环节加减分项，由得分高低依次排名，排名前三的区队授予“降本增效示范单位”称号。其中，排名第一的单位，人均奖励500元；排名第二的单位人均奖励300元；排名第三的单位，人均奖励200元。同时，激励员工积极修旧利废，按照年初修订的“修旧利废中奖励直接兑现给修旧的员工”的原则，全年共计修旧利废89项2 831件(台)，节约资金732.64万元，奖励员工7.2万元。

第三篇　专业实战篇

第九章　机电专业技术知识

第一节　矿井供电系统与供电安全

一、矿井供电系统

供电系统就是由电源系统和输配电系统组成的接收电能并供应和输送给用电设备的系统。其主要作用是从国家电力网络取得电能，通过变换、调整和控制，将电能安全、可靠地配送到工矿企业各生产用电设备上。

（一）煤矿供电系统的特点

煤矿供电系统是煤矿安全生产的主要环节，属于电力系统中的用户，具有以下特点：

(1) 高可靠性。煤矿供电系统对电能的要求是高度可靠的，因为煤矿的设备和生产工艺均依赖于供电系统的稳定供应。因此，煤矿供电系统需要具备高可靠性，即在电力故障或其他不可预测因素的情况下，也能保证电力的正常供应，确保矿井安全和生产的连续。

(2) 长距离输电。由于煤矿一般都位于偏远山区或高原地区，输电距离较远，因此煤矿供电系统需要具备较强的输电能力。这就要求其设备繁杂、分布广泛，需要对各供电设备进行单独的管理和维护。

(3) 稳定性。煤矿供电系统需要具备高度稳定性，对电压等参数的要求非常高。因为在煤矿生产过程中，一旦电力系统发生故障，就会引起生产事故和严重后果。因此，煤矿供电系统要求设备运行稳定，对电压波动、电流突变等异常情况能够作出及时响应，并采取应对措施。

(4) 灵活性。煤矿供电系统需要针对不同的设备和工艺，提供相应的供电需求。因此，煤矿供电系统需要具备较高的灵活性，能够在不同的负载条件下，对电力进行调整。此外，煤矿供电系统还需要能够快速应对矿井内的突发状况，确保生产安全和连续。

(二) 煤矿企业对供电的基本要求

由于煤矿井下特殊的生产条件，为了保证矿工的生命及矿山财产安全，要求供电安全、可靠、经济和技术合理。

(1) 供电安全。煤矿井下存在水、火、瓦斯、煤尘、顶板五大自然灾害，自然条件恶劣，生产环境复杂，容易发生触电、爆炸等恶性事故。因此，必须严格遵守《煤矿安全规程》的规定，采取防爆、防触电、防潮、各种电气保护等一系列措施，确保煤矿供电安全。

(2) 供电可靠。煤矿供电中断，不仅影响产量，而且会因为停电造成通风、排水停止而引发爆炸、水害等各类重大事故的发生，危及生命财产的安全，有时甚至毁掉整个矿井。因此，要求煤矿供电可靠，在任何情况下都必须保证提供一部分的电能，确保矿工及矿井的安全。

(3) 供电技术合理。技术合理性也指保证供电质量好，即供电的电压、频率及谐波达到一定的技术标准，电压波动范围不超过额定值的±5%。

(4) 供电经济。由于煤矿电气设备耗电量很大、输电功率大，如果设计不合理会造成许多电能的浪费。因此，在保证安全、提高供电质量的前提下，力求优化供电系统、合理选型，以保证供电的经济性。

(三) 矿井供电电压等级

考虑到经济和技术上的合理性以及统一电气设备的电压定额

和发展趋势，特别制定了标准电压等级。由于煤矿生产条件的特殊性，有的应用场合采用了特定的电压等级。煤矿井下常用的电压等级及其用途见表 9-1。

表 9-1　煤矿井下常用的电压等级及其用途

种类	标准电压/V	用途
交流电	36	井下电气设备的控制回路用电电压
	127	井下照明和手持式电气设备用电电压
	380(660)	低压动力用电电压
	1 140	井下综采工作面电气设备用电电压
	3 300	部分采区电气设备用电电压
	6 000	高压电动机用电电压及矿井供电电压
	10 000	部分矿井向井下供电电压
直流电	250(550)	架线式电机车用电电压

（四）变压器中性点的运行方式

变压器中性点的运行方式其实就是变压器中性点与地的连接方式，一般有三种：变压器中性点直接接地、变压器中性点不接地和变压器中性点采用消弧线圈接地。

《煤矿安全规程》第 440 条规定：严禁井下配电变压器中性点直接接地。严禁由地面中性点直接接地的变压器或者发电机直接向井下供电。

1. 变压器中性点不接地运行方式

变压器中性点不接地运行比中性点直接接地运行安全得多，但是如果线路对地绝缘电阻下降太多或线路对地电容不可忽略，则仍存在一定的危险，因此还必须采取措施对线路的绝缘进行监视。

随着供电线路的延长，电网对地电容也在增大，由此产生的危害不容忽视。因此，在变压器中性点不接地系统中必须同时考虑电网电容和绝缘电阻的共同影响，采取必要的安全措施。

2. 变压器中性点采用消弧线圈接地运行方式

在电网对地电容电流较大时，即使线路对地绝缘电阻很高，也不能减少通过人体的触电电流，反而会增加触电电流。为此，可用电感电流来补偿电容电流。变压器中性点采用消弧线圈接地就是通过消弧线圈产生感性电流来补偿电网电容电流。《煤矿安全规程》第453条规定：矿井6 000 V及以上高压电网，必须采取措施限制单相接地电容电流，生产矿井不超过20 A，新建矿井不超过10 A。

二、井下供电安全

煤矿是以电力为基础的工业生产企业，煤矿的正常生产需要有稳定可靠的电力供应。井下供电系统的稳定性和可靠性直接影响煤矿的生产运行效率和经济效益，同时安全供电可确保矿工安全；井下供电系统的不稳定和故障可能会导致井下照明设备及通风系统停运，给矿工工作带来安全隐患。因此，煤矿井下供电系统的可靠性和安全性对于保障矿工的生命安全至关重要。

（一）矿山企业电力用户分类

在矿山企业中，各种电力负荷对供电可靠性的要求是不同的，为了能在技术经济合理的前提下，满足不同负荷对供电可能性的要求，把电力用户分为以下三类。

1. 一类用户

凡因为突然停电可能造成人身伤亡事故或重要设备损坏，给企业造成重大经济损失者，均为一类用户。例如：因事故停电有淹没危险的矿井的主排水泵，有火灾、爆炸危险或含有对人有生命危害的气体的地下矿的主要通风机，无平硐或其他安全出口的竖井载人提升机，以及金矿选厂的氰化搅拌池。

2. 二类用户

凡因突然停电可能造成较大减产和较大经济损失者，为二类用户。例如：露天和地下矿山生产系统的主要设备，因事故停电有淹没危险的露天矿的主要排水设备，以及高寒地区采暖锅炉房的用电设备等。

3. 三类用户

这类用户突然停电时对生产没有直接影响。例如：小型矿山的用电设备（属于一级电力负荷的除外），以及矿山的机修、仓库、车库等辅助设施等。

对电力用户分类的目的是便于合理地供电。在供电系统运行时，确保一类用户的供电不间断，保证二类用户的用电，而对于三类用户则更多地考虑供电经济性。

因此，当电力系统因故障必须拉闸限电时，首先停三类用户的用电，必要时再停二类用户的用电，但必须保证一类用户的用电。

（二）矿山供电安全的基本要求

1. 供电可靠

对矿山企业的重要负荷，如主要排水、通风与提升设备，一旦中断供电，可能发生矿井淹没、有毒有害气体积聚或停罐甚至坠罐等事故。采掘、运输、压气及照明等中断供电，也会造成不同程度的经济损失或人身事故。根据对供电可靠性要求的不同，矿山电力负荷分为一、二、三级电力负荷。一级电力负荷应由两个电源供电，且两个电源间允许无联系和有联系，当两个电源有联系时，应同时符合下列规定：

（1）当发生任何一种故障时，两个电源的任何部分应不致同时受到损坏。

（2）当发生任何一种故障，且保护装置动作正常时，应有一回路电源不中断供电。

（3）当发生任何一种故障，且主保护装置失灵，以致两电源均中断供电后，应能在有人值班的处所完成各种必要操作，迅速恢复一个电源的供电。二级电力负荷宜由两回路电源供电；无一级电力负荷的小型矿山工程，可由专用的一回路电源供电。

2. 供电安全

矿山生产的工作环境特殊，必须按照安全规程的有关规定进行供电，确保安全生产。

3. 供电质量高

供电质量是指供电的电压和频率是否在额定值和允许的偏差范围内，用电设备在额定值下运行时性能最好。供电电压允许偏移范围为±5%，若电压偏移增大，则用电设备性能恶化，严重时会造成设备损坏。

4. 供电经济

从降低供电设施、器材的建设投资，以及减少供电系统中的电能损耗和维护费用等方面考虑，以求供电的经济性。

5. 供电能力

不仅要求电力系统或发电厂能供给矿山充足的电量，而且要求矿井供电系统的各项供电设施具有足够的供电能力。

(三) 矿山供电安全的基本措施

1. 绝缘和屏护

所谓绝缘，就是用绝缘物质和材料把带电体包裹并封闭起来，以隔离带电体或不同电位的导体，使电流按一定的通路流通。良好的绝缘是保证电气线路和电气设备正常运行的必要条件，也是防止电气事故的重要措施。屏护即为防止人体接近或触及带电体，用遮拦、护罩、护盖等将带电体隔离开来。用金属材料制成的屏护装置，必须与带电体良好绝缘并接地或接零。

2. 安全距离

为防止意外的人和车辆等接近带电体，以及防止电气的短路和放电，按照规定，带电体与别的设备和设施之间、带电体相互之间均需保持一定的安全距离，简称安全间距。

3. 载流量

载流量是指导线或设备的导电部分通过电流的数量，假若通过的电流数量超过了安全载流量，就会导致严重发热，以致损坏绝缘，损伤设备，甚至可能引起火灾。因此，在选用和装设线路和设备时，必须使正常工作时的最大电流不超过安全载流量。

4. 安全标志

安全标志分为禁止标志、警告标志、指令标志和提示标志四类。电气安全标志有用于警告的，有用于区别各种性质和用途的。用于警告的标志一般是警告牌或警告提示，如闪电符号、在高压电器上注明“高压危险”的警告语、检修设备的电气开关上挂的“有人作业，禁止送电”的警告牌等。表示不同性质和用途的一般用颜色来区分。例如：红色按钮表示停机按钮，绿色按钮表示开机按钮等。

5. 接地措施

供电系统的电源变压器中性点采用何种接地方式，对于电气保护方案的选择和电网的安全运行关系极大。低压供电系统一般有两种供电方式：一种是将配电变压器的中性点通过金属接地体与大地相接，称中性点直接接地方式；另一种是中性点与大地绝缘，称中性点不接地方式。这两种接地方式各有特点，适合于不同的使用场所，并要有相应的电气保护装置，才能保证电网的安全运行。

(1) 当人触及电网一相时，中性点接地系统危险性较大；中性点不接地系统只要保持较高的对地绝缘电阻和限制过大的电容电流，人体触电的危险就小得多。

(2) 当电网一相接地时，中性点接地系统即为单相短路，短路点将产生很大的电弧；短路电流在大地流通时，易引起电雷管爆炸事故；中性点不接地系统接地电流较小，相对较安全。

(3) 以架空线路为主，比较分散的低压电网要维护很高的绝缘电阻是很困难的，尤其是在雨雪天。当线路绝缘能力降低到一定程度后，即失去中性点不接地的优点。由于矿山井下环境恶劣，对安全用电要求特别高，为此，《煤矿安全规程》规定井下配电变压器，以及金属露天矿山的采场内，不得采用中性点直接接地的供电系统，地面低压供电系统以及露天矿采场外地面的低压电气设备的供电系统，一般都是采用中性点直接接地的系统。

(4) IT 系统。这种系统主要用于 10 kV 及 35 kV 的高压系统和矿山、井下的某些低压供电系统，电力系统的带电部分与大地间无直接连接(或经电阻接地)，而受电设备的外露导电部分则通过保护线直接接地。IT 方式供电系统供电距离不是很长时，供电的可靠性高、安全性能好。一般用于不允许停电的场所，或者是要求严格的连续供电的地方。

许多小矿山，矿井上下共用一台变压器，为了能满足《煤矿安全规程》的要求，要采用中性点不接地的方式，并要保持网路的绝缘性能。为了避免和减轻高压窜入低压的危险，要将中性点通过击穿保险器同大地可靠地连接起来，或在三相线路上装设避雷器。

(四) 矿山供电安全的其他措施

(1) 矿井应有两回路电源线路。当任一回路发生故障停止供电时，另一回路应能担负矿井全部电力负荷。矿井的两回路电源线路上都不得分接任何负荷。正常情况下，矿井电源应采用分列运行方式，一回路运行时，另一回路必须带电备用，以保证供电的连续性。

(2) 对井下各水平中央变电所、主排水泵房和下山开采的采区排水泵房供电的线路，不得少于两回路。

(3) 井下低压配电系统同时存在 2 种或 2 种以上电压时，低压电气设备上应明显地标出其电压额定值。严禁井下配电变压器中性点直接接地。严禁由地面中性点直接接地的变压器或发电机直接向井下供电。

(4) 经由地面架空线路引入井下供电线路，必须在入井处装设避雷装置。

(5) 矿井必须备有井上、下配电系统图，以及井下电气设备布置示意图和电力、电话、信号、电机车等线路平面敷设示意图，并随着情况变化定期填绘。

(6) 电气设备不应超过额定值运行。当防爆电气设备变更额定值使用和进行技术改造时，必须经国家授权的矿用产品质量监督检验部门检验合格后，方可投入运行。

(7) 防爆电气设备入井前，应检查其产品合格证、防爆合格证、矿山矿用产品安全标志及安全性能，检查合格并签发合格证后，方准入井。

(8) 矿山供电施工中的安全技术措施：

① 在施工现场必须有一名班长现场指挥，起吊设备前，仔细检查顶板及受力部位的牢固情况，起吊工具必须完好，起吊锚杆必须牢固可靠，方可进行施工。在起吊过程中，施工人员严禁站立在起吊设备下方向范围内。

② 回收的电气设备及备件必须列出回收明细，否则不得回收。回收电缆时，严禁用钢锯锯电缆，电缆装矿车时必须进行盘置码放；装花车时，两端必须用破皮带进行防护。

③ 搬运电气设备时，要步调一致，轻抬轻放，严禁损坏设备。装车的设备必须捆牢扎实，严禁超高、偏载。

④ 拆除的螺栓螺母、密封圈、挡板等小件物品，必须放在专用袋子内，防止丢失。

三、矿井供电电网保护装置常见问题和安全使用

“安全第一、预防为主、综合治理”是煤矿安全生产的重要方针，矿井安全供电是保证安全生产的重要条件。煤矿井下与地面条件相比，环境恶劣，空间比较狭小，空气湿度相对较大，工作场所一般较潮湿，环境温度高，施工条件差，供电系统及设备容易发生漏电、短路、过负

荷、电火灾、电雷管提前引爆等电气事故。矿井低压供电系统各类故障的发生概率一般高于高压供电系统,其中以漏电故障出现的概率为最高,特别是随着煤炭生产机械化程度的迅速提高,井下生产设备的容量越来越大,投入设备也越来越多,电压等级不断升高。因此,正确分析井下供电线路漏电的原因,及时采取行之有效的处理方法和预防措施,对减少井下供电线路故障、提高供电系统安全性、保证煤矿安全生产具有十分重要的意义。

(一)井下低压供电系统漏电的原因

1. 电缆或电气设备本身的原因

敷设在井下巷道内的电缆,由于井下环境潮湿,且运行多年,其绝缘老化或潮气入侵,引起绝缘电阻下降,使正常运行时系统对地的绝缘阻抗偏低或发生漏电。在这种供电系统中,还会因偶然的过电压冲击使绝缘水平较低处容易发生击穿,产生集中性漏电。开关设备长期使用,接线板潮湿可能造成漏电;其内部元件(主要是控制变压器、接触器、继电器、线圈等)或导线因某种原因使绝缘恶化、导线接头碰壳而造成漏电。通信设备及动力设备与供电电缆混合使用,绝缘性能下降严重造成漏电。

2. 施工安装不当引起漏电

电缆施工接线错误,如误将相线与地线相接(煤矿井下供电电缆中常以黑色线或黄绿色线为接地线使用),通电后就会发生漏电;橡套电缆接头违反施工工艺要求,如不用电缆接线盒连接和明接头等,这些接法都破坏了橡套的绝缘,在井下潮气的侵蚀下易发生漏电,此外,这些接法的机械强度都较低,容易被拉断而造成漏电。电缆与设备连接时,由于芯线接头不牢固,封堵不严、压板不紧,运行或移动时造成接头脱落或接头松动,使相线与金属外壳直接搭接而漏电,或者是因接头发热过度使绝缘损坏而漏电。橡套电缆悬挂方法违反规定,采用铁丝或铝丝悬挂,时间一长,外皮被破坏,就可能发生漏电。

开关或其他电气设备的内部接线错误，或接线头拉脱碰壳，当合闸通电时便发生漏电。此外，电动机内部接头脱落，一相导线脱焊线头接触金属外壳而导致的漏电也较常见。

磁力启动器内的真空接触器未使用阻容保护，在分断时易产生过电压，使电动机的绝缘瞬间击穿而造成漏电。电缆或开关电气超过额定电压运行，导致绝缘性能降低或被击穿。

电缆在井下被压、砸、穿刺；过分弯曲电缆使电缆外皮出现裂隙；运行中电缆盘圈或盘“8”字，导致电缆发热，绝缘老化，绝缘性能降低。

变压器并联运行，电缆线路太长，开关及电机等设备数量太多，存在漏检漏查，从而使电网总绝缘水平下降。

长期使用的电动机因绝缘受潮、绕组散热不良等原因，绝缘材料变质、老化而造成漏电。

3. 管理不当引起漏电

开关设备检修后，残留在开关内的线头、金属碎片等未能清扫干净，或将小零件、工具等忘在开关内，此时如碰到相线，送电后就会发生漏电。检修电气设备时，停送电操作错误、带电操作或施工不慎，可能造成人身触及一相而漏电。

对电气设备、电缆的检查维护不细致、操作使用不当造成的漏电：已受潮或遭水淹的电气设备，未经严格的干燥处理和对地绝缘电阻检测、耐压试验而投入运行，极有可能漏电或导致其他电气故障；设备、电缆闲置不用时不定期升井检修或干燥，导致设备、电缆受潮，绝缘性能降低；开关分、合闸时，因灭弧机构有故障造成电弧熄灭困难、电弧接触外壳而漏电。

电动机因长期被煤石堵塞风道，通风不良造成发热使绝缘受损而漏电；电气设备长期过负荷运行，造成绝缘老化损坏而漏电。

由于管理不严，电缆被埋压或脱落浸泡于水沟中，时间一长将使绝缘老化而漏电；工人工作时，劳动工具（锹、镐、钎等）易将电缆割伤或碰伤而造成漏电。此外，采掘机械移动时，供电电缆受到拉、挤、压、绞等作用，也可能造成漏电。

冷、热补的橡套电缆和浇灌的电缆接头由于线芯连接不牢固、绝缘浇灌不均匀，以及硫化热补或冷补质量低劣，在运行期间容易发热，使油和绝缘胶往外渗漏，严重时就会漏电。

4. 意外事故引起漏电

引起漏电采、掘头面的电气设备离头面太近而受到炮崩，造成设备损坏或绝缘破坏，也是导致漏电的一个原因。井下电缆因短路故障造成局部对地绝缘损坏，当处理故障后未经对地绝缘电阻测定而恢复送电时，就会发生漏电。井下电缆常因顶板冒落、矿车掉道、支柱倾倒等意外机械事故被损伤而导致漏电。

（二）漏电故障的处理方法

漏电故障的处理少则数小时，多则达几个班，因而严重影响矿井生产，降低煤矿企业的经济效益。另外，漏电造成的停电使局部通风机停转，通风恶化，造成瓦斯积聚，严重威胁矿井安全。根据《煤矿安全规程》的规定，井下一旦电网发生漏电，就必须停电处理。

(1) 当电网只设置一台馈电总开关时（开关本身有智能综合保护器），发生漏电故障后，应根据设备和电缆的新旧程度、下井使用时间的长短、周围条件（如潮湿、积水和淋水等）和设备的运转情况，首先判断漏电性质，估计漏电大致范围，然后仔细进行检查，找出漏电点。如仍找不到漏电点，应与瓦斯检查工联系，对可能产生瓦斯积聚的地区（如单巷掘进通风不良的采掘头）进行瓦斯检查。如无瓦斯积聚（瓦斯浓度小于1%），可用下列方法进行处理：发生漏电故障后，将各分路开关分别单独合闸，如果跳闸，则为集中性漏电；如不跳闸，但各分路开关全部合上时却跳闸，一般为分散性漏电。

（2）集中性漏电的处理方法：漏电跳闸后，先暂不拉开各个分路开关，而试合总馈电开关，如能合上，说明漏电点不在干线上，或者虽在干线上，但为瞬间的集中性漏电。试合总馈电开关，如果合不上，则应拉开全部分路开关，然后再合总馈电开关。如果仍合不上，则漏电点在电源线上；拉开全部分路开关后，试合总馈电开关，如能合上，再将各分路开关分别逐个合闸。当合某一开关时跳闸，则表示此分路开关上有集中性漏电；如果分路开关也能合上，可进一步闭合各个启动器。凡是有漏电的支路一旦合闸，总馈电开关便立即跳闸。此外，可根据漏电时间的长短来决定是长期的还是间歇的集中性漏电。

（3）分散性漏电的处理方法：当电网的绝缘水平普遍降低，但未发生一相接地时，检漏继电器也可能动作。此时，可以先拉开全部分路开关，然后再将各分路开关单独一一合闸，并观察总馈电开关绝缘值的变化情况，以确定是哪条线路的绝缘水平最低，最后再用摇表进行摇测。检查到某台设备或者某条电缆的绝缘水平太低时，则应立即处理或进行更换。

（4）当电网设备装有选择性漏电保护装置时，首先应根据选择性漏电保护装置的动作情况，判断漏电故障发生在哪条支路，然后再进一步处理故障支路的漏电地点。例如：总馈电开关漏电时间设置为 100 ms，分路开关漏电时间设置为 50 ms，再下一级分路开关漏电时间设置为 35 ms，当各支路出现漏电时，由时间最短的一级分路开关先跳闸并闭锁保护。显然，安装选择性漏电保护装置（在馈电开关综合保护器菜单中进行设置）以后，有助于处理漏电故障。但是，对于只有在总馈电开关和分路开关设置漏电保护的两级选择性漏电保护系统，由于分路开关以下还有电磁启动器的多个馈出线路，其分路开关的保护范围仍然较大，不得不逐一合分电磁启动器来处理故障线路，因此，最好是在电磁启动器里也设置选择性漏电保护装置（可以更换成智能综合电动机保护器），形成四级选择性漏电保护系统，更便于处理漏电故障。根据现场的运行经验，一般漏电故障多发生在电磁启动器以后输出线路，因而在电磁启动器里设置选择性漏电保护装置是比较合理的。选择性漏电保护装置的使用，将会缩小漏电的停电范围，便于寻找漏电故障并及时排除，从而缩短漏电的停电时间，有利于提高劳动生产率，给矿井带来显著的经济效益。

漏电保护与过流保护及接地保护一起统称为煤矿井下"三大保护"，而且《煤矿安全规程》对漏电保护有着明确的规定和要求。我们只要充分认识到漏电的危害，懂得漏电保护的原理，采取强有力的预防漏电措施，坚持不懈地使用漏电保护装置，漏电事故就能大大降低。特别是近年来，随着科技的不断进步和机电管理水平的进一步提高，以及各监管部门深入开展矿井安全生产标准化工作，井下供电线路的面貌和供电质量有了明显的提高，煤矿井下低压供电线路的漏电故障大幅度减少。

第二节　机电作业安全生产标准化管理

一、安全生产标准化建设的意义

搞好煤矿安全生产标准化建设对煤矿职工来说主要有以下两个方面的重要意义：一是通过煤矿安全生产标准化建设，不断夯实矿井安全生产基础，不断提升安全管理水平，有助于构建更好的生产安全环境，更可靠地保障职工生命安全与健康；二是如果煤矿达到一级标准化矿井，将享受到"在全国性或区域性调整、实施减量化生产措施时，原则上不纳入减量化生产煤矿范围及在地方政府因其他煤矿发生事故采取区域政策性停产措施时，原则上不纳入停产范围”等一系列优惠政策和待遇，这对保证职工家庭收入来源稳定有非常现实的意义。

二、机电作业标准化工作要求

1. 设备与指标

(1) 煤矿各类产品合格证、矿用产品安全标志、防爆合格证等证标齐全。

(2) 设备综合完好率、小型电器合格率、矿灯完好率、设备待修率和事故率等达到规定要求。

2. 煤矿机械

(1) 机械设备及系统能力满足矿井安全生产需要。

(2) 机械设备完好，各类保护、保险装置齐全可靠。

(3) 积极采用新工艺、新技术、新装备，推进煤矿机械化、自动化、信息化、智能化建设。

3. 煤矿电气

(1) 供电设计、供用电设备选型合理。

(2) 矿井主要通风机、提升人员的绞车、抽采瓦斯泵等主要设备，以及井下变(配)电所、主排水泵房和下山开采的采区排水泵房的供电符合《煤矿安全规程》要求。

(3) 防爆电气设备无失爆。

(4) 电气设备完好，各种保护设置齐全、定值合理、动作可靠。

4. 基础管理

(1) 机电管理制度完善，责任落实。

(2) 机电技术管理规范有效，机电设备选型论证、购置、安装、使用、维护、检修、更新改造、报废等综合管理程序规范，设备台账、技术图纸等资料齐全，业务保安工作持续有效。

(3) 机电设备设施安全技术性能测试、检验及探伤等及时有效。

5. 职工素质及岗位规范

(1) 严格执行本岗位安全生产责任制。

(2) 管理、技术人员掌握相关的岗位职责、管理制度、技术措施，作业人员掌握本岗位相应的操作规程和安全措施。

(3) 规范作业，无“三违”行为，作业前进行岗位安全风险辨识及安全确认。

6. 文明生产

(1) 现场设备设置规范、标识齐全，设备整洁。

(2) 管网设置规范，无跑、冒、滴、漏。

(3) 机房、硐室以及设备周围卫生清洁。

(4) 机房、硐室以及巷道照明符合要求。

(5) 消防器材、绝缘用具齐全有效。

三、机电作业标准化基本要求

煤矿机电作业标准化基本要求见表 9-2。

表 9-2 煤矿机电作业标准化基本要求

项目	项目内容	基本要求
一、基础管理	管理制度	建立机电管理制度(规程)，包括停送电管理、设备定期检修、电气试验测试、干部上岗检查、机电设备管理、机电事故统计分析追查、井下防爆电气设备管理、电缆管理、小型电器管理、油脂管理、配件管理、阻燃胶带管理、杂散电流管理以及钢丝绳管理等制度
		机房硐室： 1. 有操作规程、岗位责任，有设备包机、交接班、巡回检查、保护试验、设备检修以及要害场所管理等制度，变电所有停送电管理制度。 2. 有设备技术特征牌板、设备电气图、液压系统图、润滑系统图。 3. 有设备运转、检修、保护试验、干部上岗、交接班、事故、要害场所人员、钢丝绳检查等记录，变电所有停送电记录

表 9-2(续)

项目	项目内容	基本要求
一、基础管理	技术管理	大型机电设备选型论证、安装、验收等符合规定
		设备技术信息档案齐全；主变压器、主通风机、提升机、压风机、主排水泵等大型固定设备做到一台一档
		矿井提升、排水、压风、供水、通信、供电系统和井下电气设备布置图、供电线路平面敷设示意图、井上下配电系统图等图纸齐全，内容、图例、标注规范，及时更新
		岗位操作规程、安全技术措施（方案）及保护试验要求等与实际运行的设备相符
		矿井机电业务保安管理体系完善：有专业培训、专项检查计划并实施；开展机电事故统计分析追查等工作
	设备技术性能测试	主要提升系统、主排水系统、主要通风机系统、空气压缩机等按要求检测检验；检验周期符合《煤矿在用产品安全检测检验规范》等规定要求
		主要提升绞车的主轴、天轮轴、连接装置以及主要通风机的主轴、叶片等主要设备的关键零部件探伤符合规定
		按规定进行防坠器试验、电气试验、防雷设施及接地电阻等测试和试验
二、设备与指标	设备证标	1. 纳入安全标志管理的产品有煤矿矿用产品安全标志。 2. 防爆设备有防爆合格证。 3. 有防爆电气设备和小型电器入井防爆检查记录
	设备完好	机电设备综合完好率不低于 90%
	固定设备	大型在用固定设备完好
	小型电器	小型电器设备完好
	矿灯	使用双光源矿灯，在用矿灯完好率 100%；矿井完好的矿灯总数至少应当比常用矿灯总人数多 10%
	机电事故率	机电事故率不高于 1%

表 9-2(续)

项目	项目内容	基本要求
三、煤矿机械	主要提升(立斜井绞车)系统	1. 系统能力满足生产需要。 2. 安全保护装置符合规定,按规定试验。 3. 立井提升装置的过卷过放、提升容器和载荷等符合规定。 4. 提升装置、连接装置及提升钢丝绳符合规定。 5. 立井井口及各水平阻车器、安全门、摇台等与提升信号闭锁;操车系统电缆、管路、难燃液符合《煤矿安全规程》规定。 6. 提升速度>3 m/s 的立井提升系统安设有防撞梁和托罐装置。 7. 通信、信号装置完善。 8. 上、下井口及各水平安设有摄像头,机房有视频监视,主副井绞车房与矿调度室有直通电话。 9. 机房安设有应急照明装置。 10. 有电动机及主要轴承温度和振动监测,具备故障诊断功能。 11. 主井提升采用集中远程监控,实现无人值守。 12. 机械提升的进风立井或倾斜井巷中敷设电力电缆时,应当有可靠的保护措施,并经煤矿总工程师批准
	主要提升(带式输送机)系统	1. 钢丝绳牵引带式输送机: (1) 能力满足矿井、采区安全生产需要,不混乘,不超速运人; (2) 保护装置及钢丝绳检查使用符合《煤矿安全规程》规定,按规定试验; (3) 全线装设便于搭乘人员或其他人员操作的紧急停车装置; (4) 上、下人地点设声光信号、语音提示和自动停车装置,卸煤口及终点下人处设有防止人员坠入及进入机尾的安全设施和保护; (5) 采用非金属聚合物制造的胶带、绳衬、托辊的阻燃性能和抗静电性能符合有关标准的规定;各种绳轮、滚筒和托辊转动灵活; (6) 上、下人和装、卸载处装设有摄像头,机房有视频监控; (7) 机房有与矿调度室直通电话; (8) 电机及主要轴承有温度振动监测,具备故障诊断功能; (9) 采用集中远程监控,实现无人值守

表 9-2(续)

项目	项目内容	基本要求
三、煤矿机械	主要提升(带式输送机)系统	2. 滚筒驱动带式输送机： (1) 能力满足矿井、采区生产需要； (2) 电动机保护齐全可靠； (3) 设有防滑、防跑偏、防堆煤、防撕裂保护装置，以及温度、烟雾监测和自动洒水装置；主要运输巷道中带式输送机设有输送带张紧力下降保护装置；主斜井必须装设自动报警灭火装置、敷设消防管路； (4) 采用非金属聚合物制造的输送带、托辊和滚筒包胶材料的阻燃性能和抗静电性能符合有关标准的规定；滚筒、托辊转动灵活； (5) 倾斜井巷中使用的带式输送机，上运时，应当装设防逆转装置和制动装置；下运时，应当装设软制动装置且必须装设防超速保护装置； (6) 减速器与电动机采用软连接或软启动控制，液力耦合器严禁使用可燃性传动介质； (7) 连续运输系统安设有连锁、闭锁控制装置，沿线安设有通信和信号装置，设有沿线紧急停车闭锁装置； (8) 大于 16°的倾斜井巷中设置防护网，并采取防止物料下滑、滚落等安全措施； (9) 机头、机尾、搭接及卸载点处设有视频监视和照明，转动部位有防护栏和警示牌，行人跨越处设有过桥； (10) 集中控制机房(硐室)安设有与矿调度室直通电话； (11) 倾斜井巷使用的钢丝绳芯输送机有钢丝绳芯及接头状态检测装置； (12) 有电动机及主要轴承温度和振动监测，具备故障诊断功能； (13) 宜采用集中远程监控，实现无人值守

表 9-2(续)

项目	项目内容	基本要求
三、煤矿机械	主要通风机系统	1. 性能满足矿井通风安全需要。 2. 电动机保护齐全、可靠。 3. 使用在线监测装置,且具备通风机轴承、电动机轴承、电动机定子绕组温度检测和超温报警功能,具备振动监测及报警功能。 4. 每月倒机、全面检查检修 1 次;防爆门每 6 个月检查维修 1 次。 5. 有与矿调度室直通电话。 6. 设有水柱计、电流表、电压表等仪表,并定期校准。 7. 机房安设应急照明装置。 8. 有故障诊断功能。 9. 有主要通风机停机应急预案
	压风系统	1. 能力满足矿井安全生产需要。 2. 电动机保护齐全、可靠。 3. 压力表、安全阀定期检查校准;释压阀定期检查。 4. 油质合格,断油保护可靠。 5. 水冷压缩机水质合格,断水保护可靠。 6. 风冷压缩机冷却系统及环境符合规定。 7. 温度保护可靠,定值准确。 8. 井下压缩机运转时有人监护。 9. 机房安设有应急照明装置。 10. 有电动机及主要轴承温度和振动监测,具备故障诊断功能。 11. 地面压缩机宜采用集中远程监控,实现无人值守

表 9-2(续)

项目	项目内容	基本要求
三、煤矿机械	排水系统	1. 矿井及下山采区主排水系统： (1) 能力满足矿井、采区安全生产需要； (2) 泵房及出口，水泵、管路、配电、控制设备，水仓蓄水能力符合《煤矿安全规程》规定； (3) 有可靠的引水装置； (4) 电动机保护装置齐全、可靠；有水位观测及高、低水位声光报警装置； (5) 排水设施、水泵联合排水试验、水仓清理等符合《煤矿安全规程》规定； (6) 有与矿调度室直通电话； (7) 各种仪表齐全，及时校准； (8) 有电动机及主要轴承温度和振动监测，具备故障诊断功能； (9) 宜采用集中远程监控，实现无人值守。 2. 其他排水地点： (1) 设备及管路符合规定要求； (2) 设备完好，保护齐全、可靠； (3) 能力满足安全生产需要； (4) 使用小型自动排水装置
	抽采瓦斯系统	1. 防回火、防回气、防爆炸以及泄爆、抑爆装置符合规定。 2. 设置甲烷、流量、压力、温度、一氧化碳等监测传感器。 3. 超温断水等保护齐全、可靠。 4. 压力表、水位计、温度表等仪器仪表齐全、有效；阀门灵活。 5. 机房有应急照明。 6. 瓦斯泵站内电气设备防爆性能符合要求，保护齐全、可靠； 7. 有防烟火、防静电、防雷电措施

表 9-2(续)

项目	项目内容	基本要求
四、煤矿电气	地面供电系统	1. 有矿井供电设计及供电系统图,能力满足安全生产需要。 2. 矿井实现双回路供电,主变压器运行方式符合规定。 3. 主要设备供电符合《煤矿安全规程》规定。 4. 各种保护设置齐全、短路电流计算和继电保护定值合理、动作灵敏可靠,高压馈出侧装设有选择性的接地保护。 5. 变电所有可靠的操作电源。 6. 高压开关“五防”功能有效。 7. 反送电开关柜加锁并有明显标志。 8. 6 kV 及以上电网单相接地电容电流符合规定。 9. 电气工作票、操作票符合《电力安全工作规程》的要求。 10. 防雷设施齐全、可靠。 11. 电压、谐波参数符合规定。 12. 主要变电所实现综合自动化保护和控制,实现无人值守。 13. 变电所有应急照明装置。 14. 矿井变电所有与矿调度室直通电话,有录音功能;电力调度电话号码张贴在电话机旁
	井下供电系统	1. 井下供配电网络: (1) 各水平中央变电所、采区变电所、主排水泵房和下山开采的采区泵房供电线路符合规定,运行方式合理; (2) 矿井、采区及采掘工作面等供电地点供电设计符合现场实际; (3) 按规定进行继电保护核算、检查、整定和试验; (4) 实行停送电审批和工作票制度; (5) 井下变电所、配电点供电系统图与实际相符; (6) 调度室、变电所有停送电记录; (7) 变电所设有与矿调度室直通电话; (8) 变电所设置符合规定; (9) 采区变电所应有专人值班或关门加锁并定期巡检; (10) 采用集中远程监控,实现无人值守

表 9-2(续)

项目	项目内容	基本要求
四、煤矿电气	井下供电系统	2. 电缆、防爆电气设备及小型电器无失爆
		3. 采掘工作面供电： (1) 配电点设置符合规定； (2) 掘进工作面“三专两闭锁”设置齐全、灵敏可靠； (3) 采煤工作面甲烷电闭锁设置齐全、灵敏可靠； (4) 按要求试验，有试验记录
		4. 高压供电装备： (1) 高压控制设备装有短路、过负荷、接地和欠压释放保护； (2) 向移动变电站和高压电动机供电的馈电线路上，装设选择性的动作于跳闸单相接地保护； (3) 真空高压隔爆开关装设有过电压保护
		5. 低压和 3 300 V 供电装备： (1) 采区变电所、移动变电站或者配电点引出的馈电线上有短路、过负荷和漏电保护； (2) 有检漏或选择性的漏电保护； (3) 按要求试验，有试验记录
		6. 变压器及电动机控制设备： (1) 干式变压器、移动变电站过负荷、短路等保护齐全可靠； (2) 低压和 3 300 V 电动机控制设备有短路、过负荷、单相断线、漏电闭锁保护及远程控制功能
		7. 保护接地符合规定
		8. 信号照明系统：井下照明和信号的配电装置综合保护功能齐全、可靠
		9. 电缆： (1) 井下动力、照明、信号以及控制、通信电缆使用煤矿用电缆； (2) 电缆连接及引入符合规定； (3) 电缆敷设(吊挂)符合规定

表 9-2(续)

项目	项目内容	基本要求
五、文明生产	设备设置	1. 井下移动电气设备上架,小型电器设置规范、可靠。 2. 标志牌内容齐全。 3. 防爆电气设备和小型防爆电器有防爆入井检查合格证。 4. 各种设备(设施)表面清洁,无锈蚀
	管网	1. 各种管路应每 100 m 设置标识,标明管路规格、用途、长度、流向、管路编号等。 2. 管路敷设符合要求。 3. 无锈蚀,无跑、冒、滴、漏
	机房卫生	1. 机房硐室、机道和电缆沟内外卫生清洁。 2. 无积水,无油垢,无杂物。 3. 电缆、管路排列整齐
	器材工具	电工操作绝缘用具齐全合格
附加项	设备管理	建设设备管理系统,有效实施设备全生命周期管理

第三节　矿用大型机电设备管理与维护

一、矿用主要通风机管理与维护

(一) 主要通风机安全使用

(1) 主要通风机司机必须坚守岗位,尽职尽责,严格按规程操作和交接班。备用通风机必须能在 10 min 内开动。

(2) 主要通风机挡风口的防爆门每 6 个月检查维修 1 次。

(3) 矿井主要通风机的反风设施必须保证能在 10 min 内改变巷道中的风流方向;当风流改变后,主要通风机的供风量不应小于正常供风量的 40%。

(4) 保证主要通风机正常运行,其他原因停止风机运转时,必须制定停风安全措施，并报上级单位批准。因停电原因造成停风时，必须立即打开井口防爆门和有关风门，利用自然风压通风。

(5) 井下主泵房两侧双向风门必须完好，正常使用，有问题及时汇报。

(二) 主要通风机安全运行中应注意的问题

(1) 运转中要经常注意声音和振动，若有异常情况应停机检查，开启备用通风机。

(2) 经常检查轴承温度，滚动轴承温度应小于 75 ℃，滑动轴承温度应小于 65 ℃。

(3) 经常保证润滑系统油的质量及油量。

(4) 若发现叶轮和机壳内壁有摩擦声或叶轮松动的声音，必须停机检查。

(5) 轴流式通风机叶片角度应保持一致，误差不超过$\pm 1^{\circ}$。

(6) 叶轮平衡，能在任何位置上保持停止状态。

(7) 主轴及传动轴的水平偏差不大于 0.2‰。

(8) 电动机、启动设备、开关柜符合完好标准，接地装置合格，各种仪表指示正确。

(9) 通风机房防火设施齐全。

(三) 主要通风机安全运行的保障措施

(1) 主要通风机运行期间，必须保障每班司机按时到岗交接班。

(2) 主要通风机司机必须按操作规程对通风机进行操作。

(3) 主要通风机司机必须按时对通风机进行巡视和检查，发现异常及时汇报处理，并详细记录通风机运行情况。

(4) 主要通风机因检修、停电或其他原因停止运行时，备用通风机必须在 10 min 内开动，确保备用通风机正常运行。

(5) 因停电或其他原因不能保障通风机运转时，必须立即打开井口防爆门和有关风门，利用自然风压进行通风。

（6）矿用主要通风机在运行期间应制订周期性检修及保养计划，并按照周期性检修及保养计划进行强制检修。常用主要通风机周期性检修保养见表9-3。

表9-3　常用主要通风机周期性检修保养

序号	检修项目	周期
1	主要通风机定期检修、倒台运行	每月
2	检查通风机主轴、传动轴、制动闸、扩散器及消音器	每月
3	检查、检修主要通风机风门、绞车及钢丝绳有无锈蚀、断丝现象	每月
4	检查、检修润滑油站及油管	每月
5	检查衬板及衬板螺栓，清扫扇叶灰尘，测量扇叶间隙	每月
6	检查防爆盖、风道裂纹、变形、漏风等	每月
7	检查电气元件接头，紧固各部位螺丝	每月
8	电气设备、电缆绝缘摇测	每月
9	检查测温装置、电机、接线盒，并清扫	每月
10	检查高低压柜，紧固、除尘	每月
11	检查各风门电机、限位开关	每月
12	做空盘试验、直流屏放电试验	每月
13	检查轴承磨损情况，更换或加润滑油	每月
14	检查联轴器间隙、径向位移、端面倾斜度等	每月
15	润滑油油质化验	2个月
16	检查处理风门、防爆门、风道裂纹、变形、漏风等	每季
17	检查接地电网接地电阻值和敷设的电缆	每季
18	检查叶轮叶片有无变形、裂纹，铆钉有无松动、断裂，以及外壳吸风口之间的间隙等；检查主风门电机及齿条	每季

表 9-3(续)

序号	检修项目	周期
19	检查反风设施	每季
20	过滤液压润滑油	半年
21	检修风门、绞车及钢丝绳是否涂油	半年
22	检查天车起吊索具	半年
23	绝缘靴、绝缘手套试验	半年
24	压力表校验	半年
25	主要通风机电气试验,主要通风机电气仪表校验,高压电缆耐压泄漏试验,主要通风机接地极电阻测量及避雷装置检查,高压真空断路器、换向器预防性试验,避雷器试验	每年
26	检查机壳内所有油管路的密封性,将机壳上半部分吊出(注意先卸下两侧围带),检查动叶片质量,清除风机流道内的积灰、沉积物等,并对受损处做防锈蚀处理,打开风门外壳一侧上的圆形检查孔,对闸门底部的滚轮、轻轨等做常规检查,对扇叶叶柄探伤	每年

(四) 矿用主要通风机反风

《煤矿安全规程》第 159 条规定:生产矿井主要通风机必须装有反风设施,并能在 10 min 内改变巷道中的风流方向;当风流方向改变后,主要通风机的供给风量不应小于正常供风量的 40%。每季度应当至少检查 1 次反风设施,每年应当进行 1 次反风演习;矿井通风系统有较大变化时,应当进行 1 次反风演习。

反风是指改变风流的方向,使风流反向流动。对于抽出式矿井,是将风流变为压入式,回风井变为进风井。反风的目的是一旦矿井进风井口附近、进风井筒、井底车场和与井底车场直接相通的进风大巷等发生火灾时,应采用全矿性反风,防止高温烟流和有害气体随风流进入井下，从而保证井下人员的安全撤离和缩小灾害范围。

常用轴流式通风机反风流程如下：

(1) 提前一天检查施工所需的工具，向参加反风的人员贯彻反风措施及签字。

① 检查确认工具完好。

② 检查确认风门牢固无松动。

③ 检查确认参加反风的人员已在措施上签字，并清楚反风时自身的职责。

(2)反风前闭锁防爆门，并检查防爆门完好情况。

① 检查确认防爆门已闭锁，压板螺丝紧固无松动。

② 检查确认防爆门密封严密无漏风，重锤完好，悬挂钢丝绳无断丝。

(3)反风时需由调度室统一指挥，确认已得到调度室“开始反风”的命令。

(4)执行反风开始后的各项操作步骤。

① 检查确认通风机已停机。

② 检查确认通风机刹车装置逐渐动作，主要通风机已停稳。

③ 检查确认通风机换向柜换相刀闸已切换到位。

④ 检查确认通风机刹车装置已打开，不影响开车。

⑤ 开启通风机。

⑥ 成功开始反风。

(5)反风结束后停车，并正向开启主要通风机。

① 确认得到调度室“反风结束”命令。

② 正向开启原运转主要通风机。

(6) 打开防爆门闭锁，离开现场。

① 确认主要通风机正向运转正常。

② 确认防爆门闭锁已打开,并恢复到位。

③ 得到调度室同意后离开现场。

在实际反风作业时,应注意以下两点:

(1) 实施全矿井反风的目的是防止有毒有害气体危及井下人员密集的区域。反风前,原进风侧人员必须及时撤离。在矿井反风后实施救灾过程中,无确切把握时,严禁随意改变风流调度措施。对于采用抽出式通风的多回风井通风系统,必须周密考虑灾变时期风流控制的准确性和可靠性,一旦井下某个区域发生爆炸,防爆盖被炸开、主要通风机临时停止运转,为了避免灾区的有毒有害气体侵蚀其他区域,非灾区可以根据实际情况选择联合反风,并确定反风先后顺序。

(2) 反风及其辅助设施必须保证灵敏可靠,包括主要通风机反转操控设施和电气设备、井口楼门窗及墙体、反风道、地面闸门和风门、电控设备、绞车装置、防爆门、反风设备的防冻设施,以及进、回风井之间和主要进、回风道之间的正、反向风门等。反风设施的检查每季度至少要进行 1 次,查出问题限期解决,保证反风设施始终处于完好状态。

二、矿井主提升系统管理与维护

(一) 矿用提升绞车的使用

矿用提升绞车是矿山日常生产中的部分,它的使用直接影响到矿井产量,那么要延长矿用提升绞车的使用寿命,日常维护、检修以及故障处理工作就要跟得上。矿用提升绞车的维护、检修及故障处理工作如下:

(1) 用检查手锤检查各部分的连接零件(如螺栓、铆钉、销轴等)是否松动,由检查孔观察减速器齿轮的啮合情况。

(2) 检查润滑系统的供油情况及制动系统的工作状况。

(3) 检查深度指示器的丝杠螺母紧固情况,以及保护装置和仪表等动作是否正常。

(4) 检查各转动部分的稳定性,如轴承是否振动,各部机座和基础螺栓(螺钉)是否松动。

(5) 试验过卷保护装置。

(6) 手试一次松绳信号装置,试验各种信号(包括满仓、开机、停机、紧急信号等)。

(7) 在手动检查过提升机的信号装置后,还要检查各个接触器,包括信号盘、转自控制盘、换向器等触点是否出现磨损的情况。如果发现了磨损现象,要对该设备进行及时更换,对于烧损的部位要及时进行修理,保持良好的接触性能,以确保不会因此而出现故障。

(8) 检查调绳离合器及天轮的转动情况,如衬垫、轴承等。

(9) 检查提升容器及其附属机构(如阻车器、连接装置、罐耳等)的结构情况是否正常。

(10) 检查防坠器系统的弹簧、抓捕器、联动杆等的连接和润滑情况。

(11) 检查井口装载设备(如推车机、爬车机、翻车机、阻车器、摇台或罐座、门等)的工作情况。

上述检查工作都进行过之后,还要检查矿用提升绞车的提升机的钢丝绳工作状况是否良好。因为提升机的钢丝绳在提升机工作过程中也会起到非常大的作用,所以在检查钢丝绳时,要记得检查钢丝绳在滚筒上的排列情况。

(二) 矿用主提升机的常见保护及试验周期

为保证机电设备安全可靠运转,安全保护装置必须使用正常,确保灵敏可靠;安全保护装置的试验必须按照规定进行,认真做好试验记录。

矿用主提升机的常见保护及试验周期见表 9-4。

表 9-4　矿用主提升机的常见保护及试验周期表

序号	安全保护装置项目	试验要求
1	过卷装置	司机每班一次提罐(箕斗)过卷试验,维护工每天检修一次室内外过卷装置
2	闸瓦间隙保护装置	维护人员每天检查试验一次,每旬至少测量调整一次
3	错向保护	司机每班检查一次,维护人员每天检查一次
4	提升容器位置指示保护	每旬试验一次
5	过负荷和欠电压保护	维护工每天检查一次
6	超速保护	司机、维护人员每天共同检查一次,每月试验一次,每半年检修校核一次
7	2 m/s 限速保护	司机、维护人员每天共同检查一次,每月试验一次,每半年检修校核一次
8	减速功能保护	维护工每天检查一次,司机每班试验一次
9	紧急泄油保护	每旬试验一次
10	液压站超压保护	每天试验一次
11	液压站超温保护	每天试验一次
12	急停保护	每旬试验一次
13	二级制动	每月试验一次
14	润滑油站欠压保护	每旬试验一次
15	液压站冗余回路保护	每旬试验一次

(三)提升钢丝绳和提升容器的使用与维护

1. 钢丝绳的选型

(1)应由具备资质的设计部门选型设计,并经使用单位机电部门审核。

(2) 选择钢丝绳类型时应考虑提升机类型、提升负荷、使用环境、缠绳层数等因素，钢丝绳安全系数必须符合《煤矿安全规程》规定。其选用原则如下：

① 立井单绳缠绕式提升，以疲劳断丝为钢丝绳损坏的主要原因，可选用线接触圆形股或三角形股钢丝绳。

② 立井多绳摩擦式提升，应选用同向捻钢丝绳对称各半使用或使用不松散钢丝绳，应做预拉伸，防止钢丝绳受力不均。

③ 斜井巷，选用外粗式线接触钢丝绳或面接触钢丝绳。

④ 在矿井淋水大、酸碱度高和出风井的井筒中，由于锈蚀严重而影响钢丝绳使用寿命的，选用镀锌钢丝绳。

2. 钢丝绳的使用与维护

(1) 使用单位应配备足够的人员(井筒吊挂工)对钢丝绳进行日常检查和维护。钢丝绳检查人员应熟知《煤矿安全规程》中钢丝绳的有关规定。

(2) 提升钢丝绳每天必须检查一次，平衡钢丝绳、罐道绳、防坠器钢丝绳(包括缓冲绳)、架空乘人装置钢丝绳、钢丝绳牵引带式输送机钢丝绳和井筒悬吊钢丝绳每周至少检查一次。钢丝绳的检查内容应包括断丝、直径缩小、意外损伤和锈蚀等，并注明部位。对易损伤、锈蚀严重及断丝较多的部位应详细检查。

(3) 主要斜巷钢丝绳每天检查一次。各轨道上下山地滚、立滚要安装齐全，做到钢丝绳不磨轨枕、钢轨、巷帮等；绞车不运行时，钩头要放在离绞车最近的片盘内，以免钢丝绳加重锈蚀。

(4) 验绳的方法及要求：

① 验绳前要与提升机司机、监护人员及信号工共同确定联系信号。检查期间不得同时进行井筒和提升机的其他检修工作。

② 验绳时禁止戴手套，验绳速度不大于0.5 m/s，以目测观察和用手捋摸相互配合的方式进行，对断丝的突出部位应立即剪下、修

平。必须检查全绳。

③ 对容器停车位置的主要受力段、多层缠绕的上下层换层临界段及断丝、锈蚀严重的区段，应停车详细检查。

④ 验绳期间要做好检查记录，并应妥善保存。

(5) 检查中若发现断丝或直径减小量超过《煤矿安全规程》规定或其他异常情况时，应立即停止提升，并向矿、科(区)、队领导汇报。

(6) 检查时发现钢丝绳“吐红”，可能是内部锈蚀，应引起注意、仔细检查，需要时可剁绳头检查钢丝绳情况。

(7) 钢丝绳在运行中遭受卡罐、突然停车等猛烈拉力时，必须立即停车检查，发现下列情况之一者，必须将受力段剁掉或更换全绳：

① 钢丝绳产生严重扭曲或变形。

② 断丝和直径减小量超过《煤矿安全规程》规定。

③ 遭受猛烈拉力的一段的长度伸长 0.5%以上。

(8) 钢丝绳有下列情形之一时，必须更换：

① 钢丝绳锈蚀严重或点蚀麻坑形成沟纹，外层钢丝松动时，不论断丝数多少或绳径是否变化。

② 在钢丝绳使用期间，断丝突然增加或者伸长突然加快。

③ 不合格钢丝的断面积与钢丝总断面积之比达到 25%。

④ 以合格钢丝拉断力总和为准算出的安全系数，小于《煤矿安全规程》的规定。

(9) 钢丝绳涂油。

① 使用中的钢丝绳根据井巷条件及锈蚀情况，每月至少涂油一次。摩擦轮式提升机钢丝绳只准涂、浸专用的钢丝绳油(增摩脂)，对不绕过摩擦轮部分的钢丝绳涂防腐油。

② 进行防锈涂油作业时，应首先将钢丝绳表面的煤泥(水)清理干净，但不得用汽油、煤油等挥发性油类清洗。

③ 涂油作业必须有安全技术措施。

(10) 使用有接头的钢丝绳时，必须遵守《煤矿安全规程》的规定。

(11) 钢丝绳绳头固定在滚筒上时，应符合下列要求：

① 必须有特备的容绳或卡绳装置，严禁系在滚筒轴上。

② 绳孔不得有锐利的边缘，钢丝绳的弯曲不得形成锐角。

③ 滚筒上应经常缠留 3 圈绳，用于减轻固定处的张力，且必须留有做定期检验用的补充绳。

(12) 摩擦轮式主提升钢丝绳使用期限不超过 2 年。到期经检查，各项指标符合《煤矿安全规程》规定，需要延期使用时，使用单位必须书面申请报公司机电处审核。机电处组织专业人员现场检查认定后，批复是否延期。每次批复延期不得超过 3 个月，延期总时间不得超过 1 年。

3.《煤矿安全规程》对提升容器的相关规定

《煤矿安全规程》第 393 条规定，立井提升容器和载荷，必须符合下列要求：

① 立井中升降人员应当使用罐笼。在井筒内作业或者因其他原因，需要使用普通箕斗或者救急罐升降人员时，必须制定安全措施。

② 升降人员或者升降人员和物料的单绳提升罐笼必须装设可靠的防坠器。

③ 罐笼和箕斗的最大提升载荷和最大提升载荷差应当在井口公布，严禁超载和超最大载荷差运行。

④ 箕斗提升必须采用定重装载。

《煤矿安全规程》第 394 条规定，专为升降人员和升降人员与物料的罐笼，必须符合下列要求：

① 乘人层顶部应当设置可以打开的铁盖或者铁门，两侧装设扶手。

② 罐底必须满铺钢板，如果需要设孔时，必须设置牢固可靠的门；两侧用钢板挡严，并不得有孔。

③ 进出口必须装设罐门或者罐帘，高度不得小于 1.2 m。罐门或者罐帘下部边缘至罐底的距离不得超过 250 mm，罐帘横杆的间距不得大于 200 mm。罐门不得向外开，门轴必须防脱。

④ 提升矿车的罐笼内必须装有阻车器。升降无轨胶轮车时，必须设置专用定车或者锁车装置。

⑤ 单层罐笼和多层罐笼的最上层净高（带弹簧的主拉杆除外）不得小于 1.9 m，其他各层净高不得小于 1.8 m。带弹簧的主拉杆必须设保护套筒。

⑥ 罐笼内每人占有的有效面积应当不小于 0.18 m^2。罐笼每层内 1 次能容纳的人数应当明确规定。超过规定人数时，把钩工必须制止。

⑦ 严禁在罐笼同一层内人员和物料混合提升。升降无轨胶轮车时，仅限司机一人留在车内，且按提升人员要求运行。

《煤矿安全规程》第 396 条规定，提升容器的罐耳与罐道之间的间隙，应当符合下列要求：

① 安装时，罐耳与罐道之间所留间隙应当符合下列要求：a. 使用滑动罐耳的刚性罐道每侧不得超过 5 mm，木罐道每侧不得超过 10 mm。b. 钢丝绳罐道的罐耳滑套直径与钢丝绳直径之差不得大于 5 mm。c. 采用滚轮罐耳的矩形钢罐道的辅助滑动罐耳，每侧间隙应当保持 10～15 mm。

② 使用时，罐耳和罐道的磨损量或者总间隙达到下列限值时，必须更换：a. 木罐道任一侧磨损量超过 15 mm 或者总间隙超过 40 mm。b. 钢轨罐道轨头任一侧磨损量超过 8 mm，或者轨腰磨损量超过原有厚度的 25%；罐耳的任一侧磨损量超过 8 mm，或者在同一侧罐耳和罐道的总磨损量超过 10 mm，或者罐耳与罐道的总间

隙超过 20 mm。c. 矩形钢罐道任一侧的磨损量超过原有厚度的 50%。d. 钢丝绳罐道与滑套的总间隙超过 15 mm。

（四）提升装备的检修与维护

立井提升机在日常运行期间应制订周期性检修及保养计划，并按照周期性检修保养计划进行强制检修。常用立井提升机强制周期性定期检修保养计划见表 9-5。

表 9-5　常用立井提升机强制周期性定期检修计划表

序号	检修项目	周期
1	主轴装置检查	每月
2	减速器齿轮磨损及润滑情况	每月
3	联轴器及销、键，润滑系统、制动系统检查	每月
4	闸瓦接触面积测量、闸板厚度测量、闸间隙测量并调整	每月
5	阀类、滤芯清洗	每月
6	罐道、罐道梁、罐耳间隙检查	每月
7	防撞梁及托罐装置、过放装置检查	每月
8	离合器闭锁检查试验	每月
9	主、副钢丝绳涂油	每月
10	液压油化验	2 个月
11	润滑油化验	2 个月
12	滚筒绳根卡子、绳衬检查	每季
13	钢丝绳、楔形环、提升容器连接情况检查	每季
14	天轮轴承及主轴轴承更换润滑油（脂）	每季
15	液压站倒台运行	每季
16	检查处理深度指示器和传动部件	半年
17	罐笼不脱钩试验	半年

表 9-5(续)

序号	检修项目	周期
18	液压站液压油过滤	半年
19	钢丝绳剁头试验	半年
20	天轮轴及主轴水平度检查	每年
21	制动系统碟形簧性能检查	每年
22	绞车性能测定	每年
23	(主、副)罐笼脱钩试验	每年
24	液压站液压油更换、油箱清洗	每年
25	检查测量罐道磨损量、罐道和罐耳间隙、罐道间距	每年
26	天轮轴、主轴探伤	每年
27	井架、梯子间、管道及各种托架锈蚀情况检查	每年
28	制动器碟形弹簧更换	3 年
29	蓄能器氮气压力检查	每季
30	紧固并调试电气各接头及触点，全面检查信号系统及闭锁装置，调绳开关与闭锁检查	每月
31	检查高压真空柜、馈出柜、换向柜调节螺母、锁紧螺母、触头阻值及同时性，全面检查并调整各种保护装置	每月
32	检查处理低压盘	每季
33	主电机清扫，测量调整主电机气隙	每季
34	接地电阻值检查测定	每季
35	清扫、紧固电控系统，检查处理高压换向柜、主令换向器	半年
36	调整高压柜开闭机构的同时性和接触情况	每年
37	电气试验	每年

（五）液压制动系统的检查与维护

1. 盘式制动器的检查与维护

盘式制动器闸瓦与制动盘的间隙不得大于 2 mm，当闸瓦间隙超过规定值时应及时调整。调整之前，将提升容器停在井筒中错罐的位置，并将滚筒用定车装置锁死，向制动液压缸中注入压力油，使制动器处于全部敞闸状态，测量闸瓦与制动盘之间的间隙。然后将两侧闸瓦间隙调整到 1 mm 左右。调整完成后，对闸进行开合试运行，并重新测量间隙，如有变化应继续调整。

碟形弹簧的检查是为了使制动盘两边作用力相等，各碟形弹簧的特性应该尽量一致，必须加强对碟形弹簧的检查与维护。碟形弹簧的检查方法如下：首先使机器处于全抱闸状态，再向制动液压缸慢慢充入压力油，使制动液压缸内压力慢慢升高，各个闸瓦在不同压力下逐个松开。记录下闸瓦离开制动盘时的压力，如果各个闸瓦的压力有明显区别，则需检查在较低油压下放开的闸，并检查碟形弹簧。

盘式制动闸的检查与维护：

① 闸瓦厚度大约为 15 mm，磨损到 5 mm 时，必须更换。

② 定期检查密封的完好情况，并及时更换损坏的密封。

③ 制动盘偏摆越小越好，最大不能超过 0.5 mm，否则会影响制动盘的正常工作，加快闸瓦磨损。

2. 液压站的日常维护

液压站在液压制动系统中有着非常重要的作用，使用频率非常高。液压站的使用与维护应注意以下问题：

(1) 注意排除系统油液内的气泡。溶解在油液中的空气，当压力低时就会从油液中逸出，产生气泡。当压力高时，在压力油的冲击下，这些气泡又会被击碎，急剧地受到压缩，使系统工作时产生噪声，在提升机制动过程中会出现制动不稳定现象。在液压站运转一定时间后，还可能有少量空气侵入，因此，当发现松闸时间较长时，应进行排气。

(2) 油泵吸油管插入油箱不能太短,以免导致在吸油口处形成旋涡,将空气吸入油泵。另外,所有的回油管出油口均需在油箱液面以下。吸油管和回油管在油箱中距离不能太近,以免造成回油飞溅,产生气泡。

(3) 油箱内的油面不能低于规定的高度,以保证油箱中有足够的油量。在工作过程中油液会耗损并变质,需定期做优质化验并及时补充新的油液。向油箱内加油或换油时,必须通过专用的滤油装置进行,不能直接将油液注入油箱。

(4) 如果系统中密封元件出现损坏,油管接头以及液压元件接合处的螺钉拧不紧,外界空气都会从这些地方侵入,所以在平时检修中要及时更换失效密封元件和磨损超限的液压元件。

(5) 油液的质量对液压站的安全运转有特别重要的意义。在运转中要保证油液的清洁,防止油液中混入杂质或污物,否则就会使液压站产生故障。

液压站所有的泵及阀类元件,相对运动间都有很好的配合表面,这些配合表面的间隙都很小。此外,在液压元件中还有很多的阻尼孔、节流孔等,如果油液中混入杂物,就会导致这些间隙和小孔堵塞,使液压元件无法正常工作。如果污物进入阀芯与阀体的配合表面,就会划伤配合表面,产生泄漏,有时甚至使阀芯卡堵,造成阀的动作失灵。如果油液中污物过多,还会使油泵吸油口处的滤网堵塞,造成吸油阻力过大,使油泵无法正常工作。油液中的污物也会加速油的变质,使其失去原有的性能。在液压系统常见的故障中,有很多是由于油液不干净造成的。因此,保证油液的清洁,是维护液压站的一个重要方面,工作中应特别注意。

(6) 在日常巡检中要检查油液的温度,油温过高或过低都会影响油液的性能。

停车时间较长或更换油液后,需对液压油预热,以免影响液压站工作的稳定性。最简便的预热方法是启动液压站运转一段时间,待油温升高后再投入工作。

三、矿用主排水设备管理与维护

《煤矿安全规程》第 311 条规定:矿井应当配备与矿井涌水量相匹配的水泵、排水管路、配电设备和水仓等,并满足矿井排水的需要。除正在检修的水泵外,应当有工作水泵和备用水泵。工作水泵的能力,应当能在 20 h 内排出矿井 24 h 的正常涌水量(包括充填水及其他用水)。备用水泵的能力,应当不小于工作水泵能力的 70%。检修水泵的能力,应当不小于工作水泵能力的 25%。工作和备用水泵的总能力,应当能在 20 h 内排出矿井 24 h 的最大涌水量。

排水管路应当有工作和备用水管。工作排水管路的能力,应当能配合工作水泵在 20 h 内排出矿井 24 h 的正常涌水量。工作和备用排水管路的总能力,应当能配合工作和备用水泵在 20 h 内排出矿井 24 h 的最大涌水量。

配电设备的能力应当与工作、备用和检修水泵的能力相匹配,能够保证全部水泵同时运转。

《煤矿安全规程》第 312 条规定:主要泵房至少有 2 个出口,一个出口用斜巷通到井筒,并高出泵房底板 7 m 以上;另一个出口通到井底车场,在此出口通路内,应当设置易于关闭的既能防水又能防火的密闭门。泵房和水仓的连接通道,应当设置控制闸门。

排水系统集中控制的主要泵房可不设专人值守,但必须实现图像监视和专人巡检。

《煤矿安全规程》第 313 条规定:矿井主要水仓应当有主仓和副仓,当一个水仓清理时,另一个水仓能够正常使用。

水仓进口处应当设置箅子。对水砂充填和其他涌水中带有大量杂质的矿井,还应当设置沉淀池。水仓的空仓容量应当经常保持在总容量的50%以上。

《煤矿安全规程》第314条规定：水泵、水管、闸阀、配电设备和线路，必须经常检查和维护。在每年雨季之前，必须全面检修1次，并对全部工作水泵和备用水泵进行1次联合排水试验，提交联合排水试验报告。

水仓、沉淀池和水沟中的淤泥，应当及时清理，每年雨季前必须清理1次。

《煤矿安全规程》第315条规定：大型、特大型矿井排水系统可以根据井下生产布局及涌水情况分区建设，每个排水分区可以实现独立排水，但泵房设计、排水能力及水仓容量必须符合本规程第311条至第314条要求。

《煤矿安全规程》第316条规定：井下采区、巷道有突水危险或者可能积水的，应当优先施工安装防、排水系统，并保证有足够的排水能力。

（一）矿用主排水设备的联合运行

当一台离心式水泵无法满足排水流量或扬程要求时，可采用两台或多台水泵串联或并联工作。在串联或并联时，一般采用同型号的水泵。

1. 水泵的串联工作

采用串联工作的目的是增大扬程。当井筒较深时，现有水泵的扬程不能满足要求，可采用两台或多台水泵串联工作。如现有水泵扬程能满足排水扬程的要求，最好不要进行串联。实际使用中，由于串联工作受水泵强度、排水系统设计的影响，因此很少采用。

2. 水泵的并联工作

水泵并联工作的目的是增大流量。当现有水泵的流量不能满足排水需要时，或者管路趟数少于需求时，可采用并联排水。

水泵的并联可以增大流量，在矿井排水中常用这种方法对水泵工况点进行调节，以满足生产需要。

（二）矿用主排水设备的检修与维护

为使水泵能够高效稳定地工作，必须定期对其进行维修，维修项目和每次维修的间隔时间取决于水泵的工作条件和水泵的运行状况。

定期检查水泵的性能，并做好记录，按记录数据去分析水泵是否正常工作，是否需要维修或者更换。

水泵常见检修周期及检修项目如下。

1. 日检

(1) 检查泵体有无异常。

(2) 检查各部轴承温度、振动，加注润滑油(脂)。

(3) 检查盘根漏水情况，及时更换盘根。

(4) 检查各部位螺丝、稳钉、销子有无松动。

(5) 检查泵房内管路、阀门是否漏水。

2. 月检

(1) 包括日检项目。

(2) 检查、调整轴瓦间隙，检查轴承间隙及磨损情况，更换润滑油(脂)。

(3) 检查平衡盘，调整水泵窜量和对轮间隙。

(4) 检查电机、开关，及时更换干燥剂。

(5) 检查吸水笼头、水边吸水段是否吸入杂物。

(6) 检查吸水井淤泥情况及配水闸的情况。

(7) 摇测绝缘电阻。

3. 季检

(1) 包括月检项目。

(2) 检查调整联轴器端面倾斜度、径向位移。

(3) 检查联轴器胶圈。

(4) 接地电阻遥测。

水泵的维修最好根据矿井的具体情况,总结经验,得到更换零部件以及定期检修的可靠间隔时间。有些矿井泥沙含量较大,叶轮、平衡盘等磨损就较严重,更换叶轮和平衡盘的时间就会相对较短,清理回水管的时间间隔也会相对较短。因此,要根据本矿的实际情况,制定出切实可行的检修制度,并按检修制度严格维护,确保水泵高效稳定工作,保证安全生产。

四、矿用空气压缩机管理与维护

(一) 矿用空气压缩机的管理

《煤矿安全规程》第 432 条规定,空气压缩机站设备必须符合下列要求:

(1) 设有压力表和安全阀。压力表和安全阀应当定期校准。安全阀和压力调节器应当动作可靠,安全阀动作压力不得超过额定压力的 1.1 倍。

(2) 使用闪点不低于 215 ℃的压缩机油。

(3) 使用油润滑的空气压缩机必须装设断油保护装置或者断油信号显示装置。水冷式空气压缩机必须装设断水保护装置或者断水信号显示装置。

《煤矿安全规程》第 433 条规定,空气压缩机站储气罐必须符合下列要求:

(1) 储气罐上装有动作可靠的安全阀和放水阀,并有检查孔。定期清除风包内的油垢。

(2) 新安装或者检修后的储气罐,应当用 1.5 倍空气压缩机工作压力做水压试验。

(3) 在储气罐出口管路上必须加装释压阀,其口径不得小于出风管的直径,释放压力应当为空气压缩机最高工作压力的 1.25～1.4 倍。

(4) 避免阳光直晒地面空气压缩机站的储气罐。

《煤矿安全规程》第434条规定,空气压缩设备保护,必须遵守下列规定:

(1) 螺杆式空气压缩机的排气温度不得超过120 ℃,离心式空气压缩机的排气温度不得超过130 ℃。必须装设温度保护装置,在超温时能自动切断电源并报警。

(2) 储气罐内的温度应当保持在120 ℃以下,并装有超温保护装置,在超温时能自动切断电源并报警。

(二) 矿用空气压缩机的检查与维护

对空气压缩机的合理使用,及时正确的维护保养,保证机件精度,是提高设备利用率、降低维护成本、确保设备正常运转、延长设备使用寿命的有效途径。实践证明,设备的寿命很大程度上取决于维护保养是否及时。

1. 日常维护

设备的日常维护也称为例行维护。它以操作人员维护为主,每班擦拭、除尘、润滑、紧固易松动的螺丝,检查零部件的完整性,检查运转是否正常及有无异响、漏油、漏水、漏气等现象。

2. 定期检修

常见空气压缩机的周期性检修安排见表9-6。

表9-6 常见空气压缩机的周期性检修安排表

序号	检修项目	周期
1	检查电气元件接头,紧固各部位螺丝	每月
2	电气设备、电缆绝缘摇测	每月
3	检查电气及接线是否完好	每月
4	检查处理风包、风路	每月
5	检查处理各种闸阀和逆止阀	每月

表 9-6(续)

序号	检修项目	周期
6	检查处理冷却水循环系统	每月
7	检查安全阀、释压阀	每月
8	检查并拆下空气滤芯,用 0.4 MPa 左右的压缩空气吹扫	每月
9	清洁电机灰尘	每月
10	接地电网阻值测定	每季
11	清洁主电机和风扇电机	每季
12	检查接地电网接地电阻值	每季
13	检查敷设电缆	每季
14	检查所有电线连接情况并予以紧固	每季
15	高低压柜清扫、紧固	每季
16	检查天车起吊索具	半年
17	压力表校验	半年
18	压风机油闪点试验	半年
19	绝缘靴、绝缘手套试验	半年
20	释压阀试验	每年
21	性能测试	每年
22	电气试验,电气仪表校验,高压真空断路器、接触器、换向器预防性试验,避雷器试验,高压电缆泄漏耐压试验	每年
23	安全阀校验	每年
24	管路、风包除垢	每年
25	冷却水池清理	每年

五、煤矿智能化机电子系统管理与维护

煤矿智能化是煤炭工业高质量发展的核心技术支撑,代表着煤

炭先进生产力的发展方向，是发展煤炭新质生产力的重要载体。2021年2月，国家发展改革委、应急管理部、国家能源局等八部门联合印发了《关于加快煤矿智能化发展的指导意见》(以下简称《指导意见》)，明确了我国煤炭工业智能化发展的方向，吹响了我国煤矿智能化建设的号角。《指导意见》明确提出：到2021年建成多种类型、不同模式的智能化示范煤矿，到2025年大型煤矿和灾害严重煤矿基本实现智能化，到2035年各类煤矿基本实现智能化。2024年4月，国家矿山安监局、应急管理部、国家发展改革委、工业和信息化部、科技部、财政部、教育部七部门联合印发《关于深入推进矿山智能化建设促进矿山安全发展的指导意见》，明确提出：到2026年，全国煤矿智能化产能占比不低于60%，智能化工作面数量占比不低于30%，智能化工作面常态化运行率不低于80%，煤矿危险繁重岗位作业智能装备或机器人替代率不低于30%。

(一) 煤矿智慧化系统——“电子围栏”系统

“电子围栏”又称人员接近防护系统，是一种先进的安全防护系统。当现场人员接近预设的预警区域时，系统会自动触发声光报警提示；一旦人员进入危险区域，系统不仅会发出报警提示，还会立即触发相关设备停机，从而有效避免事故的发生。“电子围栏”系统基于深度学习算法，采用热成像、机器识别等技术，能够针对井下掘进工作面、煤仓、密闭墙、带式输送机等关键危险区域进行人员闯入自动识别、自动抓拍、及时发出声光报警或触发设备停机，避免事故发生，为煤矿安全建设提供有力保障，大大提高矿井的本质安全水平，为矿工们创造一个更加安全、高效的工作环境，也标志着煤矿安全管理正朝着智能化、科技化的方向发展。“电子围栏”系统主要由AI平台服务器、矿用本安型图像处理摄像仪(热成像)、矿用本安型声光报警器、矿用浇封兼本安型直流稳压电源等组成。“电子围栏”的组成如图9-1所示。

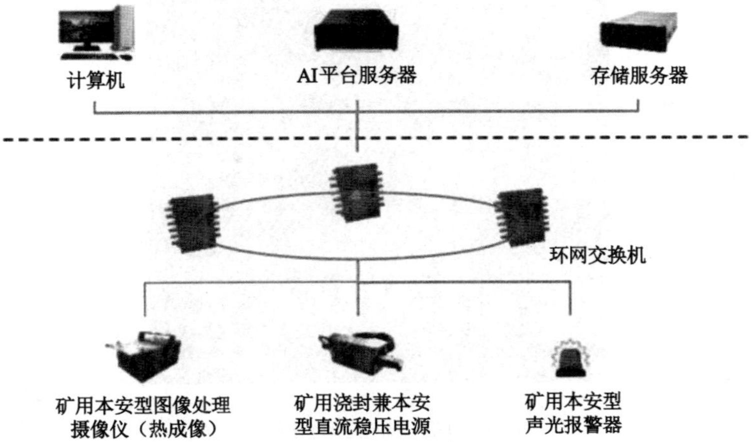

图 9-1　电子围栏的组成

“电子围栏”系统支持使用热成像画面进行人员识别，如图 9-2 所示，不受现场粉尘环境影响，可应用于掘进工作面等粉尘浓度较大的区域；基于深度学习的框架设计，具备优秀的扩展架构，面向未来业务发展，可以支持更多业务场景；具有前端摄像仪报警功能，当发生人员闯入时，能及时提醒相关人员；具有脱网检测功能，当井下网络发生异常时，摄像仪仍能进行 AI 识别及报警抓拍；具有报警抓拍及报警录像功能，当发生报警时，能及时抓拍违章照片及违章录像，为事后处罚提供依据；具备干接点联动或 Modbus 协议联动方式，可与现场声光报警器进行声光报警联动，也可联动机电设备进行闭锁停车，确保人员安全；具备联动输入功能，当机电设备停车时，进行撤防，当机电设备开机时，进行布防；具备所有通道一键撤布防功能。

掘进机人员接近防护系统示意如图 9-3 所示，该套系统可应用于采掘、煤仓、密闭墙等多个场景。以掘进机为例：在每台掘进机上安装 2 台矿用本安型图像处理摄像仪（热成像）、2 台本安型声光报警器、4 台浇封兼本安型直流稳压电源。摄像仪通过 AI 智能分析识别算法，

图 9-2　热成像画面

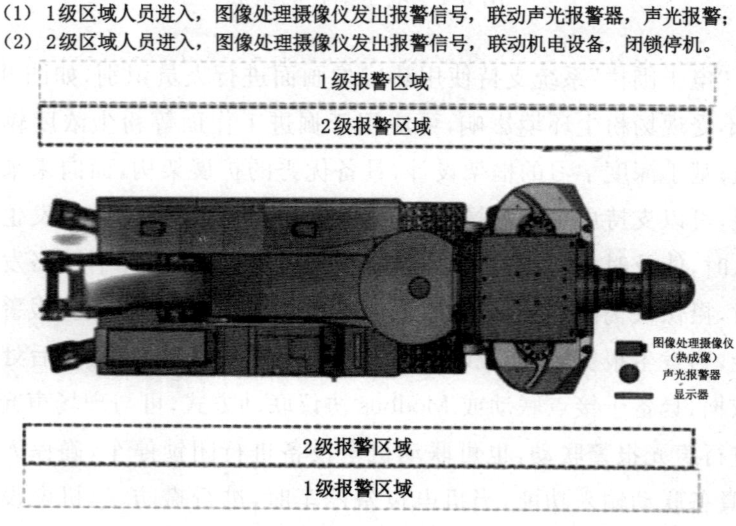

图 9-3　掘进机人员接近防护系统示意图

对画面内人员闯入进行识别。可将视频画面划分为不同等级的报警区域。当人员进入1级报警区域时(建议距离掘进机的机头或机尾7 m范围内,距离可根据实际情况调整),立即报警抓拍,输出报警信息联动声光报警器进行声光语音报警；当人员进入 2 级报警区域时(建议距离掘进机的机头或机尾 3 m 范围内，距离可根据实际情况调整)，输出报警信号给到相关控制装置，控制设备闭锁停机。热成像图像处理摄像仪通过热成像收集人员的热力图画面，不受现场环境粉尘影响。

(二) 智能供电与供排水系统

1. 矿井供电智能系统

该系统可实现智能防越级跳闸保护功能，具有智能高压开关设备顺序控制功能；主变电所具备火灾自动报警功能；井下主变电所、采区变电所等固定场所配电点均设置电力监控系统，实现电气设备运行状况的智能监控、诊断与预警；各变电所具备无人值守条件，与其他用电设备实现智能联动控制。

其中矿用电力监控系统是基于智能变电站模式开发的，结合井下电网专用光纤通信架构，所有电网监测数据在防越级跳闸控制器汇总并在网络上实时发布，实现全系统电网信息实时共享。该系统有地面变电所监控和井下变电所监控两套系统，由过程层、间隔层、站控层 3 个层次构成。

2. 矿井供排水智能系统

排水系统完善，并与矿井水文监测系统能够实现智能联动；采用远程集中控制，能够实现无人值守作业；固定排水作业点能够根据水压、水位进行智能抽排，实现与各采区排水系统智能联动。排水系统具备故障诊断与安全预警预报功能，供水系统具备水量、水压、水质和水温智能调节控制功能。

矿井排水智能控制系统将计算机技术、自动控制技术和传感器技术融为一体，采用 PLC 可编程控制器对全矿井水泵成套设备的运行状态、运行过程进行实时监测和优化控制，具有远程监控、自动运行、实时报警、故障保护、统计分析等功能，可实现矿井排水设备的无人值守和智能联动控制，能够在节能减排基础上有效延长机组使用寿命，在减员增效基础上进一步减轻工作人员劳动强度，在安全生产基础上提高矿井的自动化水平和运营管理水平。

(1) 系统组成

矿井排水智能控制系统由远程监控、传输网络、现场控制三部分组成。远程监控部分主要由SCADA(监控与数据采集系统)监控软件、监控客户端及配套外设组成，实现远程监控和存储查询功能；传输网络采用工业以太网＋现场总线的方式实现；现场控制部分主要由可编程控制器、显示操作台、电动阀门、各种传感器等组成，可实现泵房内的数据采集、显示和逻辑控制。

(2) 智能化巡检

现场控制部分可配置机器人巡检系统，机器人巡检系统由巡检机器人行走轨道、隔爆兼本安型机器人、隔爆兼本安型充电装置、无线通信系统、机器人集控平台组成。机器人沿轨道自主移动，可采集巡检线路的图像、声音、环境参数(温度、烟雾浓度、一氧化碳浓度等)，并通过无线通信系统传输到地面控制中心；地面控制中心可远程手动控制机器人移动。巡检轨道端头设计充电装置，机器人自主计算剩余电量，根据运行距离自主返回充电装置进行充电。集控软件可分析采集的音、视频信息，对巡检线路的异常状况做出判断，主动报警。

(3) 主要功能

该系统可实现智能化排水控制、全方位实时监测、多维度动态显示，以及报警功能、停机保护功能、统计分析功能、效能分析功能、智能系统管理等。

效能分析功能可提供水泵、管道及排水系统的效率、能耗分析，以及设备开机率、故障率等指标的统计分析，方便及时掌握排水系统的运行效率和潜在问题，指导维护人员制订维护计划和开展维护工作。

智能系统管理功能包含用户管理和设备管理两部分。用户管理模块包括用户登录、用户注销、密码修改、用户管理、系统退出等几个功能。设备管理主要包含水泵控制模式修改、水泵工作状态修改、传感器门限值修改等。

第四节　机电作业常见设备故障与处理

一、矿用主要通风机故障处理

主要通风机的常见故障、产生原因以及排除方法见表 9-7。

表 9-7　主要通风机的常见故障、产生原因以及排除方法

故障现象	原因分析	处理方法
正常倒台，通风机无法启动	供电电源停电	询问上级降压站停电原因，并汇报值班领导和调度室
	运行主要通风机或者备用主要通风机风门不动作	1. 检查风门是否卡阻，或风门执行器带动不了扇叶，紧急时组织人员盘动风门。 2. 检查风门电源是否正常，组织电工用万用表测量风门电源，查找风门断电原因，及时处理
	倒机条件不满足倒机要求	1. 检查稀油站是否处于远控位置。 2. 检查各个风门是否处于远控位置。 3. 检查启动柜是否处于远控位置。 4. 检查备用副风门是否打开。 5. 检查其他风门是否处于关闭位置
	启动电流过大	1. 检查启动柜信号继电器是否没有复位。 2. 检查制动闸是否处于闭锁状态
	PLC 故障	1. 检查 PLC 电源是否正常，如果不正常，及时更换。 2. 检查 PLC 通信模块及计数模块是否正常，如果不正常，及时更换。 3. 检查 PLC 程序是否正常，如果不正常，联系厂家处理

表 9-7(续)

故障现象	原因分析	处理方法
通风机正常运行,监控画面没有数据	通信线路故障	检查 PLC 与监控电脑连接线和通信盒,查明原因后,及时进行更换
通风机正常运行,扇叶振动大	喘振故障	1. 司机应及时通知值班领导。 2. 值班领导及时联系矿生产调度和通风调度,询问井下风门变动情况。 3. 手动开启水平风门,开启度在 1°～6°。 4. 检查振动传感器是否正常,如不正常,及时处理。 5. 喘振过于严重时,做好停机准备。 6. 司机立即倾听机壳内扇叶振动情况,判断扇叶是否破损
通风机正常运行,电机轴承温度持续升高	电机轴承超温	1. 司机应及时通知值班领导。 2. 电工用红外线温度仪或者用手触摸风机壳,判断风机温度是否在升高。 3. 检查温度探头及连接线是否松动,是否存在误动作。 4. 检查稀油站是否处于工作状态。 5. 如果温度持续升高,值班领导立即通知矿调度室,随时做好倒台准备。 6. 倒台后,立即组织人员检修风机
通风机正常运行,风机轴承温度持续升高	风机轴承超温	1. 司机应及时通知值班领导。 2. 电工用红外线温度仪或者用手触摸风机壳,判断风机温度是否在升高。 3. 检查温度探头及连接线是否松动,是否存在误动作。 4. 检查稀油站是否处于工作状态。 5. 如果温度持续升高,值班领导立即通知矿调度室,随时做好倒台准备。 6. 倒台后,立即组织人员检修风机

表 9-7(续)

故障现象	原因分析	处理方法
通风机正常运行，试验报警时警铃不动作	报警铃不响	1. 检查报警灯是否坏了，如果损坏，电工及时更换。 2. 电工检查报警继电器是否动作，如果不动作，及时更换。 3. 电工检查线路是否正常

二、矿井主提升系统故障处理

矿井主提升系统常见故障分析与处理方法见表 9-8。

表 9-8 矿井主提升系统常见故障分析与处理方法

故障现象	原因分析	处理方法
滚筒异响	1. 连接件松动或断裂，造成连接部位相对位移和振动。 2. 焊缝开裂。 3. 筒壳强度不够，产生开裂、变形。 4. 衬套与轴磨损间隙过大。 5. 离合器松动	1. 进行紧固或更换。 2. 进行补焊。 3. 更换筒板或加固。 4. 更换衬套，适当加油。 5. 进行检修、调整
轴承过热	1. 缺油或油质不良。 2. 油圈转动不灵或卡住。 3. 接触不好或与轴线不同心。 4. 间隙过小	1. 加油或换油。 2. 调整处理油圈。 3. 进行检修，重新调整。 4. 进行轴瓦刮研或调整垫片
游动滚筒卡在轴上，不能移动	游动滚筒的轴套润滑不良或尼龙套黏在轴上	加强润滑，更换尼龙套，如将油管直角弯头改为弯管

表 9-8(续)

故障现象	原因分析	处理方法
提升机在运转过程中,调绳离合器突然脱开	1. 连锁阀的锁销未插入轮毂的环形槽中或活塞杆的缺口中。 2. 压力油进入调绳液压缸	1. 拧紧弹簧后面的盖,弹簧受到压缩使锁销推出。 2. 在管路中增加截止阀,调绳作业后将阀关死
齿轮有异响或振动过大	1. 齿轮装配啮合间隙不合适。 2. 齿轮加工精度低或齿形不好。 3. 轮齿表面粗糙、磨损严重。 4. 两齿轮轴线不平行或不垂直。 5. 轴瓦松旷或间隙过大。 6. 润滑不良	1. 调整间隙。 2. 修理或更换。 3. 研磨或更换。 4. 进行调整、校正。 5. 进行检修或更换。 6. 加强润滑
制动或松闸不灵活	1. 各传动杆件不灵活。 2. 销轴缺油。 3. 制动缸卡缸。 4. 油压不够,或气压过低	1. 调整制动杆件。 2. 清洗或注油,拆检修理或更换。 3. 检查并调整制动缸。 4. 检查管路是否堵塞或泄漏
闸瓦偏磨或磨损较快	1. 闸瓦与闸轮中心偏差过大。 2. 闸瓦间隙不均匀,偏斜。 3. 闸瓦与闸轮接触表面不平整。 4. 闸瓦材质不符合要求	1. 调整一致。 2. 调整间隙。 3. 调整闸瓦或车削闸轮。 4. 更换闸瓦

表 9-8(续)

故障现象	原因分析	处理方法
制动力矩不足	1. 制动重锤重量不够或盘形弹簧弹力不够。 2. 闸瓦与闸轮或制动盘接触面积小,光洁度低,使摩擦系数降低。 3. 制动液压缸严重磨损	1. 验算制动力或检查盘形弹簧弹力是否合适及有无疲劳现象。 2. 提高光洁度,增加闸瓦与闸轮或制动盘的接触面积。 3. 检修或更换制动液压缸
制动油压上不去	1. 油泵中进空气或叶片有锈卡现象。 2. 密封件损伤,产生泄漏。 3. 油质太脏,堵塞油路	1. 排出空气或检修油泵。 2. 更换密封件。 3. 换油,疏通油路
运转中突然降压,松不开闸	1. 溢流阀的节流孔堵塞或滑阀被卡住。 2. 电液调压装置控制阀和喷嘴接触不严。 3. 溢流阀的控制室密封不严,或与电液调压装置间的连接管漏油。 4. 电液调压装置的动线圈引出线焊接不牢固	1. 进行检查、清洗。 2. 进行研磨、调整。 3. 加强密封。 4. 检查并焊接牢固
钢丝绳磨损或断丝过快	1. 钢丝绳排列不整齐,无顺序乱缠。 2. 无木衬或木衬损坏。 3. 调头不及时。 4. 冲击载荷大,次数多。 5. 钢丝绳缺油。 6. 选用钢丝绳质量不符合要求,材质较差。 7. 双层缠绕式,临界段未设过渡块	1. 及时进行调整或调整钢丝绳的偏角,加设导轮。 2. 采取措施,增设或更换木衬。 3. 及时调头。 4. 采取措施防止冲击。 5. 定期涂油或注油,保证一月一次。 6. 按标准选用钢丝绳。 7. 及时调整更换位置或增设过渡块

表 9-8(续)

故障现象	原因分析	处理方法
多绳摩擦式提升机钢丝绳打滑	1. 钢丝绳在悬吊前未清洗干净,存有防锈油。 2. 操作时减速度过大。 3. 摩擦衬垫的摩擦系数小。 4. 超负荷	1. 清洗、擦拭干净,涂增摩油(脂)。 2. 提升操作水平,施闸不要过猛。 3. 采用聚氨酯衬垫。 4. 减轻负荷,达到防滑极限的要求

三、矿用主排水设备故障处理

水泵在运行中会出现故障。掌握水泵常见的故障,分析查找出故障产生的原因,并及时地排除故障,对保证水泵的正常工作具有重要意义。

离心式水泵常见故障、原因及处理方法见表 9-9。

表 9-9　离心式水泵常见故障、原因及处理方法

故障现象	原因分析	处理方法
水泵不吸水,压力表处没有压力指示,压力表及真空表的指针剧烈跳动	注入水泵的水不够或底阀泄漏;吸水管、真空表处或吸水侧填料漏气;底阀没有打开或已淤塞,滤水器堵塞;吸水管阻力太大或吸水高度太大等	往水泵内充灌引水;消除底阀泄漏及拧紧漏气处;清洗底阀及滤水器;清洗或更换吸水管,降低吸水高度
压力表处有压力指示但水泵不出水	转速或转向不对;叶轮淤塞;水泵损坏;底阀或滤水器堵塞	提高转速、检查电机接线;清洗或更换叶轮;检查并维修水泵;清洗底阀或滤水器

表 9-9(续)

故障现象	原因分析	处理方法
流量不足	转速不够；水泵（叶轮、吸水管、底阀等）淤塞；密封环磨损过多	提高转速；清洗水泵；更换密封环
水泵消耗功率过大	填料压盖压得过紧；填料室发热；叶轮磨损；水泵供水量增大	拧松填料压盖；更换填料；更换叶轮；增加出水管阻力来减小流量
水泵内部声音反常，水泵不上水	吸水管内阻力太大；吸水高度过大；吸水处有空气渗入	检查吸水管和底阀；降低吸水高度；拧紧堵塞漏气处
水泵振动	螺栓松动；泵轴与电机轴线不在同一条中心线上；泵轴弯曲；轴承磨损过大；脏物或水浸入轴承；水泵或电机转子不平衡	拧紧松动螺栓；重新找正中心线；矫正或更换泵轴；修理或更换轴承；清洗轴承并更换润滑脂；检查修理转子
轴承过热	润滑脂干涸或脏了、不足或过多；泵轴与电机轴线不在同一条中心线上；平衡盘失去作用	检查并清洗轴承体，更换润滑脂；对准中心线；检查回水管是否堵塞或平衡盘的磨损情况，进行疏通或更换

四、矿用空气压缩机故障处理

矿用螺杆式空气压缩机的常见故障及处理方法见表 9-10。

表 9-10　矿用螺杆式空气压缩机的常见故障及处理方法

故障现象	原因分析	处理方法
启动困难	1. 是否有电。 2. 是否有故障灯亮。 3. 电压是否正常。 4. 控制电路是否有故障	1. 检查线路。 2. 查看故障灯。 3. 检查电压。 4. 检查外线路

表 9-10(续)

故障现象	原因分析	处理方法
无压力	1. 压力表显示异常。 2. 减荷阀、电磁阀是否有电。 3. 进气阀故障	1. 检查系统漏气情况(内、外)。 2. 查看。 3. 检修
排气温度过高	1. 环境温度过高。 2. 温控阀失灵。 3. 转子润滑液量不足。 4. 油冷却器翅片过脏	1. 改善周围通风。 2. 检查更换温控阀。 3. 检测调整油位。 4. 清洁冷却器翅片
排气压力低	1. 空气需求量超过供给量。 2. 空气过滤器阻塞。 3. 油气分离芯阻塞	1. 检测管道是否泄漏。 2. 清洁更换滤芯。 3. 检查进气口
无法卸载	1. 进气阀故障。 2. 压力传感器失效	1. 检查进气阀。 2. 检修或者更换
加卸载频繁	1. 管路泄漏。 2. 加卸载压差设定错误。 3. 空气消耗量不稳定	1. 检查管路。 2. 重新设置。 3. 增加储气罐容量
排气压力过高	实际压力过高或传感器不准确	检查压力和传感器
启动过程出现过载或堵转	主机启动时间设定小于星角延时时间	重新设定主机启动时间
过载或堵转	电压过低,管路堵塞,轴承磨损,设定数据有误,以及其他机械故障	检查设定数据、电压、轴承管路

第十章　机电班组长现场安全管理实战

第一节　班前会召开与工作布置

一、班前会工作内容

1. 人员点名与确认

确保所有班组成员均已到达，了解是否有成员缺席或迟到，对于缺席或迟到的情况，需要了解原因，并确认是否会对当前工作造成影响。记录班组成员的出勤情况，排查班组出勤人员是否存在不安全因素，如情绪不稳定、酒后上岗等，作为后续考核和评价的参考。

2. 安全状况回顾

对上一班次的安全生产情况进行详细回顾，包括事故发生、违规操作等，分析事故原因，找出问题所在，并提出改进措施。强调作业中的安全注意事项，分析可能遇到的安全风险，并制定相应的防范措施。鼓励班组成员积极提出安全建议和改进意见，共同提高安全意识。

3. 任务分配与说明

根据工作计划和班组成员的技能特长，明确本班次的工作任务和具体分工，确保每个成员都清楚自己的职责和任务要求，对人员进行合理分工。对机电作业技术要求进行讲解，确保作业人员了解并掌握相关技术要求，对复杂的任务进行详细说明和解释，确保班组成员充分理解并能够正确执行。

4. 安全技术措施贯彻学习

机电安全技术措施的贯彻学习是一个系统而持续的过程，需要制订详细的学习计划，全面学习安全技术措施，结合实际案例进行分析，加强实践操作训练。机电安全技术措施包括机电设备的操作、机电作业现场的安全管理、机电作业过程中的风险控制等方面。在学习过程中，应全面掌握这些措施，了解各种安全措施的原理、操作方法和注意事项。

5. 安全培训与提醒

针对当前工作可能遇到的安全风险，进行具体的安全培训和提醒。例如，针对机电作业中的电气安全、机械操作安全等方面进行培训，确保班组成员掌握必要的安全知识和技能，提高自我保护能力。

6. 交流与沟通

鼓励班组成员之间积极交流，分享工作经验和安全建议，通过互相学习和借鉴，提高整体工作水平和安全意识。对班组成员提出的问题和建议进行及时回应和处理，增强团队的凝聚力和向心力。

7. 对安全不放心人员进行甄别排查

安全不放心人员主要有以下几类：

(1) 安全认识不到位、操作技能未掌握、工作质量及能力低、业务技术素质差、当月发生轻伤以上事故的。

(2) 个人月度发生严重“三违”的。

(3) 月度“三基”素质考试个人成绩低于 80 分的。

(4) 个人月度未履行请假手续出勤达不到 15 d 的。

(5) 情绪波动、萎靡不振、对工作满不在乎等的。

(6) 患有心脑血管病、精神病、高血压症等的。

(7) 思想低落、性格孤僻、遇到难事、家庭出现矛盾、家庭出现变故、遇到社会问题、精力不集中等的。

(8) 存在其他方面(长期休假、冒险蛮干、心存侥幸、变化工种、临时借用等)问题的。

二、本班工作布置及安全注意事项

1. 工作布置

根据工作计划和任务分配,详细布置本班次的具体工作内容、步骤和要求,包括作业区域、作业时间、作业流程、作业标准等方面的具体安排。对可能出现的问题和困难进行预测和分析,制定相应的应对措施和解决方案。

2. 安全注意事项

针对本班次的工作特点,强调关键的安全注意事项。例如,在探放水作业中需要特别注意电气安全、机械操作安全、防滑防摔等方面的问题。提醒班组成员时刻保持警惕,遵守安全规定和操作规程,确保自身和他人的安全。

3. 应急处理

告知班组成员在发生紧急情况时应该如何迅速、有效地采取应对措施,包括紧急停机、疏散逃生、报警求助等方面的具体操作步骤和注意事项。组织班组成员进行模拟训练,提高应对突发事件的能力和水平。

第二节　接班及作业环境确认

一、上一班问题了解

1. 查看工作记录

仔细阅读上一班次的工作记录,了解是否有遗留问题或需要注意的事项,包括设备故障、作业进度、安全隐患等方面的问题。对遗留问题进行逐一排查和处理,确保当前工作能够顺利进行。

2. 与上一班班组长交流

与上一班班组长进行简短的交流，询问工作过程中存在的问题，了解上一班在工作中遇到的困难和挑战，以及采取的解决措施和效果。通过交流和学习，吸取上一班的经验教训，避免重蹈覆辙。

3. 现场检查

对作业现场进行检查，包括设备、工具、环境等，检查设备是否运行正常、工具是否齐全完好、作业环境是否安全整洁等方面。发现问题及时进行处理和整改，确保作业现场的安全和有序。

4. 填写交接班记录表

在确认所有交接班相关事项均已妥善处理之后，接下来需要详细填写交接班记录表。这份记录表是确保工作连续性和责任追溯的重要文件，因此填写时需要仔细、准确。

(1) 基本信息填写：填写日期、班次、部门等基本信息，确保记录表的识别性和可追溯性。记录当前交接人的姓名和上一班交接人的姓名，明确责任归属。

(2) 遗留问题处理记录：详细描述上一班次遗留的问题，包括设备故障、作业进度、安全隐患等。记录对遗留问题的处理情况，如是否已经解决、解决的方法、解决效果，或待进一步处理的建议等。

(3) 与上一班班组长交流内容：简要记录与上一班班组长交流过程中提到的关键问题和解决措施，以及学到的经验教训。

(4) 注意事项和特殊要求：如果有特殊注意事项或要求，例如某项任务需要重点关注、某个设备需要特殊维护等，应在此处详细记录。

(5) 签名确认：交接双方（当前交接人和上一班交接人）应在记录表上签名确认，以示双方均已了解和认可交接内容。

(6) 记录存档：交接记录表应妥善保管，方便后续查阅和审计。

一般可按日期、班次或部门分类存档。

通过填写详细的交接班记录表（表 10-1），可以确保工作的连续性和责任的明确性，有助于提高工作效率和保障工作质量。同时，这份记录表也为后续的工作分析和问题追溯提供了重要的依据。

表 10-1　某煤矿交接班记录表

<table>
<tr><td colspan="8">交接班记录表</td></tr>
<tr><td colspan="4">年　　月　　日</td><td colspan="4">工作面</td></tr>
<tr><td rowspan="2">当班完成情况</td><td rowspan="2"></td><td>跟班队干</td><td></td><td>交班班次</td><td></td><td>交班人员</td><td></td></tr>
<tr><td>本班出勤</td><td></td><td>跟班班次</td><td></td><td>接班人员</td><td></td></tr>
<tr><td colspan="2">本班情况</td><td colspan="6">机电设备：
任务情况：</td></tr>
<tr><td colspan="2">接班安全注意事项及特殊要求</td><td colspan="6"></td></tr>
<tr><td colspan="2">上一班遗留问题及处理情况</td><td colspan="6"></td></tr>
</table>

二、作业环境检查

机电作业的环境确认是确保安全生产的重要环节，包含工作面通风情况、支护情况、设备设施运行情况、工作面风流中的甲烷传感器吊挂位置、安全警示标识、作业人员的确认等内容。设备设施及安全警示和作业人员分别放在设备检查、文明生产、交接班等部分。本内容重点讲解工作面支护情况的确认、通风情况（尤其是瓦斯、煤尘情况）及防灭火设施方面。

（一）变电所作业环境检查(表 10-2)

表 10-2　变电所作业环境检查

序号	检查内容	标准要求	是否存在问题
1	环境、安全防护要求	1. 变配电室空气温度和湿度：周围空气温度的上限不得高于 40 ℃，且在 24 h 内其平均温度不得超过 35 ℃。 2. 变配电室变压器、高压配电装置、低压配电装置的操作区、维护通道应铺设绝缘胶垫。 3. 低压临时电源、手持式电动工具等应采用 TN-S 供电方式，并采用剩余电流动作保护装置，正常照明和应急照明系统应完好。 4. 疏散指示标志灯的持续照明时间应大于 30 min。 5. 对装有产生有毒气体、窒息性气体的配电装置的房间，在发生事故时房间内易积聚气体的部位，应装设排风装置。 6. 室内变配电装置布置、安全净距、通道与围栏等应符合 GB 50053、GB 50054、GB 50059、GB 50060 等国家标准的要求	
2	门窗安全出口要求	1. 出入口的门为防火门，向外开启，并应装锁，且门锁应便于值班人员在紧急情况下打开。 2. 设备间与附属房间之间的门应向附属房间方向开启。高压间与低压间之间的门应向低压间方向开启。配电装置室的中间门应采用双向开启门。 3. 长度大于 7 m 的变配电室应有 2 个出入口，当两个出入口之间的距离超过 60 m 时，应增设一个中间安全出入口。 4. 当变配电室采用多层布置时，位于楼上的变配电室至少应设一个出口通向室外的平台或通道，平台应有固定的护栏。 5. 地面变配电室的值班室门宜设有纱门，通往室外的门、窗应装有纱门，门上方应装设雨罩。 6. 应设置防止雨、雪和小动物从采光窗、通风窗、门、通风管道、桥架、电缆保护管等进入室内的设施。 7. 出入口应设置高度不低于 400 mm 的防小动物挡板	

（二）顶板安全检查

顶板安全是机电作业的重要保障，应定期对顶板进行检查，确保其完整性和稳定性。支护结构的选择和安装应符合相关规范，能够承受顶板压力，防止顶板垮塌。工作面顶板支护检查内容见表 10-3。

表 10-3　工作面顶板支护检查表

序号	检查内容	标准要求	是否存在问题
1	支架歪斜度	支架应垂直煤壁，歪斜角度不得超过±5°	
2	中心距偏差	相邻支架的中心距偏差不得超过±100 mm	
3	支架垂直度	支架顶梁应与煤层顶板平行，垂直度偏差不得超过±3°	
4	接触严密性	支架与顶板、底板应接触严密，无明显间隙	
5	空顶处理	空顶区域必须及时用背板、荆笆等材料进行充填，确保顶板稳固	
6	浮煤、浮矸堆积	工作面及支架间不得有浮煤、浮矸堆积，应及时清理	
7	端头支护加强	工作面两端头应设置加强支护，确保端头稳定	
8	防倒、防滑措施	支架应设置有效的防倒、防滑装置，确保支架稳固	
9	侧护板装置使用	侧护板应完好、动作灵活，与相邻支架的间隙不得超过规定值	
10	上下端头支护	上下端头应按规定设置特殊支护，确保端头安全	

表 10-3(续)

序号	检查内容	标准要求	是否存在问题
11	护帮板使用	护帮板应及时伸出并紧贴煤壁，防止片帮事故发生	
12	支架支护及时性	采煤机割煤后应及时支护，支架滞后采煤机的距离不得超过规定值	
13	初撑力要求	支架的初撑力应符合设计要求，不得低于规定值	

（三）工作面环境确认

工作面瓦斯涌出集中，产生量大，又处于移动之中，容易发生“一通三防”事故。由于通风与瓦斯、煤尘和火灾防治的关系密切，因此对采煤工作面的安全确认尤为重要。

工作面有毒有害气体确认的重点：一是采煤工作面回风隅角，通常这是采煤工作面瓦斯浓度最高的区域，当回风流瓦斯浓度达0.7%～0.8%时，回风隅角瓦斯浓度就可能超限；二是采煤机机组附近，这是瓦斯涌出集中、产尘量大的地点；三是采煤工作面回风巷。

1. 瓦斯防治的检查

重点检查采区瓦斯治理是否有效，是否存在瓦斯积聚；瓦斯管理制度是否健全和有效执行；应急措施和避灾路线是否完善。

具体内容主要包括：

(1) 采煤工作面风流中的氧气浓度不得低于20%。采掘工作面及其回风道风流中的瓦斯浓度达到1.0%时，是否停止电钻打眼。

(2) 采煤工作面的瓦斯或二氧化碳浓度超过1.5%时，是否停止工作、撤出人员、切断电源、采取措施进行处理。

(3) 电动机或其开关附近 20 m 以内风流中的瓦斯浓度达到 1.5%时,是否停止运转、撤出人员、切断电源进行处理。

(4) 采煤工作面及其他巷道内有无体积大于 0.5 m^3、浓度达到 2.0%的局部瓦斯积聚地点。

(5) 瓦斯积聚附近的 20 m 内,是否停止工作、撤出人员、切断电源进行处理。

(6) 排放瓦斯有无安全措施。

(7) 排放瓦斯时是否有班(组)长、电工、瓦斯检查工在场。

(8) 停风区是否有栅栏、警标禁止人员进入。

(9) 检查仪器是否完好准确。

(10) 瓦斯检查工是否配齐。

(11) 高瓦斯工作面和煤与瓦斯突出工作面是否配有专职瓦斯检查工。

(12) 高瓦斯工作面是否每班检查瓦斯 3 次,瓦斯工作面是否每班检查瓦斯 2 次。

(13) 瓦斯检查是否有记录,是否做到检查牌板(检查箱)、记录、汇报三对口。

(14) 工作面是否有瓦斯检查牌板,是否认真填写。

(15) 瓦斯检查工检查记录是否随身携带,记录是否齐全。

(16) 瓦斯检查工是否在现场交接班,有无脱岗现象,有无漏检行为。

(17) 在停风区内是否有人作业。停工区内,瓦斯浓度达到 3.0%、其他有害气体超过规程规定不能立即处理时,必须在 24 h 内予以封闭。

2. 煤尘防治的检查

重点检查风流中煤尘浓度是否超限,是否存在积尘,防尘措施是否有效。

具体内容主要包括：

(1) 工作面风流中的含尘量是否符合要求。

(2) 在工作面巷道两帮、顶底板及管子上、支架上是否有厚2 mm、长5 m的积尘。

(3) 是否有清洗煤尘制度，对巷道是否经常清洗。没有防尘管路系统的采掘工作面不得生产。地面的消防水池必须保持不少于200 m^3 的水量。

(4) 刮板输送机、带式输送机、转载点是否有喷雾洒水装置，是否灵活可靠。

(5) 工作面是否有煤层注水措施，注水量、注水时间、水压是否满足要求。开采有煤尘爆炸危险煤层的矿井，必须有预防或隔绝煤尘爆炸的措施。

(6) 注水后湿润煤量是否满足要求。

(7) 供水管路是否符合防尘、洒水、注水的要求。

(8) 供水管路有无阀门控制。

(9) 供水管路是否接到所有用水地点。

(10) 供水管路有无漏水的地点，是否经常修理。

(11) 采煤机的内外喷雾是否完好，是否经常清洗堵塞喷雾的煤粉。

(12) 岩粉棚、水棚、水袋、水槽的岩粉量、水量是否满足巷道的需要。

(13) 隔爆设施安设的位置是否合适，是否起隔爆作用。

(14) 每个隔爆棚的间距是否符合要求，吊棚是否适合。

(15) 岩粉棚的岩粉是否经常更换，有无结块。

(16) 水棚、水槽的水质是否清洁，是否经常补充洁净的水并清扫槽内的杂物。

(17) 井下消防管路系统每隔100 m、带式输送机巷道中每隔

50 m，是否设置支管和阀门。

3. 防灭火设施检查(表 10-4)

表 10-4 防灭火设施检查表

序号	检查内容	标准要求
1	防灭火设备	1. 定期检查防灭火设备的运行状况，确保设备无损坏、无故障。 2. 定期对消防水带、水枪、灭火器等设备进行检查和更换，保持设备的良好状态。 3. 检查设备存储区域是否干燥、通风，避免设备受潮或损坏
2	防火墙有效性	1. 定期检查防火墙的完整性，确保无裂缝、无破损。 2. 防火墙材料应符合防火要求，并定期检查其耐火性能。 3. 检查防火墙两侧是否堆放易燃物品，确保防火安全距离
3	消防器材配备	1. 根据实际情况，合理配置消防器材，包括灭火器、消防栓等。 2. 定期对消防器材进行检查和维护，确保器材的正常使用。 3. 检查消防器材摆放是否合理、方便取用
4	监测系统运行	1. 定期检查火灾监测系统的运行情况，确保系统稳定可靠。 2. 监测系统应具备报警功能，一旦发生火情能够及时报警。 3. 定期对监测系统进行校准和维护，确保数据的准确性
5	防火水源保障	1. 确保附近有足够的水源可用于灭火和应急处理。 2. 定期对水源进行检查，确保水质清澈、无杂质。 3. 检查水泵、水管等设备的运行状况，确保在紧急情况下能够正常供水

表 10-4(续)

序号	检查内容	标准要求
6	通风系统检查	1. 定期检查通风系统的运行情况,确保风流稳定、畅通无阻。 2. 通风设施应符合安全要求,无漏风、无积尘现象。 3. 检查通风系统的自动控制装置,确保其正常工作

二、设备检查

机电作业过程中需要检查的设备有:10 kV 地面变电所、主提升机、主水泵、主要通风机、空气压缩机。在布置检查任务时,要制订检查计划,明确检查人员,使用相应的检查工具,同时要记录检查结果。检查出来的问题要及时报告,确保问题能够及时解决,同时根据问题的性质和严重程度进行分类处理。对已处理的问题要进行跟踪复查,确保问题得到彻底解决。对于检查中发现的问题要进行总结和分析,找出问题产生的原因和规律,为今后的检查和维护提供参考。班组长在检查设备时,抓好设备检查精准化,实施“清单式点检、清单式检修”,实现机电设备“由抢修变检修,由检修变保养”的预防性检修模式,最大限度地消灭故障停机,降低作业设备故障率。

(一) 10 kV 地面变电所变配电设备(表 10-5)

表 10-5 10 kV 地面变电所变配电设备

流程	检查内容
交接班检查	1. 认真向交班人员详细询问、了解工作现场变电所变配电设备的运转使用情况,绝缘用具(绝缘台、绝缘手套、绝缘鞋)齐全完好、无破损,验电笔试验正常,检验合格证在有效期内。 2. 岗位范围内室内地板清洁,桌面无灰尘,设备干净整洁,区域外无杂物

表 10-5(续)

流程	检查内容
作业前检查	一、变压器 1. 检查油温和温度计指示是否正常，储油柜的油位与温度是否对应，各部位是否有渗油、漏油现象。 2. 套管油位是否正常，套管外部有无破损裂纹、严重油污、放电痕迹及其他异常现象。 3. 变压器音响是否正常。正常运行的变压器发出均匀的“嗡嗡”声，应无沉重的过载引起的“嗡嗡”声，无内部过电压或局部放电打火的“吱吱”声，无内部零件松动、穿芯螺丝不紧、铁芯硅钢片振动的“蛰蛰”声，无系统短路时的大噪声，无大动力设备启动或有谐波设备运行的“哇哇”声等。 (1) 各冷却器的手感温度是否相近，风扇运转是否正常。 (2) 吸湿器是否完好，吸附剂是否干燥。 (3) 引线、电缆、母线有无发热现象。 (4) 压力释放器或安全气道及防爆膜是否完好。 (5) 有载分接开关的分接位置及电源指示是否正常。 (6) 气体继电器内有无气体。 (7) 各控制箱和二次端子箱是否关严，有无锈蚀现象，有无受潮。 (8) 干式变压器的外部表面有无积污。 (9) 变压器室的门、窗、照明是否完好，房屋是否漏水，温度是否正常，通风设备是否完好。 (10) 风扇运行正常，无停转或异常振动。当上层油温为 65 ℃、绕组温度为 80 ℃时应启动；如未启动，应将切换开关切至手动启动风扇。 二、断路器(少油、真空、SF_6) 1. 断路器分、合位置指示正确，并与当时实际运行情况相符。 2. 真空灭弧室无异常。 3. 接地完好。 4. 引线接触部分无过热，尺度适中。 5. 断路器内部无打火放电声响。

表 10-5(续)

流程	检查内容
作业前检查	6. 断路器的本体及液压机构常压油箱的油位、油色应正常。 7. 断路器本体应无渗漏油现象。 8. 断路器本体 SF_6 气体及机构压力值应符合制造厂规定,其压力一般为 0.4～0.6 MPa(20 ℃)。 9. 绝缘子套管瓷质部分应无损伤、裂纹、放电痕迹和脏污现象。 10. 弹簧储能机构应储能正常,指示正确,开关在合闸状态,弹簧应在储能状态,分、合闸无拒动现象;电动机构无卡滞现象;各部机构润滑良好。 11. 机构箱、接线箱应密封严密,无锈蚀现象,箱内二次线屏蔽层应接地。 12. 机构箱内加热器是否正常。 13. 真空断路器的 SF_6 压力值不低于 0.01 MPa。 14. 防雨帽应安装良好。 三、隔离开关 1. 检查绝缘子是否清洁,应完整、无损伤,无严重放电现象。 2. 检查接头、接点接触是否良好,无螺丝断裂松动,无严重发热、变形现象。 3. 检查引线应无松动、严重摆动或损伤断股等现象。 4. 检查机构箱、接线箱应密封严密,无锈蚀现象,箱内二次线屏蔽层应接地。 5. 检查隔离开关无锈蚀,无鸟巢及杂草。 6. 检查接地良好。 7. 带有接地刀闸的联锁应完好。 8. 刀闸合闸同期,合入深度和开口角度符合规定,无拒动现象。 四、成套开关柜 1. 柜体封闭良好,接地牢固可靠。 2. 柜内照明、加热器、储能回路正常完好。 3. 连锁位置正确,接触良好,二次连接插件接触良好。

表 10-5(续)

流程	检查内容
作业前检查	4. 手车式柜“五防”联锁齐全、位置正确,接触良好,固定无松动。 5. 隔离触头接触良好,无过热、无变色、无熔化现象。 五、直流系统 1. 直流母线电压是否正常。 2. 浮充电流大小是否正常。 3. 测量正负极对地电压是否正常。 4. 充电机装置各表计及指示灯应正常。 5. 各元器件应无积尘、无过热、无打火、无异声异味。 6. 各开关保险丝应完好。 7. 蓄电池柜通风良好,蓄电池无漏液、无过热现象。 8. 蓄电池外壳、盖子上无裂纹、变形等损伤及漏液。 9. 电池应无因灰尘而脏污的现象。 六、互感器 1. 检查瓷套无裂纹、破损、放电痕迹。 2. 检查接头无发热、发红,引线无抛股、断股,连接螺丝无松动、断裂,金具完整。 3. 检查 FS6 互感器 FS6 压力是否正常。 4. 检查互感器外观无污垢、无锈蚀。 5. 检查电压互感器端子箱熔断器和二次空气开关是否正常。 6. 无异常振动、异常声音及异味。 7. 各部位接地可靠。 8. 电压互感器二次电压(包括开口三角形电压)无异常摆动,指示正常。 9. 检查室外端子箱内应无受潮、无锈蚀现象,接线端子无积灰、完好,端子标号、二次线标号应齐全完好,屏蔽线可靠接地。 七、避雷器 1. 检查绝缘是否清洁,无裂纹、破损,无放电痕迹。 2. 检查接点、接头连接是否良好,引线无抛股、断股、烧伤痕迹,金具完整。

表 10-5(续)

流程	检查内容
作业前检查	3. 检查接地引下线有无锈蚀和松动。 4. 氧化锌避雷器内部是否存在异常声音。 5. 避雷器的放电计数器指示数是否有变化,计数器内部是否有积水。 八、母线 1. 检查母线接头有无发热,运行中母线接头温度不超过 70 ℃。 2. 接地装置连接扁铁无锈蚀、断裂现象。 3. 在晴天,导线和金具无可见电晕。 4. 夜间熄灯检查无可见电晕。 5. 相色漆无脱落;导线、母线金具及支柱绝缘子应完好,无变形、无裂纹、无锈蚀现象;金具连接处销子应齐全牢固;绝缘子应清洁,无破损、裂纹和放电痕迹。 九、无功补偿装置 1. 元件外壳表面、套管、柜体及其他电气连接部位应清洁无锈蚀,冷却装置、保护装置、控制装置正常。 2. 电气连接部位牢固可靠,无发热、变色现象。 3. 电容器内部无放电、异响,无渗、漏油现象,外壳无变形及膨胀现象。 4. 容量切换装置(隔离开关或分接开关)位置正确,符合运行要求。 5. 设备外壳必须可靠接地。 6. 支持绝缘子、套管无裂痕、破损、放电痕迹,表面清洁。 7. 各部接头接触良好,无发热现象。 8. 电容器应在 1.1 倍额定电压、1.3 倍额定电流下运行,三相电流应平衡,其不平衡度不超过额定值的 5%。 9. 单台保护熔丝应完好,无熔断现象。 十、电缆及电缆沟 1. 电缆沟盖板应完整无缺,沟道内无积水或杂物。 2. 电缆支架应牢固,可靠接地,无锈蚀。 3. 电缆伸出地面的防护措施应完好可靠,引入室内的电缆穿孔洞应封堵严密。

表 10-5(续)

流程	检查内容
作业前检查	4. 电缆的各种标志无丢失、脱落。 5. 电缆头的芯线绝缘套管应完整清洁，无闪络放电现象。 6. 引线接触良好，无发热现象。 7. 相序颜色应清晰，接地线良好，无松动断股现象。 8. 芯线或引线的相间及对地距离应符合规定。 9. 带有屏蔽层的二次电缆，其屏蔽层应可靠接地。 十一、自动化系统 1. 自动化装置清洁，运行正常。 2. 各种运行数据、状态显示与实际相符。 3. 事故音响、预告音响正常。 4. 人机接口使用正常。 5. 后台机与各设备间通信正常。 十二、其他 1. 室内外照明、事故照明齐全完好。 2. 消防设施齐全完好，摆放位置合理。 3. 房屋无漏雨，基础无下沉，墙体无裂纹。 4. 不得杂草丛生。 5. 电话及录音设备完好。 6. 操作、安全用具完好。 7. 备用开关柜、手车等备用设备完好。 8. 围栏应正直无锈蚀，基础无破损

（二）主提升机检查（表 10-6）

表 10-6　主提升机检查表

流程	检查内容
交接班检查	1. 认真向交班人员详细询问、了解工作现场主提升机的运转使用情况，确保主提升机的备品备件、专用工器具齐全完好。 2. 照明充足，温度正常，无与工作无关人员。 3. 无易燃、易爆物品存放。 4. 操作台清洁，周围无杂物

表 10-6(续)

流程	检查内容
作业前检查	一、机房安全检查 1. 防护围栏、警示牌、接地保护、防雷电保护装置等齐全完好。 2. 通信联络畅通。 3. 消防器材类别、标识齐全,在有效期内,放置合理。 二、运行装置安全检查 1. 检查制动装置: (1) 制动闸把操作灵活可靠。 (2) 盘形闸闸瓦无裂痕,闸瓦与闸盘之间的间隙不超过 2 mm。 2. 检查液压、润滑装置: (1) 各液压、润滑部位油质合格,油位、油压正常。 (2) 液压、润滑管路、阀门等无泄漏。 3. 检查传动装置: (1) 传动防护装置齐全可靠。 (2) 联轴器、减速器、液压缸及油管、液压管等无泄漏。 4. 检查连接装置、滚筒及钢丝绳: (1) 传动联轴器连接完好,传动可靠。 (2) 各连接件(螺栓、销、轴等)齐全完好,连接正确牢靠。 (3) 滚筒无裂痕,衬垫完好,压块紧固。 (4) 滚筒钢丝绳完好,排列整齐。 5. 检查电气保护装置: (1) 提升信号装置完好。 (2) 各电源开关、操作按钮、手把完好,操作灵活、工位正确。 (3) 减速行程开关、深度指示器、过卷保护等保护装置及电气闭锁装置完好。 (4) 各开关柜电气元件无异常现象,指示灯指示正常。 (5) 电机轴编码器固定牢靠,接线牢固
试运行	1. 操作:打开电源开关→按动操作台风机、润滑泵、制动泵等控制按钮→按动安全回路“合闸”按钮→接通安全接触器→松开安全制动闸。 2. 试验保护装置:置各电源开关、操作按钮、手把于开车位置→置制动闸手把于“0”位→置主令控制器手把于“0”位→通知井口信号工发出开车信号→手动试验操作→确认过卷开关、闸瓦间隙保护开关、紧急停机按钮(脚踏开关)、轴编码器失效保护装置等完好可靠。 3. 试运转:置制动闸手把于松闸位置→置主令控制器手把于运行位置→启动提升机空载运行→确认提升容器运行位置合适,滚筒运转正常→置主令控制器手把于“0”位→置制动闸手把于刹车位置

（三）主水泵检查(表 10-7)

表 10-7　主水泵检查表

流程	检查内容
交接班检查	1. 认真向交班人员详细询问、了解工作现场主水泵的运转使用情况。 2. 岗位范围内无浮煤、无淤泥、无积水、无杂物，设备表面卫生
作业前检查	1. 启泵前，检查全部螺栓、管路及仪器仪表引线的连接是否紧固。 2. 检查全部仪表、阀门及仪器是否正常。 3. 泵在启动前必须用手转动泵轴，感觉灵活。 4. 检查电动机的转向是否与泵的转向一致。 5. 泵启动前需向泵内注水或抽真空，并关闭出口闸阀及压力表旋塞
试运转	1. 泵启动时的注意事项： (1) 启动时观察压力计和开关的指示，以便调整。 (2) 泵吸入阀没有完全打开以前不能开泵。 (3) 启动后，不能使吐出阀关闭或接近关闭较长时间，否则会使泵内液体过热。 2. 启泵步骤： (1) 进行开车前检查。 (2) 打开泵的吸入阀和水封水管路的阀。 (3) 关闭吐出管路的阀，使泵内充满液体。 (4) 启动电机，接着逐渐打开吐出管路的阀。 (5) 启动水泵打开压力表、真空表旋塞，逐渐打开出口闸阀到压力表指针指到泵规定参数范围的位置为止。当泵的压力上不来时，立刻停车，以免平衡机构磨损。 3. 高压矿用泵运转检查：泵运转后，应每隔一定的时间检查仪表，以此确定泵的工作是否正常，而且要检查泵的转速。此外，应监测泵的流量、扬程、温度及润滑状况

（四）主要通风机安全检查(表 10-8)

表 10-8　主要通风机安全检查表

流程	检查内容
交接班检查	认真向交班人员详细询问、了解工作现场主要通风机的运转使用情况
作业前检查	1. 检查电气： (1) 检查高压柜、直流屏、PLC 柜、变频器，确保保护齐全完好。 (2) 检查供电回路，确保运行回路正常，备用回路热备。 (3) 检查电动机，确保电动机润滑良好，无异响，无异常振动。 (4) 检查绝缘用具齐全完好。 (5) 检查防鼠板完好。 2. 检查通风机及附属设备： (1) 检查通风机紧固件，确保螺栓齐全无松动。 (2) 检查风门启闭装置，确保完好不失爆。 3. 检查监测系统： (1) 检查风压监测系统。 (2) 检查运行监测系统。 (3) 检查应急照明
试运转	1. 正常开机停机： (1) 开机：① 打开准备开机的通风机闸板门（蝶阀），关闭备用通风机的闸板门（蝶阀）；② 准备开机的开关柜闭合隔离开关；③ 按下启动按钮，观察记录电流、电压、风压，汇报矿调度室。 (2) 停机：① 按下停止按钮；② 断开开关柜隔离开关。 2. 倒机： (1) 检查备用通风机外观无问题时，闭合开关柜的隔离开关。 (2) 按下运行通风机停止按钮。 (3) 关闭运行通风机的闸板门（蝶阀），打开备用通风机的闸板门（蝶阀）。 (4) 按下备用通风机启动按钮，观察记录电流、电压、风压，汇报调度室。 3. 反风： (1) 备用通风机反风程序：① 接到命令后闭锁防爆帽；② 停止运行通风机；③ 打开备用通风机闸板门；④ 关闭运行通风机闸板门；⑤ 反转启动备用通风机Ⅰ级电机、Ⅱ级电机；⑥ 观察记录电流、电压、风压，汇报矿调度室。 (2) 运行通风机反风程序：① 接到反风命令后闭锁防爆帽；② 停止运行通风机；③ 手动刹闸通风机，停止转动后松闸；④ 反转启动运行通风机Ⅰ级电机、Ⅱ级电机；⑤ 观察记录电流、电压、风压，汇报矿调度室

（五）空气压缩机检查（表 10-9）

表 10-9　空气压缩机安全检查表

流程	检查内容
交接班检查	1. 认真向交班人员详细询问、了解工作现场空气压缩机的运转使用情况。 2. 确保室内环境清洁、整齐，无杂物、污物
作业前检查	1. 检查空气压缩机压力表、油压表、电压表、电流表是否正常。 2. 真空柱塞泵油箱和油卡壳内润滑油是否适当，油质是否合格。 3. 检查机器各部是否正常，固定螺丝有无松动现象，皮带的松紧程度、有无断裂和跳槽。 4. 开启冷却水泵，检查一级、二级缸进水是否充足，水质是否合格，断水保护装置是否灵敏可靠；风冷式检查风叶是否完好。 5. 检查电机碳刷和滑环接触情况，电气保护是否可靠。 6. 手动试验一级和二级安全阀是否动作。 7. 盘车 1～2 圈，仔细观察有无阻塞、冲击声和其他异响，风包是否完好，放净油水。 8. 全面检查确认无异常后方可启动空气压缩机
试运转	1. 空气压缩机的启动必须在空载下进行。 2. 关上风阀，使空气压缩机处于无负荷状态下启动。 3. 用手摇动真空柱塞泵，向一级、二级缸内注油。 4. 启动绕线式电机采用频敏变阻器启动，司机按下启动按钮，由时间继电器控制短接频敏变阻器，电机进入正常运行，把滑环短路手把推至短路位置，达到正常运行。 5. 启动鼠笼式电机时，采用星-三角启动。司机按下启动按钮，由时间继电器控制，从星形转换三角形接法，达到正常运转。 6. 打开卸荷阀，打开供风阀，调整好压力调节器，空气压缩机进入正常运转

第三节　组织文明生产

一、组织开停机

（一）变电所停送电

地面变电所是电力设施的重要部分，负责接收高压电源，并将电力传输到各个区域和煤矿井下。在一些情况下，需要对配电房进行停送电的操作，以保障电力设施的安全。

1. 停电前的准备工作

在进行停电操作之前，需要进行一些准备工作。首先，需要进行安全检查和评估，确保电路和设备的安全性和可靠性。其次，需要通知相关人员和部门，确保他们了解停电操作的时间和范围，并进行必要的安排和调整。最后，需要准备必要的工具和设备，以便在停电过程中进行必要的维护和检修。

2. 停电的操作步骤

停电操作的具体步骤如下：

(1) 关闭高压电源：首先需要关闭高压电源，断开电源的连接，确保电力系统停止供电。在操作前需要确认高压开关是否关闭，并对高压开关进行标记，以便于以后的操作。

(2) 停电检查：在关闭高压电源之后，需要进行停电检查。这包括检查各个配电设备和电路的状态，确保所有的设备和电路都已经停止运行。同时，需要检查并清理电气设备，以确保其性能和安全性。

(3) 修理和维护：在停电期间，可以进行必要的维修和维护工作。这包括更换老化的设备和电线、维修损坏的设备、清洁和检查电气设备，确保其性能和安全性。

(4) 开启高压电源：在进行必要的维护和检修工作之后，需要重新开启高压电源，恢复电力系统的供电。在开启高压电源之前，需要进行必要的测试和检查，确保电力系统能够正常工作。

3. 送电的操作步骤

送电操作是将电力恢复到正常供电状态的操作。具体步骤如下：

(1) 开启高压电源：首先需要开启高压电源，确保电力系统可以正常供电。在开启高压电源之前，需要进行必要的测试和检查，以确保电力系统的安全性和可靠性。

(2) 送电检查：在开启高压电源之后，需要进行送电检查。这包括检查各个配电设备和电路的状态，确保它们能够正常运行。同时，需要检查电气设备和配电设备是否符合要求，以确保电力系统的安全性和可靠性。

(3) 调整设备：在送电过程中，可能需要对设备进行必要的调整和调试，以确保其性能和安全性。例如，可以调整电压、电流和功率等参数，以满足不同的供电需求。

(4) 测试和维护：在送电期间，需要进行必要的测试和维护工作，以确保电力系统的安全性和可靠性。这包括检查电气设备和配电设备，清洁和检查电线和插头，更换老化的设备和电线等。

4. 应急处置措施

(1) 10 kV(6 kV)单回路停电。

变电所单回路停电时，岗位工如果发现停电由本所故障引起，如发现短路火光、响声或烟雾，立即汇报上级变电所说明情况、不准送电、拉出开关小车并闭锁、悬挂警示牌，然后汇报矿调度室、请求派人增援处理。

变电所单回路停电时，岗位工未发现停电由本所故障引起的现象，立即请示上级变电所说明情况、请求送电，然后汇报矿调度室。如果因上级变电所原因影响送电，立即请示矿调度室准予本所联络开关合闸、恢复停电区域供电。完成供电任务后再次汇报矿调度室。

(2) 10 kV(6 kV)双回路停电。

变电所双回路停电时，岗位工如果发现停电由本所故障引起，如发现短路火光、响声或烟雾，立即汇报上级变电所说明情况、双回路不准送电、拉出开关小车并闭锁、悬挂警示牌，然后汇报矿调度室、请求派人增援处理。

变电所双回路停电时，岗位工未发现停电由本所故障引起的现象，立即请示上级变电所说明情况、请求送电，然后汇报矿调度室。如果因上级变电所原因影响送电，需等待送电。当上级变电所来电后，请示矿调度室恢复停电区域供电。完成供电任务后再次汇报矿调度室。

5. 停送电组织管理

(1) 有计划地检修停送电及试验：正常检修申请停电时，必须按停电申请批准时间进行停电检修，无特殊情况，不得提前或推延。变配电工在接到检修停电申请后，应注意审查停送电时间及审批手续是否齐全，确定停电施工负责人是否属实；核对停电开关线路及影响范围是否符合实际，确认无误，向矿调度室值班调度员和工区值班领导报告，得到明确批示无特殊更改，方能按规程规定进行停送电操作停电闭锁，挂“有人工作，严禁合闸”牌，填好停送电记录。

停电检修线路送电时，必须由停电负责人联系，其他人员联系拒绝恢复送电；送电完毕，认真填写送电记录，汇报矿调度室和工区值班领导。当停电线路上有两组或两组以上人员同时检修作业时，只有待所有施工人员检修完毕，全部取得可靠联系后，才能恢复送电。

(2) 培训员工操作技能：定期对员工进行操作培训，确保员工能够正确、熟练地操作设备。

(3) 建立应急预案：针对可能出现的故障和异常情况，建立应急预案，确保能够及时处理问题，降低影响。

(4) 定期维护保养：定期对设备进行维护保养，确保设备状态良好，提高开停机的成功率。

总之，配电房的停送电操作是一个非常重要的过程，需要进行必要的准备和检查工作，以确保电力系统的安全性和可靠性。在进行停送电操作时，需要注意安全和防范意识，遵循标准操作程序，以确保操作过程的顺利进行。同时，在停送电操作后，需要进行必要的测试和维护工作，以确保电力设施的稳定性和可靠性。

(二) 主提升机开停机

矿井提升机是采矿生产过程中的重要设备，人员的升降及材料、设备的输送都需要通过它来完成。矿井提升机被称为“矿井的咽喉”，是矿井井下作业和地面相连接的枢纽。矿井提升机作为矿山的一种重要设备，其运行的可靠性、安全性、经济性要求都备受关注。

1. 开机安全操作

置制动闸手把于全抱闸位置→置主令控制器手把于“0”位→打开电源开关→打开辅助安全回路开关→按动复位按钮→启动冷却风机→启动励磁装置(直流提升机)或动力制动电动机→启动制动油泵。

2. 提升运行安全操作

(1) 启动、加速运行。听取开车信号，确定提升方向→缓慢松开操作制动闸手把→推动主令控制器手把，启动提升机滚筒(单绳缠绕式提升机钢丝绳预紧)→推动主令控制器手把，驱动提升机均匀加速运行(或变频调速)。

(2) 等速运行。置主令控制器手把于相应终端位置→置制动闸于全松闸位置，驱动提升机等速运行→确认电流、油压、速度等各种运行数据正常→确认深度指示器、钢丝绳、滚筒、传动装置等运行状况良好。

(3) 减速运行。确认深度指示器指示到减速位置(或按照警铃警示)→推动主令控制器手把向"0"位移动→驱动提升机均匀减速运行。

3. 停机

(1) 正常停机。听取正常停机信号→推动主令控制器手把移向"0"位→待滚筒完全停止运转→推动制动闸手把于全制动位置。

(2) 临时停机。听取临时停机信号→推动主令控制器手把于"0"位→推动制动闸手把进行制动停机(司机不得离开操作岗位)。

(3) 紧急停机。确认出现需紧急停机的情况→按动紧急停机按钮,停止提升机运行→处理有关紧急停机情况→确认危急情况排除→解锁紧急停机按钮→报告紧急停机情况。

4. 开机、停机组织管理

(1) 制订合理的开停机计划:根据生产需求和设备状况,制订合理的开停机计划,确保生产顺利进行。

(2) 培训员工操作技能:定期对员工进行操作培训,确保员工能够正确、熟练地操作设备。

(3) 建立应急预案:针对可能出现的故障和异常情况,建立应急预案,确保能够及时处理问题,降低影响。

(4) 定期维护保养:定期对设备进行维护保养,确保设备状态良好,提高开停机的成功率。

(5) 生产、凿井用主要提升机必须配有正、副司机,每班不得少于2人(不包括实习或熟悉期内的司机),司机不允许连班作业。司机必须经过培训,熟悉设备的结构、性能、技术特征、动作原理,掌握《煤矿安全规程》有关规定及绞车管理的各项规章制度,并经考试取得特种作业操作资格证书后,方可持证上岗。班前班中不准喝酒,工作时精神集中,不得干与本职工作无关的事情,着装符合要求。

(6) 司机应熟悉各种信号规定,操作时必须严格按信号执行:

① 司机不得无信号动车。

② 当司机所收信号不清或有疑问时,应立即用电话与井口信号工联系重发信号,确认信号后再进行操作。

③ 司机接到信号因故未能执行时,应通知井口信号工,申请原信号作废。再动车时需重新发送信号。

④ 罐笼(箕斗)在井口停车位置,司机不得擅自动车,若因故需要动车时,应与信号工联系,按信号执行。

⑤ 罐笼(箕斗)在井筒内,若因检修需要动车时,应事先通知信号工,经信号工同意后,可做多次不到井口的升降运行,检修完毕后,再通知信号工。

(7) 非正常提升时,提升速度应符合下列规定:

① 使用罐笼运送硝化甘油类炸药或雷管时,运行速度不得超过 2 m/s;运送其他材料时,不得超过 4 m/s。

② 使用吊桶运送任何火药时,速度不得超过 1 m/s。

③ 进行以上两项运送,在启动和停止提升机时,不得使罐笼或吊桶发生震动。

④ 吊运特殊大型设备(物品)及长材料时,运行速度一般不应超过 1 m/s。

⑤ 人工验绳的速度,一般不大于 0.3 m/s。

⑥ 因检修井筒装备或处理事故人员需站在提升容器顶上工作时,提升容器的运行速度一般为 0.3～0.5 m/s。

(8) 在进行下列提升任务时,必须执行一司机操作、另一司机监护的工作制度:

① 升降人员。

② 运送雷管、炸药等危险品。

③ 吊运特殊大型设备及器材等。

(三) 主水泵开停机

1. 高压矿用泵的启动

(1) 泵启动时注意事项如下:

① 启动时观察压力计和开关的指示,以便调整。

② 泵吸入阀没有完全打开以前不能开泵。

③ 启动后,不能使吐出阀关闭或接近关闭较长时间,否则会使泵内液体过热。

(2) 启泵步骤如下:

① 进行开车前检查。

② 打开泵的吸入阀和水封水管路的阀。

③ 关闭吐出管路的阀,使泵内充满液体。

④ 启动电机,接着逐渐打开吐出管路的阀。

⑤ 启动水泵打开压力表、真空表旋塞,逐渐打开出口闸阀到压力表指针指到泵规定参数范围的位置为止,当泵的压力上不来时,立刻停车,以免平衡机构磨损。

2. 高压矿用泵运转检查

泵运转后,应每隔一定的时间检查仪表,以此确定泵的工作是否正常,而且要检查泵的转速。此外,要监测泵的流量、扬程、温度及润滑状况。

3. 停泵

(1) 关闭吸入压力计和吐出压力计,慢慢关闭泵的吐出阀。

(2) 关闭电动机,当泵停稳后,再关闭泵的吸入阀。

4. 主水泵开机、停机组织管理

(1) 制订合理的开停机计划:根据生产需求和设备状况,制订合理的开停机计划,确保生产顺利进行。

(2) 培训员工操作技能:定期对员工进行操作培训,确保员工能够正确、熟练地操作设备。

(3) 建立应急预案：针对可能出现的故障和异常情况，建立应急预案，确保能够及时处理问题，降低影响。

(4) 定期维护保养：定期对设备进行维护保养，确保设备状态良好，提高开停机的成功率。

(5) 按以下要求加强检查：

① 对主排水泵每周不少于两次检查，并有巡检记录。检查时必须有两名以上人员配合进行，一人检查、一人监护。

② 检查各轴承温度、油质、油量(温度每小时检查一次，油质、油量每班检查一次)。

③ 检查各连接螺栓、销、键是否松动，各闸阀逆止阀是否灵活可靠，各部是否漏水、漏气；水仓涌水量以及污染沉煤情况；用手摸与听的方式检查泵体有无振动和异常响声。每班检查一次。

④ 检查真空表、压力表、电流表、电压表是否正常稳定可靠，各保护装置是否灵活。每班检查一次。

⑤ 检查吸水井水位及滤水器是否堵塞，每小时检查一次。

(四) 主要通风机开停机

1. 启动操作

正确开启和关闭蝶阀，轴流式通风机应开风门启动，应将通往井下的进风门关闭，同时将地面进风门打开，并要支撑牢靠，以防吸地面风时自动吸合关闭。

2. 通风机启动后的风门操作

打开通往井下的蝶阀，同时关闭地面进风门。

3. 主要通风机的正常停机操作

(1) 接到主管上级的停机命令。

(2) 断电停机。

(3) 根据停机命令决定是否开动备用通风机，如需开动备用通风机，则按上述正常操作要求进行。

4. 主要通风机紧急停机操作

主要通风机紧急停机操作步骤如下：

(1) 直接断电停机(高压先停断路器)。

(2) 立即报告矿井调度室和主管部门。

(3) 按矿主管技术人员决定,关闭和开启有关风门。

(4) 电源失压自动停机时,先拉掉断路器,后拉开隔离开关,并立即报告矿井调度室和主管部门,待排除故障或恢复正常供电后,再行开机。

主要通风机有以下情况之一时,允许先停机后汇报：

(1) 各主要传动部件有严重异响或非正常振动。

(2) 电动机单相运转或冒烟、冒火。

(3) 蝶阀突然关闭,无法立即恢复。

(4) 突然停电或电源故障停电造成停机,先拉下机房电源开关后汇报。

(5) 其他紧急事故或故障。

5. 主要通风机的反风操作

(1) 反风应在矿长或总工程师直接指挥下进行。

(2) 用反风道反风时,保持通风机正常运转,根据现场指挥的指令操作蝶阀,改变风流方向。

6. 用反转电动机反风

(1) 停止当前通风机运转。

(2) 待电动机停稳后,用换向装置反转启动电动机。

(3) 对于异翼固定的通风机,直接反转启动通风机;对于异翼可调角度的通风机,则先调整异翼调整器改变异翼角度,然后反转启动电机。

7. 主要通风机开机、停机组织管理

(1) 制订合理的计划:根据生产需求和设备状况,制订合理的开停机计划，确保主要通风机正常运行，保证生产顺利进行。

（2）培训员工操作技能：定期对员工进行操作培训，确保员工能够正确、熟练地操作设备。

（3）建立应急预案：针对可能出现的故障和异常情况，建立应急预案，确保能够及时处理问题，降低影响。

（4）定期维护保养：定期对设备进行维护保养，确保设备状态良好，提高开停机的成功率。

（五）空气压缩机开停机

1. 空气压缩机启动运行

（1）空气压缩机必须无负荷启动。

（2）启动（或操作）辅助设施：

① 开启冷却水路，观察回水漏斗有充足的水流过；

② 打开空气压缩机与储气罐间排气管道上的闸阀；

③ 对卸荷器进行人为卸荷，有压力调节器的将三通阀接通大气，使气缸余隙解除封闭；

④ 用手摇油泵将润滑油打入气缸、十字头轴承及曲轴轴瓦等处。

（3）启动电动机：

① 同步电动机异步启动后，增速至额定异步转速时，及时励磁牵入同步，励磁可以调至过激，以改善网路功率因数，但过激电流、电压应符合所用励磁装置的工作曲线。

② 绕线式异步电动机采用变阻器启动时，电机滑环手把应在“启动”位置。启动前应将电阻全部投入，待启动电流开始回落时，逐步将电阻缓缓切除，直至全部切除，电动机进入正常转速，然后将电动机滑环手把打到“运行”位置，将启动器手把返回“停止”位置。

③ 感应电动机用频敏电阻启动时，启动完成后必须将频敏电阻全部切除，电动机进入正常转速运行状态。

(4) 当空气压缩机达到正常转速时，应立即解除人为卸荷。对于压力调节器，将三通阀切断大气通路，闭合余隙阀。

2. 正常停机(必须无负荷停机)

(1) 停机步骤：① 人为卸荷；② 停止电动机运转；③ 解除人为卸荷。

(2) 停机后，待气缸温度降至室温后，关闭冷却水。如周围温度低于 0 ℃时，停机后应放尽机体内残存冷却水，以防冻裂设备。

3. 紧急停机

当出现下列情况之一时，应紧急停机：

(1) 空气压缩机或电动机有故障性异响、异振；

(2) 冷却水不正常，出口水温超过规定；

(3) 电动机单相运转或冒烟、冒火；

(4) 油泵压力不够，润滑油中断或压力出现异常；

(5) 保护装置或仪表失灵；

(6) 突然停电或电源回路故障停电造成停机；

(7) 其他严重意外情况。

4. 紧急停机程序

(1) 发生故障时，可直接断电停机(情况允许可卸荷停机)。

(2) 因电源断电自动停机时，应断开电源开关。

(3) 上报矿主管部门。

(4) 在冬季停机时，当气缸温度降至室温以下时关闭冷却水，同时放掉机体内全部冷却水。

5. 开机、停机组织管理

(1) 制订合理的计划：根据生产需求和设备状况，制订合理的开停机计划，确保主要通风机正常运行，保证生产顺利进行。

(2) 培训员工操作技能：定期对员工进行操作培训，确保员工能够正确、熟练地操作设备。

(3) 建立应急预案:针对可能出现的故障和异常情况,建立应急预案,确保能够及时处理问题,降低影响。

(4) 定期维护保养:定期对设备进行维护保养,确保设备状态良好,提高开停机的成功率。

(5) 空气压缩机正常运行后,司机应定期巡回检查(一般为每小时1次)。每班把风包内的油(水)放1～2次。每班试验安全阀和断水保护(或断水信号)1次,并做好记录。每周试油压、超温保护装置及压力调节器1次,并做好记录。每运行100～150 h检查气缸吸、排气阀1次,必要时加以更换。协助维修工进行定期维修、试验工作,做好设备日常维护、保养工作。

二、劳动组织与作业流程管理

机电劳动组织与作业流程管理是确保煤矿安全生产的重要环节,涉及人员配置、作业流程、安全管理等多个方面。

(一) 劳动组织

(1) 人员配置与分组:根据生产需求和作业条件,合理配置各类作业人员,主提升司机、变配电工、空气压缩机司机、主排水泵司机、主要通风机司机为专职工,其他人员为综合作业,一职多能。考虑作业环境、作业强度及安全要求,合理安排人员班次,确保人员充足且不过度疲劳。

(2) 作业任务分配:明确每个班组的作业任务和职责,确保各项作业能够有序进行。同时,根据作业进度和现场情况,及时调整任务分配,保证作业效率。

(3) 协同与沟通:加强班组之间的协同与沟通,确保作业流程的顺畅。通过定期召开班前会、班后会等方式,及时传达作业要求、安全注意事项等信息,提高作业人员的安全意识。

(二) 作业流程管理

(1) 标准化作业流程:制定机电作业的标准化作业流程,明确每个环节的作业步骤、操作方法和安全要求。作业人员应严格按照流程进行作业，确保作业质量和安全。

(2) 作业进度控制：根据生产计划，合理安排机电作业的进度。通过实时监测和调度，确保作业进度与计划相符，避免因进度滞后而影响整体生产。

(3) 设备维护与保养：对变压器、高压配套装置、主提升机、主要通风机、主排水泵等关键设备进行定期维护和保养，确保设备的正常运行和延长设备的使用寿命。同时，建立设备档案，记录设备的维护情况和使用状态。

三、安全生产管理

(一) 安全制度的执行

建立健全机电作业的安全管理制度，包括作业安全规程、安全检查制度、隐患排查制度等。通过制度约束，规范作业人员的行为，降低安全风险。定期对作业人员进行安全教育培训，提高他们的安全意识和操作技能。培训内容应包括安全知识、操作规程、应急处理等方面。

(二) 安全检查与隐患排查

加强现场安全检查和隐患排查，及时发现和处理安全隐患。对发现的问题进行整改，并跟踪验证整改效果，确保问题得到彻底解决。

(三) “三违”行为的防治

据统计，90%以上的事故是由于人的“三违”行为导致的，因此加强生产过程中班组的“三违”防治工作，是安全生产的重要基础。

班组现场反“三违”行为管理可以采取以下措施：

(1) 查思想。生产作业中，关注职工的思想变化，看有没有存在思想问题的职工，一旦发现职工有思想问题，要及时疏导教育，使其保持良好的思想状态。

(2) 查行为。生产作业中,注意观察职工的行为,发现有不安全行为要及时制止和教育其改正,引导职工按照作业规程和操作规程作业。

(3) 查管理。生产作业中,矿领导或管理部门人员检查现场管理情况,看是否有管理混乱、违规生产的情形。

四、突发情况的应急处置

(一) 发生灾害时班组长的职责和权力

出现事故预兆或发生事故时,班组长为现场主要负责人,要立即要求工人撤出作业现场至安全地点,其现场职责主要有:

(1) 全面指挥避险救灾,负责查看事故性质、范围和发生原因等情况,并快速报告给矿调度室。

(2) 带领全班组人员开展自救、互救工作。

(3) 尽可能采取措施防止事故扩大,减少人员伤亡。

(二) 设备故障等异常情况的应急处置

1. 变电所设备故障的应急处置

(1) 变电所电压互感器故障的应急处理。

首先考虑变压器保护及自动装置停用,防止误动作。接下来快速切断处理,当一次侧熔断器熔断,一般做如下处理:拉开隔离开关,详细排查外部元件故障。其次,检查二次侧熔断器,当二次侧连接器回路发生发热或断开,应该迅速拧紧或者将端子用安全工具进行短路操作;如未发现故障,更换熔断器后,再进行使用。请注意,在处理时应有适当的安全措施,确保人身安全,同时防止错误操作。

(2) 变电所直流系统接地故障的应急处理。

直流电路接地时,先检查接地的是哪一极,然后检查是完全接地还是不完全接地,最后查清为什么接地。正确处理直流电路接地的步骤如下:第一,停止直流电路上的工作,避开用电高峰对其检查,并根据现场实际对直流回路进行分合试验。试验一般按照以下顺序进行:应急照明、信号电路、充电电路、户外闭合闸回路、户内闭合闸回路等,在调度管辖范围内对设备进行操作的,征得调度的同意后方可实施。明确接地回路后,再次进行分合操作,逐渐将范围缩小。条件允许的情况下,系统能被分为两部分运行的,绝对分开单独运行。当查找直流电路接地时,应尽量使设备在保护环境下进行。为了确保人身和设备的安全,在寻找直流接地时,必须由两个人进行,一个人查找,另一个人监护和观察信号。

(3) 变电所母线故障的应急处理。

当母线断路器跳闸,一般应先检查并排除故障才能通电,禁止用母联断路器对母线强行通电,以防止事故扩大。如果因为备用保护而跳闸的(通常是由于线路故障和线路保护动作发生拒绝越级跳闸),这个时候应确定和修复母线组件故障后方可通电。如果母线断路器重合闸失败,立即切换到备用母线供电。

(4) 变电所电容器故障的应急处理。

在电容器中最常见的故障为电容鼓胀。日常工作中,应首先控制电容的品质,优质的设备能避免很多事故,减少财产损失。火灾或爆炸发生时,变电站工作人员应立即切断电容主开关,同时采用干沙或灭火器灭火,及时避免事故蔓延。当电容器维修人员进行故障排除时,一定要戴上手套,因为放电过程中,由于内部接触不良,最有可能存在残余电荷,如果直接接触很容易造成人员伤亡。电容器的维护,是一个高风险的工作,需要非常小心。在由于故障发生爆炸的时候,我们必须保持冷静、从容面对。

(5) 变电所断路器故障的应急处理。

检查电源电压时,操作手柄在闭合位置,仪表上的绿灯闪烁,红色开关灯不亮无指示;喇叭声,机械断路器位置指示灯仍然指到"OFF"位置,可能是由于合闸时间短造成的,可以尝试再次操作;还有一种可能就是电路故障或卡住了操作机构。正确的操作如下：首先，内路操作失败。如果操作手柄在闭合位置，指示信号未发生变化，这个时候可能是由于控制开关触点、断路器和接触器辅助触点闭合或触点接触不良，继电器触点焊接和烧毁合闸线圈，同期开关不正常等，设备故障消除后，重新闭合开关。其次，操作机构卡住。如果控制开关和合闸线圈动作正常，但断路器出现跳闸现象，工作电压正常，这种现象为操作机构故障，比如操作不灵活或调整不准确、挂钩跳闸等，应进行修理或调整，重新合闸。

2. 主要通风机设备故障的应急处置

主要通风机专职司机必须经培训合格、持证上岗，每小时将通风机运转情况记入运转记录簿内；发现异常，立即报告矿调度室。主要通风机因检修、停电或者其他原因停止运转时，必须制定停风措施。主要通风机停止运转时，井下所有人员必须立即停止工作、切断电源，先撤到进风巷道中，由值班矿领导组织全矿井工作人员全部从副斜井或主斜井撤到地面。

主要通风机停止运转期间，必须由矿总工程师指挥，打开主要通风机检修风门、安全风门和防爆帽，利用自然风压通风。

(1) 单回路停电导致主要通风机停机。

主要通风机专职司机按照操作规程倒闸切换至另一电源启动风机，汇报矿调度室。

(2) 全矿井停电导致主要通风机停机。

主要通风机房立即汇报矿调度室。调度室接到汇报后立即通过应急广播或电话命令井下所有人员必须立即停止工作，将开关断开并闭锁，先撤到进风巷道中，由跟班队干、安全员清点人数，向调度室汇报停电及人员撤退情况，掘进巷道口设置栅栏，听从调度室指挥撤离。通知应急指挥部人员到现场，积极抢修、及早恢复供电。同时，命令发电机房值班人员立即启动发电机向主要通风机供电。

(3) 机械故障导致主要通风机停机。

① 当机械故障导致一台主要通风机停机时，主要通风机专职司机按照操作规程切换至另一台主要通风机运行，汇报矿调度室。

② 当机械故障导致主要通风机都不能运行时，主通风机房立即汇报矿调度室，调度室接到汇报后按以下程序处置：

a. 立即通过应急广播或电话命令所有使用局部通风机供风的地点停止工作、切断电源，所有人员先撤到进风巷道中，停止局部通风机运行，巷道口设置栅栏，由跟班队干、安全员清点人数，向调度室汇报停电及人员撤退情况，听从矿调度室指挥撤离。

b. 立即通过应急广播或电话命令井下所有人员停止工作、切断电源，先撤到进风巷中，听从矿调度室指挥撤离。

c. 立即通知井下中央变电所切断采区电源，听从矿调度室指挥撤离。

d. 立即通知地面变电站切断井下及井口 20 m 范围内的非本质安全型电气设备电源。

e. 通知应急指挥部人员到现场，积极抢修、及早恢复供风。

3. 主提升机设备故障的应急处置

(1) 蹾罐时乘坐人员的自救与互救措施。

① 常乘坐吊桶(罐笼)的人员都知道，当吊桶(罐笼)下降到离停罐位置 30 多米处时就要减速。当到达此处时还不减速，乘坐人员就要做好思想准备，采取措施防止蹾罐对自己造成伤害。

② 吊桶(罐笼)内人员不多时，应分散到两边，乘罐人员两手握紧罐内的扶手，提气使手用劲，有条件时可使两腿悬空，以便减少或免除蹾罐对人体特别是腿部的伤害。

③ 吊桶(罐笼)内人员较多时，不可能每人都能握住罐内的扶手。未握住扶手的人也应靠两边站，并抓住握扶手的人，还应将两腿弯曲。这样，蹾罐时就可减少由于人体惯性运行向罐底的冲击，

从而减轻对乘罐人员的伤害。

④ 发生蹾罐事故后，未受伤人员应立即在现场为受伤人员进行止血、包扎和骨折临时固定等紧急处理，并迅速运送升井到医院救治。

(2) 吊桶(罐笼)断绳时乘坐人员的自救与互救措施。

① 乘罐人员发现吊桶(罐笼)运行出现异常时，如向上运行突然变为向下运行并减速停止，或向下运行突然速度加快并减速停止，即可基本断定罐笼发生了断绳事故。

② 在吊桶(罐笼)运行发生上述变化的过程中，乘罐人员应握紧罐笼内的扶手，不能握扶手的应抓住握扶手的人，以免罐笼快速停止时摔伤和出现其他伤害。

③ 吊桶(罐笼)由于保险装置的作用减速并停稳后，乘罐人员一定要镇静，切不可在罐笼中来回奔跑、推拉，发求救信号应以呼叫为主，以保持罐笼的平衡。

④ 吊桶(罐笼)停止处不论是否靠近立井的梯子间，遇险人员都不要打开罐帽盖冒险进入梯子间。这样的坏处有：一是破坏罐笼的平衡，从而导致坠罐事故的发生；二是进入梯子间的过程中有很大的危险性，稍不小心将会摔入井筒底部。因此，乘罐人员必须耐心等待救援。

⑤ 救助断绳后吊桶(罐笼)中遇险人员的方法是：如罐笼停在靠梯子间这一边，可在对罐笼采取固定保险措施后，搭木板让遇险人员直接进入梯子间脱险；如罐笼停在另一边，可使另一罐笼到达停罐处，再采取安全措施将遇险人员撤离到营救罐笼上，然后提升出井。

(3) 吊桶翻转乘坐人员被甩出后的自救措施。

由于乘坐人员重心把握不好，在运行中吊桶会发生翻转，从而使人员被倒出桶外。但因乘坐吊桶时人员系好了保险带、挂上了保险钩，人员出桶后被吊在钢丝绳周围，不会坠落井底，一般不会出现严重伤害。其自救措施是：

① 吊桶翻转乘坐人员被倒出桶外时，遇险人员不要抓吊桶两边的导向绳。因为导向绳是固定不动的，而吊桶翻转后绞车司机并不知道，吊桶和倒出的人员仍在随钢丝绳运行。如抓住导向绳，不仅不能自救，还会发生创伤事故。

② 乘坐人员被倒出吊桶后，吊桶由于重心的作用会自动恢复到原来的位置。被吊在钢丝绳周围的遇险人员，应抓住吊桶上沿，抓不到也要贴近吊桶，条件具备时，应尽量往吊桶里爬。

③ 乘坐人员被悬吊在钢丝绳周围时，不要过分紧张和害怕，应迅速恢复理智，在贴近吊桶后，采用呼叫和敲桶的方法发出求救信号。当吊桶快要落吊盘时，求救信号要急骤和响亮。

④ 当吊桶即将落吊盘时，遇险人员要注意观察自己身体所处的位置，如腿部有可能进入桶座位置被吊桶压住时，应用力推吊桶（吊桶不可能推动），人员便可在吊桶的反作用下向外移动，离开桶座位置，避免伤害。

4. 主水泵故障的应急处置

（1）检查排水泵和电控设备不到位。

应急处置：① 开机前对设备进行检查；② 检查仪表、配电柜指示是否正常；③ 检查阀门；④ 检查联轴节间隙，联轴节间隙应为7～11 mm。

（2）检修水泵时未停电、闭锁、挂牌，误操作启动水泵伤害人员。

应急处置：① 检修时，开关必须先停电、闭锁、挂牌；② 按照操作程序进行检修，身体各部位要远离水泵，手不要靠近吸水口或旋转部位，防止吸入或卷入。

（3）起吊水泵时选用不合格起吊点、倒链，水泵滑落砸伤工作人员。

应急处置:起吊水泵时,选用完好的倒链和牢固的起吊点。

(4) 泵坑上面盖板铺设不牢固,人员踩空掉入泵坑。

应急处置:泵坑上面盖板必须铺设牢固,防止人员踩空掉入泵坑。

5. 空气压缩机故障的应急处置

(1) 一旦运行空气压缩机发生异响、异振及电动机冒火等严重意外情况,应紧急停机,启动备用空气压缩机。

(2) 一旦发生风包、风管等爆炸的重大事故时,空气压缩机司机应立即停止所有空气压缩机的运行。有人员伤亡时,应先组织抢救人员,其次组织人员抢修以尽快恢复生产。

第四节　交　　班

一、交班准备、内容与要求

交班是一项重要的任务,需要把当班的多项工作内容整理清楚,然后进行面对面的现场交接,并且等待接班人员对交接的各项基本情况确认、最终在交接班记录上双方签字之后才算结束。

(一) 交班准备

交班的主要准备工作如下:

(1) 检查设备:交班值班长应在下班前 1 h,将所属的设备、管线阀门、仪表等进行全面检查,发现问题及时解决,不得拖延给下一班。

(2) 清理工作现场:交班前 30 min,由操作工擦拭好本岗位的机器、电器仪表,清扫工作现场,检查工具、仪器、防护用品、消防器材等,做好岗位交班前的准备工作。

(3) 整理工作记录:交班前,班组长需要整理当班的工作记录,包括生产情况、设备运转情况、事故处理情况、设备检修情况等,确保记录真实、准确、完整。

（二）交班内容和程序

现场交班主要按照以下程序和内容进行：

（1）现场交接班：交班班组长需要在现场对当班的生产情况、设备情况、安全情况、领导有关指示，以及上一班未完成的工作任务、设备存在的故障、未处理的安全隐患、存在的问题等特殊情况向接班班组长进行全面交接。

（2）确认交接事项：接班班组长需要对交班班组长交代的各项事项进行确认，如果有不清楚或不明白的地方，需要及时向交班班组长询问。

（3）签字确认：交接班双方要按照交接班规定项目逐项检查，并在交接票上互相签字。若有异常，两班协调解决，解决不了的及时汇报。只有接班班组长确认了所有交接内容并签字，交班班组长的工作才算完成。

（三）交班要求

交班要执行"十交、六不交"的相关要求：

（1）"十交"：① 本班生产情况；② 工艺指标的执行情况和存在问题；③ 事故原因、处理情况及处理结果；④ 设备运转和维护保养情况；⑤ 仪器、仪表、工具的保管和使用情况；⑥ 记录表的填写保护情况；⑦ 室内外及设备卫生；⑧ 跑、冒、滴、漏及机械用油情况；⑨ 安全生产情况；⑩ 领导的指示。

（2）"六不交"：① 工艺指标不符合条件不交；② 设备保养不好不交；③ 事故原因查不清不交；④ 工具不全不交；⑤ 记录表不齐全、不整洁不交；⑥ 设备及环境卫生不清洁不交。

二、交班注意事项

（1）交接班人员必须在井下指定地点、指定时间交接班，认真填写交接班记录，做到内容齐全、字迹工整清晰。

(2) 交接班人员应在交接班前 15 min 到达现场。

(3) 交接班时，必须将当班情况交接清楚，并由交班人员填写交接记录，接班人员同意后接班并签字，严格按照规定的项目认真进行检查，交班做到“完全彻底”，接班做到“心中有数”。

(4) 交班中发生的问题由交班人员负责，交班后出现的问题由接班人员负责。

(5) 在规定的交接班时间内，如接班人员未到，交班人员有权汇报队值班领导，并坚守岗位；交接班人员未办理手续，不得擅自离开岗位。

(6) 交班人员与接班人员在现场交接后，必须同时向调度和队部值班领导汇报交接情况。

通过以上步骤和注意事项，可以确保采煤班组长交班工作的顺利进行，保障生产的安全和稳定。同时，也有利于接班班组长更好地了解生产情况，做好下一步的工作计划。

第十一章 机电作业安全风险分级管控与隐患排查治理

第一节 机电作业风险与管控措施

一、危险源的概念

危险源是可能导致人身伤害或健康损害的根源。比如煤尘、瓦斯、地下水、运转的机械、噪声、顶板等，这些危害因素都可能导致人身伤害或健康损害，我们把这些危害因素称为危险源。

二、风险的概念

风险是危险源发生危害的可能性和严重性的组合，也就是危险源发生危害概率的大小和导致后果的严重程度。如果发生概率大、导致的后果严重，那么我们就说风险大；如果发生的概率很小、导致的后果不严重，那么我们就说风险小。在煤矿作业中，存在着各种各样的风险。例如，电气失爆是危险源，提升机钢丝绳不按规定进行试验有伤人的风险；顶板是危险源，顶板具有垮落伤人的风险；煤尘是危险源，煤尘可能导致爆炸、患尘肺病、损坏设备的风险。

风险具有不确定性，它可能发生，也可能不发生。例如，电缆可能漏电，也可能不漏电，如果不漏电也就不会导致触电等伤害事故。

三、风险控制方法

在一定条件下，对现场岗位中的风险进行预先辨识、风险评估，继而采取有效措施，消除、减少、控制风险，使风险降到人们可接受程度的一系列活动，称为风险预控管理。

风险预控管理的基本原理是运用风险管理的技术，通过探求风险发生、变化的规律，认识、估计和分析风险对安全生产所造成的危害，运用计划、组织、指导、管制等一系列手段，实现“一切意外均可避免”“一切风险皆可控制”的风险管理目标。

煤矿风险预控管理体系的基本内涵，是指在煤矿整个过程中，对煤矿各个生产系统、生产环节中的各种危险源进行预先辨识，对各种风险进行评价分析，继而采取有效措施，消除、减少和控制风险，并在一定经济、技术条件下，通过“人、机、环、管”（即人员、机电设备、环境、管理）的最佳匹配，防止风险转化为事故，实现本质安全，做到安全生产。

煤矿作业现场风险预控可以从以下几个方面进行：

(1) 提高安全意识和安全素质。员工按规定参加安全培训，贯彻落实“以人为本”的指导思想，通过安全培训提高煤矿从业人员的安全意识和技术水平，变“要我安全”为“我要安全”。

(2) 落实各项规章制度。主要以各种制度规范煤矿从业人员的行为，如操作人员的手指口述、现场班组长验收签字、安全检查工检查等。

(3) 落实操作程序。在现有安全技术操作规程的基础上，对每一个工种作业中的每一道工序，都制定出详细的操作程序，不论任何人，在同一岗位上完成某一工序时，都按照规定的操作程序执行，这就避免了违章操作和误操作的发生，在很大程度上降低了风险发生的可能性。

(4) 执行操作标准。以《煤矿安全规程》、安全技术操作规程为依据，对每一项工作都制定出操作标准，提高操作水平，降低事故发生的概率。

第二节 机电作业隐患排查与治理措施

一、隐患的概念

隐患是指人的不安全行为、物的不安全状态、管理上的缺陷和环境的不安全因素，具有确定性，如果不消除隐患，就容易引发事故。例如，运转的机电设备有伤人的风险，而人员违章进入运转机电设备的工作范围内工作就是隐患；顶板具有垮落伤人的风险，而支护不良就是隐患；煤尘具有爆炸的危险，而喷雾降尘、除尘措施不完善就是隐患。隐患可以理解成不到位的风险防控措施，会让风险失控，最终导致事故的发生。

从煤矿井下的工作实际来看，危险源是无处不在的，只有通过排查和治理隐患，让人与各种危险源隔离开，才能大幅度降低事故发生的概率和事故发生导致的后果的严重程度。

按照可能造成后果的严重程度和治理难度，我们将隐患分为一般事故隐患、重大事故隐患两类。一般事故隐患是指危害和整改难度较小，发现后能够立即整改排除的隐患。重大事故隐患是指危害和整改难度较大，应当全部或者局部停产停业，并经过一定时间整改治理方能排除的隐患，或者因外部因素影响致使生产经营单位自身难以排除的隐患。

二、班组隐患排查治理措施

作业现场的隐患排查治理是围绕消除人的不安全行为、物的不安全状态和环境的不安全因素展开的，针对作业中常见的事故隐患，要采取以下措施：

(1) 规范操作人员的安全行为，结合班组的具体情况，以及国家的法律法规、相关规定和标准，制定规章制度和操作规程。

(2) 正确穿戴和使用劳动防护用具、用品。

(3) 严格执行《煤矿安全规程》、安全技术操作规程、作业规程的相关规定。

(4) 加强对作业场所的安全检查，及早发现问题，及时妥善地整改。

(5) 加强生产设备管理，尤其是设备的防爆管理，按规定做好设备、安全设施、防护装置的维护保养，使之始终保持完好状态。

(6) 保证各种保护和监测系统灵敏可靠，井下设备、电缆完好。

(7) 设备布置、物料码放要尽可能地科学合理，保持通道畅通。

(8) 及时清扫垃圾、废料，整理现场的原材料、产品和工具。

班组在生产作业前由当班班组长负责组织进行一次现场事故隐患排查和安全确认，排查出的事故隐患必须做好记录并告知现场其他相关人员。

职工到岗后开始作业前，必须首先进行事故隐患排查工作，对本岗位危险因素进行一次安全确认，在作业过程中随时排查事故隐患，发现危及人身安全的事故隐患时必须立即停止作业，排查出的事故隐患必须做好登记。

对能够立即治理的事故隐患，岗位工必须立即进行整改，并由下一班岗位工或当班班组长以上人员进行验收；对不能立即治理的事故隐患应报告当班班组长或跟班队长，由当班班组长或跟班队长组织人员进行整改，并负责督办和验收；对当班班组无法整改、没有整改结束的事故隐患，由当班班组长或跟班队长汇报区队，由区队值班队干或队长组织治理或上报，并由岗位工在交接班期间相互交接清楚。

第三节　机电作业常见风险隐患排查与治理

机电作业常见风险隐患排查与治理措施见表 11-1。

表 11-1 机电作业常见风险隐患排查与治理措施

风险隐患类别	风险隐患内容	治理措施
公共风险与隐患	1. 顶板是否掉渣，煤壁是否片帮。 2. 瓦斯、煤尘是否有爆炸危险	1. 严格执行敲帮问顶及围岩观测制度，严格控制控顶距，严禁空顶作业。 2. 加大瓦斯、煤尘的检查力度，严禁瓦斯超限作业，做好综合防尘工作，搞好通风管理，把瓦斯、煤尘控制在规程规定的浓度以下，确保安全生产
矿井维修电工作业风险与隐患	1. 验电器不能正确判断是否有电，造成人员触电。 2. 未完全拉开闸、未验电造成人员伤害。 3. 未按调度指令要求进行操作或停错线路造成设备停止运转。 4. 验电设备电压等级不符造成人员伤害。 5. 放电操作不当造成人员触电。 6. 未进行验电放电操作导致人员触电	1. 合理选用工器具及仪器仪表，绝缘器具完好。 2. 拉开开关、有明显的开路点，要进行确认。 3. 对影响范围较大的设备停电要向调度室汇报，等待指令操作。 4. 在检修高低压设备时必须使用符合等级的验电设备。 5. 放电绳一端接地，另一端对电缆三相线芯逐相进行放电。矿井维修电工放电后，在电源侧挂一组三相短路接地线，挂接地线应先接接地端，后接导体端。 6. 正确验放电

表 11-1(续)

风险隐患类别	风险隐患内容	治理措施
提升机作业风险与隐患	1. 司机操作时,精神状态差,监护不到位。 2. 提升机保护装置动作不灵敏或失效。 3. 司机不经培训无证上岗,危险操作。 4. 信号听辨不清开车或运行中有异响。 5. 开车前未进行巡检。 6. 运行时未注意观察仪表及运行参数。 7. 未根据深度指示器指示位置或警铃警示及时减速。 8. 紧急制动后没有检查钢丝绳。 9. 开车时精力不集中,发生过卷或过放。 10. 闸间隙超过规定。 11. 闸间隙保护不完好。 12. 紧急制动开关失效。 13. 紧急制动开关不完好。 14. 限位开关不完好。 15. 深度指示器失效。 16. 钢丝绳有断丝。 17. 液压站油压不足。 18. 收到停车信号未及时停车。 19. 提升结束未将主令开关和闸拉回零位。 20. 减速失控	1. 司机必须保持良好的精神状态,并严格执行"一人操作、一人监护"制度。 2. 严格执行交接班制度,每班应进行安全保护装置试验。 3. 司机必须经过专业技术培训,考试合格后持证上岗,能独立操作。 4. 严格按照信号进行开车。 5. 开车前按规定路线和内容依次检查。 6. 主副司机在运行期间要随时观察仪表运行参数。 7. 主副司机在运行期间要根据深度指示器位置或警铃警示及时减速。 8. 紧急制动后必须对钢丝绳进行检查。 9. 司机必须保持良好的精神状态,并严格执行"一人操作、一人监护"制度。 10. 每班应进行安全保护装置试验,保证闸间隙不得超过 2 mm。 11. 每天进行检修、检查、试验闸间隙保护装置齐全有效。 12. 每天进行试验,确保紧急制动开关灵敏可靠。 13. 每天进行检修、检查。 14. 每天进行试验,确保限位开关灵敏可靠。 15. 每天进行试验,确保深度指示器灵敏可靠。 16. 每钩查看钢丝绳在线监测数据,查看其断丝情况是否符合要求。 17. 每天进行维修、检查。 18. 严格执行"一人操作、一人监护"制度,出现异常,副司机应及时提示或采取紧急制动。 19. 提升结束将主令开关和闸拉回零位。 20. 严格执行交接班制度,每班应进行安全保护装置试验

表 11-1(续)

风险隐患类别	风险隐患内容	治理措施
通风机操作作业风险与隐患	1. 调度室未同意而启动、停止通风机。 2. 各种安全保护装置不正常。 3. 通风机不完好。 4. 主要通风机停止运行后,切换失败。 5. 接到反风运行信号后,未能及时进行操作反风。 6. 反风设施不完好。 7. 风门、风道有漏风,电源电压不正常,仪表指示不正常	1. 调度室未同意,严禁随意启动、停止通风机。 2. 各种安全保护装置齐全有效。 3. 通风机符合完好标准。 4. 主要风机停止运行、切换失败后,应及时切换至备用通风机。 5. 接到反风运行信号后,应按程序及时进行反风操作。 6. 反风设施符合完好标准。 7. 风门、风道不漏风,电源电压、仪表指示正常
排水泵作业风险与隐患	1. 缺少防护罩。 2. 吸水井内有杂物。 3. 各种仪表指示不在正常指示范围内。 4. 排水泵没有备用控制电源。 5. 各种闸阀不能正常使用。 6. 排水泵没有可靠的备用引水装置。 7. 启动排水泵没有汇报值班室或调度室。 8. 未按规定程序启动排水泵。 9. 压力表或真空表指示不正常。 10. 电流、电压不正常时,未及时停泵。 11. 随意变更水泵各项保护定值。 12. 管路漏水。 13. 安全出口不畅通。 14. 未关闭阀门而停止水泵	1. 排水泵必须完好。 2. 吸水井内不得有杂物。 3. 各种仪表指示正确且校验合格。 4. 排水泵应有备用控制电源。 5. 各种闸阀必须完好。 6. 排水泵应有可靠的备用引水装置。 7. 启动排水泵应汇报值班室或调度室。 8. 按规定程序启动排水泵。 9. 压力表或真空表指示正常且校验合格。 10. 电流、电压不正常时,应及时停泵检查。 11. 严禁随意变更水泵各项保护定值。 12. 管路严禁出现漏水。 13. 安全出口应畅通。 14. 应按规程操作

表 11-1(续)

风险隐患类别	风险隐患内容	治理措施
空气压缩机操作作业风险与隐患	1. 各种安全保护装置不正常。 2. 电压和电流不正常。 3. 电机未达到规定转速而解除人为卸荷。 4. 未按规定定期试验安全阀。 5. 出现紧急情况未及时停机。 6. 未按规定使用润滑油。 7. 风包超过温度未及时停车。 8. 空气压缩机出气口温度超过规定未及时停车	1. 各种安全保护装置齐全有效。 2. 电压和电流显示正常。 3. 严禁人为卸荷。 4. 按规定定期试验安全阀。 5. 出现紧急情况及时停机。 6. 按规定使用、更换润滑油。 7. 风包超过温度及时停车。 8. 空气压缩机出气口温度超过规定应及时停车

第十二章　机电作业典型事故案例分析

案例一　某集团线上跨越架倒塌造成线路跳闸一般事故

【事故经过】

2020年5月11日，某电力公司建设陆楼至蒋口110 kV线路工程，搭设线路跨越架，其中5#—6#塔跨越同塔双回110 kV Ⅰ、Ⅱ光薛线路89#—90#塔段。5月17日22时52分，因大风造成跨越架倒塌，110 kV Ⅰ、Ⅱ光薛线路距离Ⅰ段保护动作跳闸、某矿全矿供电中断。22时59分备用陆薛2开关投运，110 kV某矿变电站恢复正常供电，造成全矿停电7 min事故。

【事故原因】

（一）直接原因

（1）电力公司在同塔双回110 kV Ⅰ、Ⅱ光薛线路89#—90#塔段搭设的跨越架倒塌，造成线路停电。

（2）电力公司搭设跨越架没有提前通知线路主管部门。

（二）间接原因

（1）电力公司供电安全意识淡薄，各种事故预想和现场处理措施不充分。

（2）带电跨越110 kV Ⅰ、Ⅱ光薛线路施工方案未经过光薛线路主管技术部门审批，且未提前告知线路主管部门，致使线路所属单位未能提前采取供电安全措施，也未能到现场监督跨越架搭设质量。

(3) 线路所属单位线路巡视不到位，未查出线上跨越架安全隐患。

【防范措施】

(1) 督促施工单位高度重视煤矿安全供电，了解煤矿停电事故严重后果，吸取教训。

(2) 督促施工单位重新优化施工方案，并经线路所属单位审批通过和现场验收后方可进行下一步施工。

(3) 督促施工单位彻底消除损伤导地线，确保供电线路修复质量。

(4) 加强线路运行维护，增加供电线路巡视次数，确保实时准确掌握线路异常情况。

案例二　某煤矿主要通风机受电压波动影响停风一般事故

【事故经过】

2020 年 5 月 17 日 23 时 1 分，受强对流天气影响，某矿 35 kV 变电站 2# 主变 6 kV 电源电压出现波动，602 进线柜失压，主要通风机高压Ⅱ段停电，正在运行的 2# 主要通风机停机，试送电后无法开启，值班人员随即进行倒台，由于 1#、2# 主要通风机高压变频柜 UPS 模块被击穿，1# 主要通风机变频启动失败。5 月 18 日 0 时 7 分，通过操作 2# 高压柜手动合闸，变频柜倒入旁路运行，工频启动 2# 主要通风机。事故造成井下停风 66 min。

【事故原因】

(一) 直接原因

(1) 强对流天气造成上级电源瞬间短路和大面积供电波动，2#

主要通风机停机。

(2) 机电一队值班人员和通风机房岗位人员业务素质不高，对主要通风机大系统不熟悉，未能在 UPS 模块被击穿、不能变频操作的情况下，及时投入旁路，工频启动风机，造成此次矿井停风时间延长。

(二) 间接原因

(1) 重点岗位人员培训不到位。

(2) 机电科没有发挥好业务指导作用，对现场问题的判断不准确。

(3) 恶劣天气下，事故预想不充分，防范意识不强，风险辨识评估和管控不到位。

(4) 矿调度室值班主任和调度员接到事故信息后，没有及时全面地进行汇报通知。

【防范措施】

(1) 加强机电工和岗位工应知应会、操作技能培训学习，提高应急处理问题的能力，并加强演练，专业技能培训抓住重点，注重实效。

(2) 加强调度台岗位人员的业务培训，使其熟练掌握应急指挥的步骤和过程，发挥好矿井调度指挥中心的作用。

(3) 业务科室提高技术素质，增强现场管理的能力，在处理机电突发事件时做好业务指导。

(4) 全面做好重要机房、重点岗位风险辨识评估，针对可能出现的风险做到预想和预控。

(5) 强化值班制度，天气恶劣时，安排业务素质高、责任心强的人员值班。

案例三　某煤矿钢丝绳断绳坠罐较大事故

【事故经过】

2019 年 9 月 23 日 0 时 8 分，某煤矿职工熊某、欧阳某、黎某、郭某 4 人到主立井乘罐笼下井，在下放过程中因提升钢丝绳断裂，罐笼两侧的 2 个防坠器因传动机构锈蚀严重，未能对断绳后的罐笼进行制动，罐笼坠入井底，造成 4 人死亡，直接经济损失 519 万元。

【事故原因】

（一）直接原因

主立井提升钢丝绳断裂、防坠器未有效动作，导致坠罐致人死亡事故。

（二）间接原因

（1）煤矿未严格按规定对主立井提升系统进行日常维护保养和检查，未发现主立井提升钢丝绳在楔形绳环出口处锈蚀严重、断丝较多及防坠器启动传动机构锈蚀严重等事故隐患。

（2）区队主井管理不严，绳检员工责任心不强、安全意识淡薄。

【防范措施】

（1）强化立井提升系统管理，对提升绞车及重要设备的各种保护装置，按规定周期组织全面检查，查清各种隐患并及时处理。

（2）加强立井提升系统日检，查严、查细，不走过场；坚持“安全第一”，不安全不运行。

（3）加强对员工安全生产教育培训，提升员工技能水平，增强员工责任心，切实做好业务保安。

案例四　某煤矿编织袋堵煤矿水泵事故

【事故经过】

2023 年 9 月 12 日中班，某煤矿何某、王某、荣某、钱某(带班领导)入井进行排水作业。14 时 45 分何某入井，到＋1 400 m 水平水泵房后开启了 1#、2# 水泵进行抽水作业。王某、钱某随后下井，钱某到中央变电所填写矿领导带班交接班记录，王某到中央变电所检查瓦斯和填写瓦斯检查牌板。15 时 30 分许，在中央变电所的钱某和王某听到何某的呼喊声后，立即前往查看，发现其躺卧在水泵旁边的轨道上，脚距离水泵约 50 cm，右小腿两侧有明显外伤并有大量出血，两人询问何某"怎么受伤的"，何某回答"用编织袋堵水泵漏水，编织袋内有铁丝，打到了腿"。

事故发生后，钱某关停水泵，叫王某一起将伤者抬至中央变电所。王某使用秋衣和棉纱对何某进行简单包扎，同时，钱某于 15 时 43 分在变电所使用电话向调度室汇报有人受伤。随后，王某在钱某的帮助下背着何某乘坐猴车。在王某背着何某去乘坐猴车的过程中遇到刚入井的荣某，到乘车地点后，荣某抱着何某同乘一个猴车座椅坐猴车出井，16 时 33 分到达主斜井井口。在主斜井井口等待的负责人张某观察伤者伤势严重，便安排崔某联系救护车。16 时 45 分崔某拨打了 120 急救中心电话，17 时 30 分救护车到达；17 时 47 分救护车启动将何某送往该县人民医院救治；18 时 39 分到达医院，医生进行了检查，发现何某右小腿多处外伤，并进行心肺复苏、电除颤等抢救；19 时 09 分何某经医院宣布死亡(2023 年 9 月 13 日，县公安局对死者进行了尸检，出具了尸检笔录，笔录显示"右小腿中上段前侧多处散在条片状表皮剥脱伤，部分皮肤裂创，创口长 6 cm，深达肌层")。

【事故原因】

（一）直接原因

水泵失修漏水，水泵工违章使用编织袋进行堵水作业，作业过程中编织袋被卷入水泵旋转位置，水泵工被编织袋内铁丝划伤导致事故发生。

（二）间接原因

(1) 安全基础保障不到位。一是机电设备维护保养不到位。+1 400 m 水平 3 台水泵自 2018 年煤矿停产以来长期未进行检测，故障率高，事故当班 1# 水泵与电机连接处出现漏水情况。二是巷道严重失修，井下巷道断面不能满足运输新水泵的需要。

(2) 职工安全教育培训不到位。一是未对抽水作业人员进行分岗位安全培训，作业人员不具备必要的安全生产知识、技能，不能掌握水泵操作安全要求。二是该矿自 2018 年停产以来，未定期组织开展安全教育活动，职工安全意识和风险辨识能力弱，未认识到水泵运转状况下处理漏水存在的安全风险；未组织留守人员开展应急处置能力培训和演练，作业人员缺乏基本的应急救援知识和能力，应急处置能力差。

(3) 安全管理混乱。一是未严格落实停产期间安全技术措施。事故当班带班负责人未组织对作业区域进行隐患排查。二是煤矿操作规程执行不严。+1 400 m 水平水泵房无水泵司机操作规程、安全生产责任制，作业人员在水泵运转的情况下违规处理水泵漏水。三是事故隐患整改不到位，事故前主排水泵轴承损坏维修不彻底、“带病”运行。

【防范措施】

(1) 加强干部职工安全教育。该矿要定期开展全员安全教育培训，不断提升干部职工安全风险辨识和隐患排查治理的意识和能力、增强安全防范意识、熟练掌握本岗位安全操作技能。要深刻吸取事故教训，定期开展安全警示教育，深入开展“三违”整治工作。

（2）加强风险管控和机电设备管理。该矿要进一步健全并落实安全风险分级管控和隐患排查治理双重预防工作机制，健全风险防范化解机制，经常性开展安全检查，做到不留盲区和死角，及时消除事故隐患，提高安全生产水平。要督促所属煤矿加强机电设备日常检查维护和保养，在用机电设备要定期进行检测检验，杜绝设备“带病”运行，严禁非设备操作人员操作机电设备。

（3）加强安全生产主体责任落实。一是强化依法办矿意识，及时、如实报告生产安全事故，不得隐瞒不报、谎报或者迟报。二是强化应急管理，接到井下发生事故（包括受伤事故）后要立即启动应急预案，迅速科学救援，及时上报相关情况，积极妥善处置。三是强化安全投入。该矿要保证所属煤矿的安全投入，及时购买安全生产所需的设备物资。

参考文献

[1] 国家矿山安全监察局.煤矿安全生产标准化管理体系基本要求及评分方法[M].北京:应急管理出版社,2024.
[2] 国家煤矿安全监察局行管司,中华全国总工会劳保部.机电班组长[M].北京:煤炭工业出版社,2010.
[3] 刘光荣.机电班(组)长[M].北京:煤炭工业出版社,2003.
[4] 毛新华,方新秋.山西省《全省煤矿智能化建设基本要求及评分方法(试行)》专家解读:2022年版[M].北京:应急管理出版社,2022.
[5] 邵小平,李重良,张罡.《煤矿安全生产条例》专家解读[M].徐州:中国矿业大学出版社,2024.
[6] 沈国才.带式输送机司机 刮板输送机司机[M].北京:煤炭工业出版社,2007.
[7] 王太续,代星军,李长青.煤矿安全生产管理人员安全生产知识和管理能力培训教材[M].徐州:中国矿业大学出版社,2022.
[8] 袁河津.《煤矿安全规程》专家解读:井工煤矿[M].2022年修订版.徐州:中国矿业大学出版社,2022.
[9] 张晓军,穆三奴,宋明明.煤矿岗位作业流程标准化建设指南[M].北京:应急管理出版社,2022.
[10] 邹光华,师皓宇.采矿新技术[M].徐州:中国矿业大学出版社,2020.